Abrir en caso de apocalipsis

Abrir en caso de apocalipsis

Guía rápida para reconstruir la civilización

LEWIS DARTNELL

Traducción de
Francisco J. Ramos Mena

DEBATE

Título original: *The Knowledge*
Segunda edición: abril de 2015

© 2014, Lewis Dartnell
Reservados todos los derechos, incluidos los derechos de reproducción total
o parcial en cualquier forma
© 2015, de la presente edición en castellano para todo el mundo:
Penguin Random House Grupo Editorial, S. A. U.
Travessera de Gràcia, 47-49. 08021 Barcelona
© 2015, Francisco J. Ramos Mena, por la traducción

Printed in Spain – Impreso en España

ISBN: 978-84-9992-472-4
Depósito legal: B-446-2015

Compuesto en Fotocomposición 2000
Impreso en Liberdúplex (Barcelona)

C 9 2 4 7 2 4

Penguin
Random House
Grupo Editorial

A mi esposa, Vicky.
Gracias por decir sí.

Índice

Sobre mis ruinas he apuntalado estos fragmentos.

T. S. ELIOT, *La tierra baldía*

Introducción

El mundo tal como lo conocemos ha llegado a su fin.

Una cepa particularmente virulenta de gripe aviar finalmente rompió la barrera de la especie y logró dar el salto a huéspedes humanos, o puede que hubiera sido deliberadamente propagada en un acto de bioterrorismo. El contagio se extendió con devastadora rapidez en esta era moderna de ciudades densamente pobladas y viajes aéreos intercontinentales, y mató a una importante proporción de la población mundial antes de que pudieran implementarse cualesquiera medidas de inmunización o siquiera órdenes de cuarentena eficaces.

O tal vez las tensiones entre la India y Pakistán llegaron al máximo y una disputa fronteriza se intensificó más allá de todo límite racional, culminando en el uso de armas nucleares. Los característicos impulsos electromagnéticos de las ojivas fueron detectados por la vigilancia defensiva china, desencadenando una ronda de lanzamientos preventivos contra Estados Unidos, que a su vez propiciaron represalias de dicho país y sus aliados en Europa e Israel. Grandes ciudades de todo el mundo quedaron reducidas a irregulares planicies de vidrio radiactivo. Los enormes volúmenes de polvo y cenizas inyectados en la atmósfera redujeron la cantidad de luz del Sol que llegaba a la Tierra, provocando un invierno nuclear que se prolongaría durante varias décadas, el hundimiento de la agricultura y una hambruna global.

O puede que fuera un acontecimiento completamente fuera del control humano. Un asteroide rocoso, de solo alrededor de un kilómetro de diámetro, se estrelló contra la Tierra y alteró mortalmente las condiciones atmosféricas. Las personas que se hallaban en un radio de unos cientos de kilómetros en torno a la zona cero fueron liquidadas en un instante por el intenso calor y la presión de la onda expansiva, y a partir de ese momento casi todo el resto de la humanidad tuvo los días contados. De hecho, daba igual en qué país cayera: la roca y el polvo arrojados a la atmósfera —junto con el humo producido por los incendios generalizados causados por la onda de calor— fueron dispersados por el viento hasta asfixiar el planeta entero. Como en un invierno nuclear, las temperaturas globales descendieron lo bastante para malograr las cosechas y provocar una hambruna masiva en todo el mundo.

Este es el argumento de numerosas novelas y películas que nos presentan mundos postapocalípticos. Con frecuencia, el período inmediatamente posterior aparece retratado —como en *Mad Max* o en la novela de Cormac McCarthy *La carretera*— como estéril y violento. Bandas errantes de buscadores de desperdicios acaparan los alimentos que quedan y atacan sin piedad a quienes están menos organizados o armados que ellos. Sospecho que, al menos durante un tiempo tras la conmoción inicial del colapso, esto podría no hallarse demasiado lejos de la realidad. Pero soy optimista: creo que en última instancia prevalecerían la moral y la racionalidad, iniciándose el acuerdo y la reconstrucción.

El mundo tal como lo conocemos ha llegado a su fin. La pregunta crucial es: ¿y ahora qué?

Una vez que los supervivientes han asumido su difícil situación —el hundimiento de toda la infraestructura que previamente sustentaba sus vidas—, ¿qué pueden hacer para resurgir de sus cenizas y asegurarse de prosperar a largo plazo? ¿Qué conocimiento necesitarían para recuperarse lo más rápidamente posible?

Esta es una guía para supervivientes. Un libro no solo preocupado por mantener viva a la gente en las semanas posteriores al apocalipsis —ya se han escrito abundantes manuales sobre habilidades de supervivencia—, sino que enseña cómo orquestar la reconstrucción de una civilización tecnológicamente avanzada. ¿Sabría explicar cómo construir un motor de combustión interna, o un reloj, o un microscopio, si se encontrara usted de repente sin una sola unidad en buen estado? O, a un nivel aún más básico, ¿sabría cómo cultivar alimentos y fabricar ropa de manera satisfactoria? Pero los escenarios apocalípticos que presento aquí son también el punto de partida de un experimento mental: constituyen un vehículo que permite examinar los fundamentos de la ciencia y la tecnología, los cuales, en la medida en que el conocimiento se hace cada vez más especializado, la mayoría de nosotros percibimos como muy remotos.

Las personas que viven en los países desarrollados se han desconectado de los procesos de la civilización que las sustentan. A nivel individual, somos asombrosamente ignorantes hasta de los aspectos básicos de la producción de alimentos, alojamiento, ropa, medicinas, materiales o sustancias vitales. Nuestras habilidades de supervivencia se han atrofiado hasta el punto de que una gran parte de la humanidad sería incapaz de sustentarse si fallara el sistema de soporte vital de la civilización moderna, si dejara de aparecer por arte de magia comida en las estanterías de las tiendas, o ropa en las perchas. Obviamente, hubo un tiempo en que todo el mundo era un «survivalista», con un vínculo mucho más íntimo con la tierra y los métodos de producción, y para poder sobrevivir en un mundo postapocalíptico habría que retroceder en el tiempo y volver a aprender todas esas habilidades esenciales.*

Es más, cada una de las piezas de tecnología moderna que damos por sentadas requiere una enorme red de soporte de otras tecnologías. Para fabricar un iPhone hace falta mucho más que conocer el diseño y los materiales de cada uno de sus componentes. El dispositivo es la culminación situada en la misma cúspide de una vasta pirámide de tecnologías que lo posibilitan: la extracción y el refina-

---

* En la historia reciente se han producido escenarios similares a pequeña escala: con la caída de la Unión Soviética en 1991, la pequeña República de Moldavia experimentó una catastrófica quiebra de su economía, forzando a la gente a hacerse autosuficiente y adoptar de nuevo tecnología propia de los museos como las ruecas, los telares manuales y las mantequeras.[1]

do del raro elemento indio para la pantalla táctil, la fabricación foto-litográfica de alta precisión del sistema de circuitos microscópicos de los chips de procesamiento informático, y los componentes increíblemente miniaturizados del micrófono, por no hablar de la red de repetidores de radio e infraestructuras necesarias para mantener las telecomunicaciones y el funcionamiento del teléfono. A la primera generación nacida tras la Caída los mecanismos internos de un teléfono moderno le resultarían inescrutables; los trayectos de los circuitos de sus microchips, invisiblemente pequeños para el ojo humano, y su finalidad, arcana por completo. El autor de ciencia ficción Arthur C. Clarke dijo en 1961 que cualquier tecnología lo suficientemente avanzada resulta indistinguible de la magia. En un primer momento, el problema sería que esa milagrosa tecnología no pertenecería a algún ser alienígena procedente de las estrellas, sino a una generación de nuestro propio pasado.

Hasta los objetos cotidianos de nuestra civilización que no son especialmente productos de alta tecnología siguen requiriendo una serie de materias primas que deben extraerse de minas u obtenerse de otras formas y procesarse en plantas especializadas, para luego ensamblar sus diversos componentes en una instalación fabril. Y todo ello, a su vez, depende de centrales eléctricas y del transporte de larga distancia. Este aspecto quedaba subrayado de manera muy elocuente en un ensayo de 1958 de Leonard Read, escrito desde la perspectiva de uno de nuestros instrumentos más básicos, «Yo, el lápiz».[2] La asombrosa conclusión es que, dado que las fuentes de las materias primas y los métodos de producción son tan dispersos, no hay ninguna persona en la faz de la Tierra que tenga por sí sola la capacidad y los recursos necesarios para hacer siquiera el más sencillo de los instrumentos.

Thomas Thwaites ofreció una potente demostración del abismo que actualmente separa nuestras capacidades individuales de la producción de incluso los artilugios más sencillos de nuestra vida diaria cuando en 2008 trató de hacer una tostadora desde cero mientras cursaba un máster en el Royal College of Art de Londres. Aplicó un proceso de retroingeniería a una tostadora barata para determinar sus piezas más básicas —armazón de hierro, láminas aislantes de mineral de mica, filamentos calentadores de níquel, cables de cobre y enchufe, y carcasa de plástico—, y luego obtuvo todas las materias primas por sí mismo, extrayéndolas del suelo en canteras y minas.[3] También buscó las técnicas metalúrgicas históricas más sencillas, empleando como referencia un texto del siglo XVI a fin de construir un rudimentario horno para fundir hierro, utilizando un cubo de basura metálico, carbón de barbacoa y un soplador de hojas como fuelle. El modelo terminado resulta satisfactoriamente primitivo, pero también grotescamente hermoso por derecho propio, y subraya con claridad el núcleo de nuestro problema.

Obviamente, incluso en uno de los escenarios apocalípticos extremos, los grupos de supervivientes no tendrían que hacerse autosuficientes de manera inmediata. Aunque la gran mayoría de la población sucumbiera a un virus agresivo, seguiría dejando tras de sí enormes recursos. Los supermercados seguirían estando abastecidos de abundantes alimentos, y una persona podría elegir un nuevo y flamante conjunto de ropa de diseño en los grandes almacenes ahora desiertos o sustraer del concesionario el coche deportivo con el que siempre había soñado. Si encontrara una mansión abandonada, rebuscando un poco no le resultaría demasiado difícil rescatar algunos generadores diésel portátiles para hacer funcionar la luz, la calefacción y los electrodomésticos. Bajo las gasolineras seguiría habiendo lagos de combustible subterráneos, suficientes para mantener en funcionamiento su nueva casa y su nuevo coche durante un período de tiempo significativo. De hecho, los pequeños grupos de supervivientes podrían vivir con bastante comodidad en la época inmediatamente posterior al apocalipsis. Durante un tiempo, la civilización podría seguir avanzando por la inercia de su propio impulso. Los supervivientes se encontrarían rodeados por una rica variedad de recursos a su libre disposición: un abundante Jardín del Edén.

Pero ese Jardín se pudriría.

El alimento, la ropa, las medicinas, la maquinaria y otras tecnologías inexorablemente se descompondrían, se estropearían, se deteriorarían y se degradarían con el tiempo. Los supervivientes solo contarían con un período de gracia. Con el desplome de la civilización y la repentina detención de procesos clave —obtención de materias primas, refinado y fabricación, transporte y distribución—, el reloj de arena se invertiría y su contenido se iría agotando de manera incesante. Lo que quedara no proporcionaría más que un parachoques de seguridad para aliviar la transición al momento en que hubiera que comenzar de nuevo al cultivo y la fabricación.

Un manual de reinicio

El problema más profundo que afrontarían los supervivientes es que el conocimiento humano es colectivo y está distribuido entre toda la población. Ningún individuo sabe lo bastante para mantener en marcha los procesos vitales de la sociedad. Aunque sobreviviera un técnico cualificado de una fundición de acero, él solo conocería los detalles de su trabajo, no los subconjuntos de conocimiento que poseían los otros trabajadores de la fundición y que resultaban vitales para mantenerla en funcionamiento, por no hablar de cómo extraer el mineral de hierro o proporcionar electricidad para mantener la planta en marcha. La tecnología más visible que utilizamos diariamente es solo la punta de un enorme iceberg, no solo en el sentido de que se basa en una gran red fabril y organizativa que sustenta la producción, sino también porque representa el legado de una larga historia de avances y desarrollos. El iceberg se extiende invisible tanto a través del espacio como del tiempo.

Entonces, ¿adónde acudirían los supervivientes? Sin duda quedaría una gran cantidad de información en los libros que acumulan polvo en las estanterías de las bibliotecas, librerías y hogares ahora desiertos. El problema de este conocimiento, sin embargo, es que no se presenta de una manera apropiada para ayudar a una sociedad naciente, o a un individuo sin formación especializada. ¿Qué cree usted que entendería si cogiera un libro de texto de medicina del estante y hojeara las páginas de terminología y nombres de fármacos? Los manuales de medicina universitarios presuponen una enorme cantidad de conocimiento previo, y están diseñados para ser utilizados junto con las enseñanzas y demostraciones prácticas de expertos reconocidos. Aun en el caso de que hubiera médicos en la primera generación de supervivientes, estos se verían extremadamente limitados en cuanto a lo que podrían lograr sin resultados experimentales o sin la abundancia de fármacos modernos en cuyo uso se habían formado, fármacos que estarían degradándose en las estanterías de las farmacias o en los refrigeradores de almacenamiento de hospitales en desuso.

Gran parte de esa literatura académica se perdería, quizá en incendios que se extenderían sin control por las ciudades vacías. Y lo que es aún peor, gran parte de la rica variedad de nuevos conocimientos generados año tras año, incluidos los que yo y otros científicos producimos y consumimos en nuestra propia investigación, no quedan registrados en absoluto en ningún medio duradero. La vanguardia del conocimiento humano existe principalmente en forma de efímeros bits de datos: como «artículos» académicos almacenados en los servidores web de las revistas especializadas.

Y los libros dirigidos al lector ordinario tampoco serían de mucha más ayuda. ¿Puede imaginar a un grupo de supervivientes que solo tuviera acceso a la selección de libros almacenada en una librería mediocre? ¿Hasta dónde llegaría una civilización que tratara de reconstruirse a partir del saber contenido en las páginas de guías de autoayuda sobre cómo tener éxito en la dirección empresarial, imaginarse a sí mismo delgado o interpretar el lenguaje corporal del sexo opuesto? La más absurda de las pesadillas sería la de una sociedad postapocalíptica que descubre unos cuantos libros amarillentos y quebradizos, y, creyendo que contienen la sabiduría científica de los antiguos, trata de aplicar la homeopatía para frenar una plaga o la astrología para prever las cosechas. Incluso los libros de la sección de ciencia ofrecerían poca ayuda. Puede que el último éxito de ventas de ciencia popular esté escrito de forma amena, haga un inteligente uso metafórico de observaciones cotidianas, y deje al lector con un conocimiento más profundo de alguna nueva investigación, pero probablemente no proporcione un gran conocimiento práctico. En suma, la inmensa mayoría de nuestro saber colectivo no resultaría accesible —al menos en una forma utilizable— a los supervivientes de un cataclismo. Entonces, ¿cuál sería la mejor forma de ayudarles? ¿Qué información clave debería proporcionar cualquier guía, y cómo podría estructurarse?

No soy la primera persona que lidia con esta pregunta. James Lovelock es un científico con un formidable historial a la hora de dar de lleno en el quid de una cuestión mucho antes que sus colegas. Es conocido sobre todo por su hipótesis Gaia, que postula que el planeta entero —un complejo conjunto de corteza rocosa, océanos y atmósfera en constante movimiento, junto con la fina capa de vida que se ha establecido en su superficie— puede concebirse como un ente único que actúa para compensar inestabilidades y autorregular su medio ambiente a lo largo de miles de millones de años. A Lovelock le inquieta profundamente el hecho de que ahora uno de los elementos de este sistema, el *Homo sapiens*, tiene la capacidad de perturbar ese mecanismo natural de equilibrio y control, con efectos devastadores.

Lovelock utiliza una analogía biológica para explicar cómo podríamos salvaguardar nuestro legado: «Los organismos que afrontan la desecación a menudo encapsulan sus genes en esporas a fin de que la información necesaria para su renovación sea transportada a través de la sequía». El equivalente humano concebido por Lovelock es un libro para todo, «un manual básico de ciencia, escrito de forma clara e inequívoco en su contenido, un manual básico para cualquiera interesado en el estado de la Tierra y en cómo sobrevivir y vivir bien en ella».[4] Lo que él propone es una empresa realmente ingente: registrar el conjunto completo del conocimiento humano en un enorme manual; un documento que, al menos en principio, uno podría leer de cabo a rabo y luego marcharse conociendo lo esencial de todo lo que hoy se sabe.

De hecho, la idea de un «libro total» tiene una historia mucho más larga. En el pasado, los enciclopedistas supieron apreciar mucho más que nosotros la fragilidad incluso de las grandes civilizaciones, y el exquisito valor del conocimiento científico y las habilidades prácticas albergados en las mentes de la población que se evaporan cuando su sociedad se desploma. Denis Diderot consideraba explícitamente que el papel de su *Encyclopédie*, cuyo primer volumen se publicó en 1751, era servir como depósito seguro del conocimiento humano, preservándolo para la posteridad en caso de que un cataclismo apagara nuestra civilización, igual que se perdieron las antiguas culturas de los egipcios, griegos y romanos, dejando tras de sí solo fragmentos de sus escritos. De ese modo, la enciclopedia se convierte en una cápsula de tiempo del conocimiento acumulado, todo él ordenado e interrelacionado de una manera lógica, y protegido contra la erosión del tiempo en caso de una catástrofe generalizada.[5]

Desde la Ilustración, nuestro conocimiento del mundo ha aumentado exponencialmente, y hoy la tarea de recopilar un compendio completo del conocimiento humano sería varios órdenes de magnitud más difícil. La creación del mencionado «libro total» sería un equivalente moderno del proyecto de construcción de las pirámides, y exigiría el esfuerzo a tiempo completo de decenas de miles de personas durante muchos años. El propósito de tan ardua tarea no sería asegurar el tránsito seguro de un faraón a la dicha eterna del más allá, sino la inmortalidad de nuestra propia civilización.

Tan exigente empresa no resulta inconcebible si existe la voluntad de llevarla a cabo. La generación de mis padres trabajó duro para llevar al primer hombre a la Luna: en su apogeo, el programa Apolo llegó a emplear a 400.000 personas y a gastar el 4 por ciento del total del presupuesto federal estadounidense.[6] De hecho, podría pensarse que el compendio perfecto del actual conocimiento humano ya ha sido creado por el tremendo esfuerzo conjunto de los comprometidos voluntarios que hay detrás de la Wikipedia. Clay Shirky, un experto en la sociología y la economía de internet, ha estimado que actualmente la Wikipedia representa alrededor de 100 millones de horas-hombre de esfuerzo dedicado a escribir y corregir su contenido.[7] Pero aunque uno pudiera imprimir la Wikipedia en su totalidad, reemplazando sus hiperenlaces por referencias cruzadas a números de página, seguiría faltándole mucho para tener un manual que permitiera a una comunidad reconstruir la civilización desde cero. La Wikipedia nunca se concibió para un propósito similar, y carece de los detalles prácticos o de la organización necesarios para guiar la progresión de la ciencia y la tecnología rudimentarias a sus aplicaciones más avanzadas. Además, una versión impresa resultaría inviablemente grande, y ¿cómo podría uno asegurarse de que los supervivientes postapocalípticos pudieran localizar un ejemplar? De hecho, creo que se podría ayudar mucho mejor a la sociedad a recuperarse adoptando un enfoque algo más elegante.

La solución puede encontrarse en una observación debida al físico Richard Feynman.[8] Planteando la hipótesis de la potencial destrucción de todo el conocimiento científico y de qué podría hacerse al respecto, postulaba que se pudiera transmitir únicamente un solo enunciado a cualesquiera criaturas inteligentes surgidas tras el cataclismo. ¿Qué frase contiene la mayor información en el menor número de palabras? «Creo —dice Feynman— que es la hipótesis atómica: que todas las cosas están hechas de átomos, pequeñas partículas que se desplazan en perpetuo movimiento, atrayéndose mutuamente cuando se hallan a corta distancia, pero repeliéndose al verse apretadas unas contra otras.»

Cuanto más se consideran las implicaciones e hipótesis verificables derivadas de ese sencillo enunciado, más se extiende este para mostrar nuevas revelaciones sobre la naturaleza del mundo. La atracción entre partículas explica la tensión superficial del agua y la repulsión mutua de los átomos en estrecha proximidad explica por qué no me caigo al suelo atravesando la silla de la cafetería en la que estoy sentado. La diversidad de los átomos, y los compuestos producidos por sus combinaciones, constituyen el principio clave de la química. Este solo enunciado, tan cuidadosamente elaborado, contiene una enorme densidad de información, que se desentraña y expande cuando uno lo investiga.

Pero ¿y si no pusiéramos un límite tan estricto al número de palabras? Si nos permitiéramos el lujo de ser más prolijos, aun conservando el principio rector de proporcionar un conocimiento clave condensado para acelerar el redescubrimiento antes que tratar de escribir una enciclopedia completa del saber moderno, ¿sería viable escribir un solo volumen que constituyera una guía rápida del superviviente para reiniciar la sociedad tecnológica?

Creo que el enunciado único de Feynman puede mejorarse en un aspecto de fundamental importancia. Poseer solo conocimiento puro sin medios para explotarlo no basta. Para ayudar a una sociedad naciente a reponerse gracias a sus propios esfuerzos hay que sugerir también cómo utilizar ese conocimiento, mostrar sus aplicaciones prácticas. Para los supervivientes de un reciente apocalipsis, las aplicaciones prácticas inmediatas resultan esenciales. Una cosa es conocer la teoría básica de la metalurgia, pero otra muy distinta es, por ejemplo, utilizar sus principios para buscar y reprocesar metales de las ciudades muertas. La explotación del conocimiento y los principios científicos es la esencia de la tecnología, y, como veremos en este libro, las prácticas de la investigación científica y el desarrollo tecnológico se hallan inextricablemente unidas.

Inspirándome en Feynman, yo afirmaría que el mejor modo de ayudar a los supervivientes de la Caída no es crear un registro exhaustivo de todo el conocimiento, sino proporcionarles una guía de lo esencial, adaptado a sus probables circunstancias, además de un plan de las técnicas necesarias para redescubrir el saber crucial por sí mismos: la potente maquinaria de generación de conocimiento que es el método científico. La clave para preservar la civilización consiste en proporcionar una semilla condensada que se abra fácilmente para producir el árbol expansivo íntegro del conocimiento, antes que tratar de documentar el propio y colosal árbol. ¿Qué fragmentos, parafraseando a T. S. Eliot, es mejor apuntalar sobre nuestras ruinas?[9]

El valor de un libro así es potencialmente enorme. Imagine qué podría haber ocurrido en nuestra propia historia si las civilizaciones clásicas hubieran dejado semillas de su conocimiento acumulado. Uno de los grandes catalizadores del Renacimiento en los siglos XV y XVI fue la afluencia de saber antiguo que volvió a Europa occidental. Gran parte de ese conocimiento, perdido con la caída del Imperio romano, fue preservado y propagado por eruditos árabes que tradujeron y copiaron minuciosamente sus textos, mientras que otros manuscritos fueron redescubiertos por eruditos europeos. Pero ¿y si todos aquellos tratados sobre filosofía, geometría y mecanismos prácticos se hubieran preservado en una red dispersa de cápsulas de tiempo? ¿Y si del mismo modo, disponiendo del libro apropiado, pudiera evitarse una Edad Media postapocalíptica?*

Desarrollo acelerado

Durante un reinicio, no hay razón para volver a recorrer la misma ruta hacia la sofisticación científica y tecnológica. Nuestro camino original a través de la historia ha sido largo y tortuoso; hemos avanzado a trompicones de una manera en gran medida azarosa, siguiendo pistas falsas y pasando por alto acontecimientos cruciales durante largos períodos. Pero con la visión perfecta que da la retrospectiva, sabiendo lo que hoy sabemos, ¿podríamos indicar una ruta directa hacia avances cruciales, tomando atajos como navegantes experimentados? ¿Cómo podríamos trazar la ruta óptima a través de la red infinitamente entrelazada de principios científicos y tecnologías posibilitadoras para acelerar el progreso lo máximo posible?

Los grandes avances a menudo son fortuitos: alguien se ha tropezado casualmente con ellos en algún momento de nuestra historia. El descubrimiento de Alexander Fleming de las propiedades antibióticas del hongo *Penicillium* en 1928 fue un acontecimiento casual. Y, ciertamente, la observación que primero atisbó la profunda

---

* Si el lector prescinde del material que nuestra sociedad dejará tras de sí después del colapso, este experimento mental de ayudar a la recuperación de los supervivientes también podría proporcionarle el manual que necesitaría para desarrollar una civilización tecnológica desde cero después de haber caído accidentalmente a través de un salto temporal en el Paleolítico, hace 10.000 años, o de haber hecho un aterrizaje forzoso con una nave espacial en un planeta deshabitado, pero benigno, similar a la Tierra. Esta es la fantasía última del naufragio al estilo de Robinson Crusoe o los robinsones suizos: no verse arrastrado por las olas a una pequeña isla desierta, sino volver a empezar en un mundo vacío.[10]

interrelación entre electricidad y magnetismo —el giro de la aguja de una brújula cuando se dejaba junto a un cable por el que pasaba corriente— fue fortuita, como lo fue asimismo el descubrimiento de los rayos X. Muchos de estos grandes descubrimientos podrían haber ocurrido antes con la misma facilidad, algunos de ellos mucho antes. Una vez que se han descubierto nuevos fenómenos naturales, el progreso se ve impulsado por la investigación sistemática y metódica para entender su funcionamiento y cuantificar sus efectos, pero el hallazgo inicial puede señalarse con unas cuantas insinuaciones escogidas a la civilización en recuperación acerca de dónde mirar y a qué investigaciones dar prioridad.

Del mismo modo, muchos inventos parecen obvios cuando se observan retrospectivamente, pero a veces el surgimiento de un avance o un invento crucial no da la impresión de haber seguido a ningún descubrimiento científico o tecnología posibilitadora concretos. Desde las perspectivas de una civilización en proceso de reinicio, estos casos resultan alentadores, puesto que implican que la guía rápida solo tiene que describir brevemente unos cuantos rasgos centrales de diseño para que los supervivientes determinen exactamente cómo recrear algunas de las principales tecnologías. La carretilla, por ejemplo, podría haberse inventado siglos antes de cuando realmente se inventó, simplemente si alguien hubiera pensado en ello.[11] Este puede parecer un ejemplo trivial, que combina los principios operativos de la rueda y la palanca, pero representa un enorme ahorro de trabajo, y, sin embargo, no apareció en Europa hasta varios milenios después de la rueda (la primera representación de una carretilla aparece en un manuscrito inglés escrito alrededor del año 1250 de nuestra era).

Otras innovaciones tienen efectos de tan amplio alcance que uno quisiera ir directamente hacia ellas a fin de sustentar muchos otros elementos de la recuperación postapocalíptica. La imprenta de tipos móviles es una de esas tecnologías puente que aceleró el desarrollo y tuvo incomparables ramificaciones sociales en nuestra historia. Con unas cuantas directrices, la producción de libros en serie podría reaparecer antes en la reconstrucción de una nueva civilización, como veremos más adelante.

Cuando se desarrollan nuevas tecnologías, algunos de los pasos de la progresión podrían saltarse por completo. La guía rápida podría ayudar a una sociedad en recuperación mostrando cómo saltarse etapas intermedias de nuestra historia para pasar a sistemas más avanzados, aunque todavía alcanzables. Hay una serie de alentadores casos de esta clase de salto tecnológico en los actuales países en vías de desarrollo de África y Asia.[12] Por ejemplo, muchas comunidades remotas sin conexión a la red eléctrica se están dotando de infraestructuras de energía solar, saltándose así varios siglos de la progresión occidental dependiente de los combustibles fósiles. Los aldeanos que viven en chozas de adobe en muchas zonas rurales de África están saltando directamente a las comunicaciones de telefonía móvil, pasando por alto tecnologías intermedias como las torres de señales, el telégrafo o la telefonía fija.

Probablemente la hazaña más impresionante de salto tecnológico en la historia fue la realizada por Japón en el siglo xix.[13] Bajo el shogunado Tokugawa, Japón se aisló del resto del mundo durante dos siglos, prohibiendo a sus ciudadanos marcharse o entrar a los extranjeros, y permitiendo solo un mínimo comercio con unas cuantas naciones escogidas. El contacto se restableció de la manera más persuasiva en 1853, cuando la marina estadounidense llegó a la bahía de Edo (Tokio) con unos buques de guerra fuertemente armados e impulsados por vapor, muy superiores a todo lo que poseía la tecnológicamente estancada civilización japonesa. La conmoción provocada por la conciencia de aquella disparidad tecnológica desencadenó la Restauración Meiji. La sociedad japonesa, feudal, previamente aislada y tecnológicamente atrasada, se vio transformada por una serie de reformas políticas, económicas y administrativas, y una serie de expertos extranjeros en ciencia, ingeniería y educación instruyeron a la nación acerca de cómo construir redes de telégrafos y ferroviarias, fábricas textiles y factorías diversas. Japón se industrializó en cuestión de décadas, y cuando llegó la Segunda Guerra Mundial estaba en condiciones de enfrentarse al poderío de aquella misma marina estadounidense que había forzado inicialmente ese proceso.

¿Podría un paquete preservado de conocimiento apropiado permitir a una sociedad postapocalíptica seguir una trayectoria de desarrollo similarmente rápida?

Por desgracia, hay límites a lo lejos que puede llevarse a una civilización saltando etapas intermedias. Aun en el caso de que los científicos postapocalípticos entendieran plenamente la base de una aplicación y produjeran un diseño que en principio funcionara, podría seguir siendo imposible construir un prototipo que funcionase. Denomino a esto el «efecto Da Vinci». El gran inventor renacentista generó infinitos diseños de mecanismos y artilugios, como sus fantásticas máquinas voladoras, pero pocos de ellos llegaron a materializarse. El problema era en gran medida que Da Vinci estaba demasiado adelantado a su tiempo. Un conocimiento científico correcto y unos diseños ingeniosos no son suficientes, también se requiere un nivel equiparable de sofisticación en los materiales de construcción con las propiedades necesarias y la disponibilidad de fuentes de energía.

De modo que el truco de una guía rápida ha de ser proporcionar la tecnología apropiada para el mundo postapocalíptico, del mismo modo que las actuales agencias de ayuda suministran tecnologías intermedias apropiadas a las comunidades de los países en vías de desarrollo. Se trata de soluciones que ofrecen una mejora significativa del *statu quo* —un avance frente a la rudimentaria tecnología existente—, pero que aun así se pueden reparar y mantener por trabajadores locales con las habilidades prácticas, las herramientas y los materiales disponibles. El objetivo para un reinicio acelerado de la civilización es saltar directamente a un nivel que ahorre siglos de desarrollo gradual, pero que todavía pueda alcanzarse utilizando materiales y técnicas rudimentarios, la tecnología intermedia del punto exacto.[14]

Son estos rasgos de nuestra propia historia —descubrimientos fortuitos, inventos que no requerían ningún conocimiento previo necesario, tecnologías puente que estimularon el progreso en muchas áreas, y oportunidades de saltar etapas intermedias— los que nos permiten ser optimistas con respecto a que una guía rápida de la civilización bien diseñada podría dar indicaciones que llevaran a las investigaciones más fértiles y los principios cruciales que subyacen en las principales tecnologías, señalando una ruta óptima a través de la red de la ciencia y la tecnología, y acelerando enormemente la reconstrucción. Imagine la ciencia sin tener que ir tanteando en la oscuridad, ya que sus antepasados le han equipado con una linterna y un mapa aproximado del paisaje.

Si una civilización en proceso de reinicio no se ve constreñida a seguir nuestra propia vía idiosincrásica de progreso, experimentará una secuencia de avances completamente distinta. De hecho, reiniciar a lo largo de la misma trayectoria que ha seguido nuestra civilización actual podría resultar ahora muy difícil. La revolución industrial se alimentó en gran parte de energía fósil. La mayoría de esas fuentes de energía fósil fácilmente accesibles —depósitos de carbón, petróleo y gas natural— hoy han sido explotadas casi hasta el agotamiento. Sin acceso a esa energía fácilmente disponible, ¿cómo podría una civilización posterior a la nuestra atravesar una segunda revolución industrial? La solución, como veremos, residirá en una temprana adopción de fuentes de energía renovables y un meticuloso reciclaje de activos; probablemente la mera necesidad forzará a la próxima civilización a un desarrollo sostenible: será un reinicio verde.

En este proceso, con el tiempo surgirán combinaciones de tecnologías desconocidas. Aquí echaremos un vistazo a algunos ejemplos de en qué punto es probable que una sociedad en recuperación tome una trayectoria distinta en su evolución —la vía no trillada—, además de utilizar soluciones tecnológicas que en nuestro caso se han quedado en el camino. A nosotros, la Civilización 2.0 podría parecernos una mezcolanza de tecnologías de diferentes épocas, algo no muy distinto del género de ciencia ficción conocido como steampunk. Las narraciones de este género se enmarcan en una historia alternativa que ha seguido una pauta de desarrollo distinta y a menudo se caracteriza por una fusión de tecnología victoriana con otras aplicaciones. Es probable que un reinicio postapocalíptico con ritmos de progreso muy distintos en ámbitos separados de la ciencia y la tecnología llevara a ese anacrónico mosaico.

Contenido

Un manual de reinicio funcionaría mejor en dos niveles. Primero, hace falta que a uno le sirvan en bandeja una cierta cantidad de conocimiento práctico, a fin de recuperar un nivel básico de capacidad y un modo de vida confortable lo más rápidamente posible, e impedir una ulterior degeneración. Pero también habrá que alimentar la recuperación de la investigación científica y proporcionar las semillas de conocimiento más valiosas para empezar a explorar.*

Empezaremos por lo básico y veremos cómo uno puede proporcionarse a sí mismo los elementos fundamentales de una vida confortable: alimento suficiente y agua limpia, ropa y materiales de construcción, energía y medicinas esenciales. Los supervivientes tendrán una serie de preocupaciones inmediatas: habrá que recoger productos cultivables de las tierras de labranza y almacenes de semillas antes de que mueran y se pierdan; se puede producir gasóleo a partir de los cultivos de biocombustible para mantener en marcha los motores hasta que la maquinaria falle, y buscar piezas de recambio para restablecer una red eléctrica local. Veremos cuál es el mejor modo de aprovechar componentes y rescatar materiales de entre los detritos de la difunta civilización: el mundo postapocalíptico exigirá ingenio para repensar, reajustar e improvisar.[15]

Una vez que se disponga de los productos de primera necesidad, explicaré cómo reinstaurar la agricultura y preservar de forma segu-

---

* Mientras que los rasgos más perceptibles de una sociedad pueden ser sus grandes monumentos, o el arte, la música u otro producto cultural, los fundamentos que sustentan la civilización son elementos básicos como la productividad agraria, el tratamiento de aguas residuales y la síntesis química. Este libro se centrará en la ciencia y la tecnología esenciales, en cuanto que son universales: una ley física determinada es verdadera independientemente de dónde (o cuándo) esté uno, y una sociedad situada incluso miles de años en el futuro tendrá las mismas necesidades básicas que pueden aliviarse por medio de la tecnología: alimento, ropa, energía, transporte, etcétera. El arte, la literatura y la música son una parte importante de nuestro patrimonio cultural, pero la recuperación de la civilización no se retrasará medio milenio sin ellas, y los supervivientes postapocalípticos desarrollarán sus propias expresiones que tengan relevancia para ellos.

ra reservas de alimentos, y cómo las fibras vegetales y animales pueden convertirse en ropa. Materiales como el papel, la cerámica, el ladrillo, el vidrio y el hierro forjado son hoy tan comunes que se consideran prosaicos y aburridos, pero ¿cómo podría uno fabricarlos si los necesitara? Los árboles producen una enorme cantidad de material extraordinariamente útil: desde madera para la construcción hasta carbón vegetal para purificar agua potable, además de proporcionar un combustible sólido que arde con fuerza. A partir de la madera pueden obtenerse en el horno toda una serie de compuestos cruciales, y hasta las cenizas contienen una sustancia (denominada potasa) necesaria para elaborar artículos esenciales como el jabón y el vidrio, además de producir uno de los ingredientes de la pólvora. Con los conocimientos básicos, uno puede extraer gran cantidad de otras sustancias indispensables del entorno natural —sosa, cal, amoníaco, ácidos y alcohol— y poner en marcha una industria química postapocalíptica. Y cuando sus capacidades se recuperen, la guía rápida le ayudará en el desarrollo de explosivos adecuados para la minería y la demolición de los armazones de antiguos edificios, así como en la producción de fertilizante artificial y de los compuestos de plata sensibles a la luz utilizados en fotografía.

En capítulos posteriores veremos cómo reaprender la medicina, aprovechar la potencia mecánica, dominar la generación y el almacenamiento de electricidad, y montar un sencillo aparato de radio. Y dado que el presente volumen contiene información acerca de cómo fabricar papel, tinta y una imprenta, el mismo libro contiene las instrucciones genéticas para su propia reproducción.

¿Hasta qué punto un libro puede revitalizar nuestro conocimiento del mundo? Obviamente, no puedo empezar pretendiendo que este volumen por sí solo documente la suma total del conocimiento humano en ciencia y tecnología. Pero sí creo que proporciona una buena base sobre los principios básicos para ayudar a los supervivientes en los primeros años, además de unas directrices generales para trazar la mejor ruta a través de la red de la ciencia y la tecnología de cara a una recuperación enormemente acelerada. Y, siguiendo el principio de proporcionar semillas de conocimiento condensadas que se abran al investigarlas, un solo volumen puede compendiar un inmenso tesoro de información. Cuando el lector deje este manual, sabrá cómo reconstruir la infraestructura de un modo de vida civilizado. Y espero que también haya adquirido una sólida comprensión de algunos de los hermosos principios básicos de la propia ciencia. La ciencia no es una colección de datos y cifras: es el método que uno tiene que aplicar para determinar con seguridad cómo funciona el mundo.

El objetivo de una guía rápida es asegurar que el fuego de la curiosidad, la indagación y la exploración siga ardiendo con fuerza. La esperanza es que incluso en las fauces de una catastrófica conmoción el hilo de la civilización no se rompa y la comunidad superviviente no retroceda demasiado o se estanque; que el núcleo de nuestra sociedad pueda preservarse y que las semillas cruciales de conocimiento cultivadas en el mundo postapocalíptico florezcan de nuevo.

Lo que sigue es un plan para reiniciar una civilización, pero también un manual básico sobre los fundamentos de la nuestra.

1

El fin del mundo tal como lo conocemos

> El momento más glorioso para una obra de esta clase sería el que podría venir inmediatamente después de alguna catástrofe tan grande como para suspender el progreso de la ciencia, interrumpir los trabajos de los artesanos y sumir de nuevo en la oscuridad una parte de nuestro hemisferio.
>
> DENIS DIDEROT, *Encyclopédie*[1]

La escena aparentemente obligatoria en cualquier película de catástrofes es un plano panorámico a lo largo de una amplia carretera llena a rebosar de vehículos atascados que intentan escapar de la ciudad. Estallan situaciones de conducta agresiva extrema en la medida en que los conductores se sienten cada vez más desesperados, antes de abandonar sus coches entre los que ya abarrotan los arcenes y carriles, y unirse a los grupos de gente que siguen su camino a pie. Aun sin un riesgo inmediato, cualquier acontecimiento que perturbe las redes de distribución o eléctricas impedirá a las ciudades saciar su voraz apetito de recursos y forzará a sus habitantes a emprender un hambriento éxodo: migraciones masivas de refugiados urbanitas arremolinándose en la campiña circundante para buscar alimento.

La ruptura del contrato social

No deseo quedar atrapado en el cenagal filosófico del debate acerca de si la humanidad es intrínsecamente mala o no, y si el concepto de una autoridad de control es necesario para imponer un conjunto de leyes y mantener el orden mediante la amenaza del castigo. Pero está claro que, con la desaparición del gobierno centralizado y una fuerza de policía civil, los malintencionados aprovecharán la oportunidad para subyugar o explotar a los más pacíficos o vulnerables. Y cuando la situación parezca lo suficientemente desesperada, hasta los ciudadanos previamente respetuosos con la ley recurrirán a cualquier acción que resulte necesaria para mantener y proteger a sus familias. Para asegurar su propia supervivencia, puede que uno tenga que salir a buscar e ingeniárselas para conseguir lo que necesita: un eufemismo cortés para no decir saquear.

Parte del aglutinante que mantiene unidas a las sociedades es la expectativa de que la búsqueda de beneficios a corto plazo a través del engaño o la violencia se ve superada con mucho por las consecuencias a largo plazo. Te cogerán y te verás socialmente estigmatizado como un socio indigno de confianza o castigado por el Estado: los tramposos no prosperan. Este acuerdo tácito entre los individuos de una sociedad para cooperar y comportarse en pro del bien común, sacrificando cierta cantidad de libertad personal a cambio de ventajas tales como la protección mutua ofrecida por el Estado, se conoce como el contrato social. Este constituye el propio fundamento de todo esfuerzo, producción y actividad económica colectivos de una civilización, pero la estructura empieza a ceder y la cohesión social a aflojarse cuando los individuos perciben que estafar les reportará mayores beneficios personales, o cuando sospechan que otros les estafarán a ellos.

Durante una crisis grave el contrato social puede romperse, precipitando la desintegración total del orden público. Solo tenemos que observar a la nación más tecnológicamente avanzada del planeta para ver los efectos de una fractura localizada en el contrato social. Nueva Orleans se vio físicamente devastada por la furia del huracán Katrina, pero fue la desesperada conciencia de los habitantes de la ciudad de que el gobierno local se había desvanecido y no iba a llegar ninguna ayuda en un futuro inmediato la que desencadenó la rápida degeneración del orden social normal y el estallido de la anarquía.

Así, después de un acontecimiento catastrófico, tras la desaparición de la estructura de gobierno y las fuerzas del orden cabe esperar que surjan bandas organizadas para llenar el vacío de poder, atribuyéndose sus propios feudos personales. Quienes tomen el control de los recursos que queden (alimento, combustible, etc.) administrarán los únicos artículos que tienen un valor intrínseco en el nuevo orden mundial. El dinero y las tarjetas de crédito no tendrán sentido. Quienes se apropien de las reservas de alimentos conservadas como «propiedad» suya se harán muy ricos y poderosos —los nuevos reyes—, controlando la distribución de alimento para comprar lealtades y servicios tal como hicieron los antiguos emperadores mesopotámicos. En ese entorno, los individuos con una cualificación especial, como los médicos y las enfermeras, posiblemente harían bien en no revelarlo, puesto que podrían verse obligados a servir a las bandas como esclavos altamente especializados.

Puede que se aplique la fuerza letal con prontitud para disuadir a los saqueadores y las incursiones de las bandas rivales, y en la medida en que los recursos se agoten la competencia no podrá por menos de hacerse cada vez más feroz. Un mantra habitual de las personas que se preparan activamente para el apocalipsis (conocidas en inglés como *preppers*)* es el siguiente: «Es mejor tener un arma y no necesitarla que necesitar un arma y no tenerla».

Una pauta que es probable que se repita durante las primeras semanas y meses es que las pequeñas comunidades de personas se agrupen en una posición defendible para contar con apoyo mutuo y protección de sus propias reservas de bienes consumibles, buscando la seguridad en el número. Estos pequeños dominios tendrán que

---

* O también *survivalists*, término traducido en español como «survivalistas». (*N. del T.*)

patrullar y proteger sus propias fronteras del mismo modo en que hoy lo hacen las naciones. Irónicamente, el lugar más seguro para que un grupo se atrinchere y se esconda durante el período de turbulencia sería una de las fortalezas esparcidas por el país, pero ahora con un objetivo opuesto al original: las cárceles son complejos en gran medida autónomos con altos muros, puertas sólidas, alambre de espino y torres de vigilancia, inicialmente diseñadas para impedir escapar a sus habitantes, pero asimismo eficaces como refugio defensivo para que otros no entren.

Probablemente el estallido de una delincuencia y violencia generalizadas es un efecto inevitable de cualquier acontecimiento catastrófico. Sin embargo, este infernal descenso a un mundo como el de *El señor de las moscas* es un tema del que no voy a seguir hablando aquí. Este libro trata de cómo acelerar la recuperación de la civilización tecnológica una vez que la gente haya sido capaz de tranquilizarse de nuevo.

LA MEJOR MANERA DE QUE ACABE EL MUNDO

Antes de pasar a la «mejor», empecemos por la peor. Desde el punto de vista de reconstruir la civilización, la peor clase de acontecimiento apocalíptico sería una guerra nuclear total. Aunque uno escapara a la volatilización de las ciudades atacadas, gran parte del material del mundo moderno se habría borrado del mapa, y el cielo oscurecido por el polvo y la tierra envenenada por la lluvia radiactiva serían un obstáculo para la recuperación de la agricultura. Igual de mala, por más que no directamente letal, sería una enorme eyección de masa coronal del Sol. Un eructo solar particularmente violento chocaría contra el campo magnético que rodea nuestro planeta, lo haría resonar como una campana, e induciría enormes corrientes en los cables de distribución eléctrica, destruyendo transformadores e inutilizando redes eléctricas en todo el planeta. El apagón global interrumpiría el bombeo de las reservas de agua y gas y el refinado de combustible, así como la producción de transformadores de repuesto. Con tal devastación de la infraestructura esencial de la civilización moderna sin que hubiera pérdida inmediata de vidas, pronto seguiría el desmoronamiento del orden social, y las muchedumbres errantes no tardarían en consumir las provisiones restantes, precipitando una despoblación masiva. Al final los supervivientes encontrarían de todos modos un mundo sin gente, pero un mundo que ahora se habría visto despojado de cualesquiera recursos que hubieran podido ofrecerles un período de gracia para la recuperación.

Mientras que el dramático escenario favorecido por numerosas películas y novelas postapocalípticas puede ser el desmoronamiento de la civilización industrial y el orden social, obligando a los supervivientes a entregarse a una lucha cada vez más frenética por los decrecientes recursos, el escenario en el que yo deseo centrarme es el inverso: una despoblación repentina y extrema que deja intacta la infraestructura material de nuestra civilización tecnológica. La mayor parte de la humanidad ha sido borrada del mapa, pero todo el material sigue estando ahí. Este escenario presenta el punto de partida más interesante para el experimento mental acerca de cómo acelerar la reconstrucción de la civilización desde cero. Concede a los supervivientes un período de gracia para adaptarse, evitando una pendiente degenerativa que lleve demasiado lejos, antes de que tengan que reaprender las funciones esenciales de una sociedad autosuficiente.

Para llegar a este escenario, la mejor manera de que acabe el mundo estaría en manos de una pandemia que se propagara con rapidez. La tormenta perfecta viral es un contagio que combine una virulencia agresiva, un largo período de incubación y una mortalidad de casi el ciento por ciento. De ese modo, el agente del apocalipsis resulta extremadamente infeccioso entre individuos, tarda un tiempo en hacer visible la enfermedad (lo que maximiza el acervo de huéspedes posteriores que son infectados), pero al final termina en una muerte segura. Nos hemos convertido en una especie realmente urbana —desde 2008 más de la mitad de la población mundial ha vivido en ciudades antes que en áreas rurales—, y esta apretada densidad de población, junto con los constantes viajes intercontinentales, proporcionan las condiciones ideales para la transmisión rápida del contagio. Si una plaga como la Peste Negra de la década de 1340, que se cobró la vida de un tercio de la población europea (y probablemente una proporción similar en Asia), nos golpeara hoy, nuestra civilización tecnológica sería mucho menos resistente a ella.*[2]

¿Cuál es, pues, el número mínimo de supervivientes de una catástrofe global necesarios para tener una posibilidad viable no solo de repoblar el mundo, sino de poder acelerar la reconstrucción de la civilización? O dicho de otro modo, ¿cuál es la masa crítica para permitir un reinicio rápido?

A estos dos extremos del espectro de poblaciones supervivientes los denominaré aquí los escenarios *Mad Max* y *Soy leyenda*.[3] Si se produce una implosión del sistema tecnológico de soporte vital de la sociedad moderna, pero sin una despoblación inmediata (como en la situación provocada por una eyección de masa coronal), la mayor parte de la población sobrevive para consumir rápidamente cualesquiera recursos que puedan quedar en una feroz competencia. Esto desaprovecha el período de gracia, y la sociedad se precipita puntualmente en una barbarie estilo *Mad Max* y la consiguiente despoblación masiva, con pocas esperanzas de recuperarse con rapidez. Si, por el contrario, uno es el único superviviente en el mundo (el «hombre Omega»), o al menos uno entre un pequeño número de supervivientes tan dispersos que es improbable que se tropiecen unos con otros a lo largo de su vida, entonces la idea de reconstruir la civilización, o incluso de recuperar la población humana, carece de sentido. La humanidad pende de un solo hilo y está inevitablemente condenada cuando ese hombre o mujer Omega mueran, una situación que

---

* No obstante, algunas de las ramificaciones a más largo plazo de la Peste Negra resultarían beneficiosas para la sociedad: un aspecto positivo cultural que trajo aquel mal fue que, debido a la gran mortandad y la consiguiente escasez de mano de obra, los siervos que sobrevivieron a la despoblación masiva pudieron liberarse de la atadura a sus señores, ayudando a romper el opresivo sistema feudal y abriendo la puerta a una estructura social mucho más igualitaria y una economía orientada al mercado.

se refleja en la novela de Richard Matheson *Soy leyenda*. Dos supervivientes —un varón y una hembra— constituyen el mínimo matemático para la continuación de la especie, pero la diversidad genética y la viabilidad a largo plazo de una población que nace a partir de solo dos individuos se verían seriamente comprometidas.

Entonces, ¿cuál el mínimo teórico necesario para la repoblación?[4] Se ha utilizado el análisis de las secuencias de ADN mitocondrial de los maoríes que viven actualmente en Nueva Zelanda para hacer una estimación del número de pioneros fundadores que llegaron allí en balsas procedentes de la Polinesia oriental. La diversidad genética reveló que el tamaño efectivo de aquella población ancestral no superaba las aproximadamente 70 hembras reproductoras, con una población total, pues, de algo más del doble de esa cifra. Otros análisis genéticos similares dedujeron una población fundacional de tamaño comparable en los indios americanos de habla amerindia, quienes descienden de antepasados que cruzaron el puente terrestre de Bering procedentes de Asia oriental hace 15.000 años, cuando los niveles del mar eran más bajos. Así, un grupo postapocalíptico de unos cientos de hombres y mujeres, todos ellos agrupados en un mismo lugar, debería condensar la suficiente variabilidad genética para repoblar el mundo.

El problema es que, aun con una tasa de crecimiento del 2 por ciento anual —el más rápido que ha experimentado nunca la población mundial, sustentado por la agricultura industrializada y la medicina moderna—, todavía se necesitarían ocho siglos para que este grupo ancestral recuperara la población que había en la época de la revolución industrial. (En capítulos posteriores examinaremos las razones por las que los desarrollos científicos y tecnológicos avanzados probablemente requieren un cierto tamaño de población y una estructura social.) Una población inicial tan reducida quizá sería demasiado pequeña para poder mantener una agricultura fiable, por no hablar de otros métodos de producción más avanzados, y, por lo tanto, experimentaría un retroceso que la llevaría al modo de vida de los cazadores-recolectores, cuya única preocupación es la lucha por la subsistencia. El 99 por ciento de la existencia humana ha transcurrido siguiendo este modo de vida, que no puede sustentar poblaciones densas y constituye una trampa de la que es muy difícil volver a escapar. ¿Cómo evitar un retroceso tan profundo?

La población superviviente necesitaría muchas manos para trabajar los campos, a fin de asegurar la productividad agrícola y liberando a un número suficiente de individuos para trabajar en el desarrollo de otros oficios y la recuperación de tecnologías. Para el mejor reinicio posible se necesitarían bastantes supervivientes como para representar una amplia gama de conjuntos de habilidades y un conocimiento colectivo suficiente para evitar retroceder demasiado. Una población inicial superviviente de alrededor de 10.000 personas en cualquier área dada (que, por ejemplo, en el caso del Reino Unido representa una fracción superviviente de solo el 0,016 por ciento), que sean capaces de agruparse en una nueva comunidad y trabajar juntos pacíficamente, constituye el punto de partida perfecto para este experimento mental.

Centremos ahora nuestra atención en la clase de mundo en el que se encontrarán los supervivientes, y en cómo este cambiará en torno a ellos a medida que lo reconstruyan.

Recolonización de la naturaleza[5]

Inmediatamente después de terminado el mantenimiento rutinario, la naturaleza aprovechará su oportunidad para reclamar nuestros espacios urbanos. La basura y los detritos se amontonarán en las aceras y calzadas, bloqueando los desagües y causando el estancamiento del agua y la acumulación de desechos que, al pudrirse, producirán mantillo. Las primeras hierbas empezarán a proliferar en bolsas como estas. Aun en ausencia del martilleo de los neumáticos de los coches, las pequeñas hendiduras del asfalto no tardarán en convertirse en grandes grietas. Con cada helada, el agua acumulada en esas depresiones se congelará y dilatará, desmenuzando el duro suelo artificial desde dentro por medio del mismo ciclo implacable de congelación-descongelación que desgasta constantemente cordilleras ente-

Los edificios se derrumban y la naturaleza reclama nuestros espacios urbanos, incluidos nuestros depósitos de conocimiento como esta biblioteca de New Jersey.

ras. Esta erosión creará cada vez más nichos para que arraiguen pequeñas hierbas oportunistas, y luego arbustos, que romperán aún más la superficie. Otras plantas serán más agresivas, y sus penetrantes raíces se abrirán paso directamente a través de los ladrillos y el cemento para encontrar agarre y aprovechar las fuentes de humedad. Las vides se enredarán en los semáforos y letreros de las calles, tratándolos como si fueran troncos de árbol metálicos, y habrá exuberantes capas de plantas trepadoras ascendiendo por las escarpadas fachadas de los edificios y colgando de los tejados.

Durante varios años, los restos acumulados de hojas y otra materia vegetal de esta explosión de crecimiento inicial se descompondrán dando lugar a un humus orgánico, y se mezclará con el polvo arrastrado por el viento y la arenilla procedente del deterioro del hormigón y los ladrillos para crear un auténtico suelo urbano. Los papeles y otros desechos que salgan por las ventanas rotas de las oficinas se acumularán abajo en las calles y se añadirán a esta capa de compostaje. Una alfombra cada vez más gruesa de suciedad tapizará las calzadas, aceras, aparcamientos y espacios abiertos de pueblos y ciudades, permitiendo arraigar a toda una serie de árboles de mayor tamaño. Lejos de las calles asfaltadas y las plazas pavimentadas, los parques cubiertos de hierba de la ciudad y la campiña circundante volverán a convertirse rápidamente en bosques. En solo una década o dos, los matorrales y abedules más viejos habrán arraigado firmemente, dando paso a densos bosques de piceas, alerces y castaños hacia el final del primer siglo después del apocalipsis.

Y mientras la naturaleza se entrega a la tarea de volver a adueñarse del medio ambiente, nuestros edificios se derrumbarán y desintegrarán entre los crecientes bosques. A medida que la vegetación regrese y llene las calles de madera y montones de hojas arrastradas por el viento, mezclándose con la basura que se precipitará a raudales por las ventanas rotas, se acumularán en las calles pilas de leña que incrementarán la posibilidad de que estallen incendios forestales urbanos. La yesca acumulada junto a la pared de un edificio y encendida por una tormenta eléctrica de verano, o quizá por la luz del Sol concentrada a través de un vidrio roto, es lo único que hace falta para desatar fuegos devastadores que se extiendan por las calles y quemen el interior de los bloques de pisos.

Una ciudad moderna no quedaría arrasada como Londres en 1666 o Chicago en 1871, con el fuego extendiéndose con rapidez de un edificio de madera al siguiente y saltando a través de las estrechas calles, pero las llamaradas, que se extenderían sin freno por la ausencia de bomberos, seguirían siendo devastadoras. El gas residual de las conducciones subterráneas y los edificios explotaría, y el combustible que quedara en los depósitos de los vehículos abandonados en las calles aumentaría aún más la intensidad del infierno. Dispersas por todas las áreas pobladas habría bombas esperando a estallar en el momento en que sean presa de una llamarada: gasolineras, depósitos de sustancias químicas, o las tinas de disolventes sumamente volátiles e inflamables de las tintorerías. Quizá una de las visiones más conmovedoras para los supervivientes postapocalípticos sería el incendio de las viejas ciudades: densas columnas de humo negro y sofocante alzándose por encima del paisaje y tiñendo el cielo de rojo sangre por la noche. Tras el paso de las llamas, la estructura de ladrillo, hormigón y acero de los edificios contemporáneos sería lo único que quedaría, esqueletos calcinados una vez consumidas sus combustibles vísceras internas.

El fuego causará devastación en grandes áreas de las ciudades desiertas, pero es el agua la que a la larga provocará la destrucción de todos nuestros edificios tan cuidadosamente construidos. El primer invierno después del apocalipsis presenciará una avalancha de explosiones de cañerías de agua congeladas, que durante el siguiente deshielo verterán su contenido en el interior de los edificios. La lluvia entrará a raudales por las ventanas rotas o inexistentes, se filtrará entre las tejas sueltas de los tejados y desbordará de los desagües y alcantarillas obstruidos. La pintura desconchada de los marcos de puertas y ventanas permitirá que penetre la humedad, pudriendo la madera y corroyendo el metal hasta que el marco entero se desprenda de la pared. Las estructuras de madera —entarimados, vigas y armazones de apoyo de los tejados— también absorberán humedad y se pudrirán, mientras que los pernos, tornillos y clavos que mantienen unidos los componentes se oxidarán.

El hormigón, los ladrillos y el cemento que hay entre estos se verán sometidos a cambios de temperatura, empapados con el agua que se filtre de los desagües obstruidos y pulverizados por una implacable alternancia de congelación-descongelación en las latitudes altas. En los climas más cálidos, insectos tales como las termitas y la carcoma unirán sus fuerzas a las de los hongos para desgastar los componentes de madera de los edificios. Antes de que pase mucho tiempo las vigas de madera se descompondrán y cederán, haciendo que los suelos se hundan y los techos de desplomen, y a la larga las propias paredes se inclinarán hacia fuera y se derrumbarán. La mayoría de nuestras casas o bloques de pisos durarán, a lo sumo, unos cien años.

Los puentes metálicos se corroerán y debilitarán al desconcharse la pintura, permitiendo que se filtre el agua. No obstante, el golpe de gracia para muchos puentes es probable que sean los desechos arrastrados por el viento y acumulados en las juntas de expansión, unos espacios de holgura diseñados para permitir la dilatación de los materiales en el calor de verano. Una vez obstruidos, el puente ejercerá tensión sobre sí mismo, partiendo los pernos corroídos hasta que ceda la estructura entera. En un siglo o dos, muchos puentes se habrán precipitado sobre las corrientes de agua de debajo, con las hileras de cascotes y escombros acumuladas a los pies de los pilares todavía en pie formando una serie de presas en los ríos.

El hormigón armado de acero de muchos edificios modernos constituye un maravilloso material de construcción, pero aunque sea más resistente que la madera, no resulta en absoluto inmune a la descomposición. La causa última de su deterioro es, irónicamente, la propia fuente de su gran fortaleza mecánica. Su armazón de barras de acero (acero corrugado) está protegido de los elementos por el hormigón que lo rodea, pero en la medida en que el agua de lluvia ligeramente ácida lo vaya empapando, y los ácidos húmicos liberados por la vegetación en descomposición se filtren en los cimientos de hormigón, el acero incrustado empezará a oxidarse en el interior de las estructuras. El golpe final para esta moderna técnica de construcción se produce por el hecho de que, al oxidarse, el acero se dilata, rompiendo el hormigón desde dentro, dejando aún mayor superficie expuesta a la humedad y acelerando así el final. Estas barras de acero corrugado representan el punto débil de la construcción moderna, y, de hecho, el hormigón sin armar resultará ser más duradero a largo plazo: la cúpula del Panteón de Roma todavía conserva su fuerza después de dos mil años.

La mayor amenaza a los bloques de pisos, sin embargo, serán los cimientos inundados debido a la falta de mantenimiento del drenaje, las alcantarillas obstruidas o las inundaciones recurrentes, en especial en las ciudades construidas a lo largo de la orilla de un río. Sus columnas se corroerán y degradarán, o se hundirán en la tierra dando lugar a un rascacielos escorado mucho más amenazador que la Torre Inclinada de Pisa, antes de desplomarse inevitablemente. Entonces la lluvia de escombros dañará aún más los edificios circundantes, o incluso es posible que estos se precipiten sobre los monolitos vecinos como gigantescas piezas de dominó, hasta que solo unos cuantos sigan destacando por encima de un horizonte de árboles. Transcurridos unos siglos, cabe esperar que pocos de nuestros grandes bloques de pisos sigan manteniéndose en pie.

En el plazo de solo una generación o dos, la geografía urbana se habrá vuelto irreconocible. Los plantones oportunistas se habrán convertido en árboles jóvenes y luego en árboles plenamente desarrollados. Las calles y los bulevares de las ciudades se habrán visto reemplazados por densos pasillos de bosques apretados en los cañones artificiales formados por los altos edificios, ahora prácticamente en ruinas y desbordando vegetación de las ventanas abiertas como ecosistemas verticales. La naturaleza habrá reclamado la jungla urbana. Con el tiempo, los propios montones de escombros irregulares de los edificios derrumbados se habrán nivelado por la acumulación de materia vegetal en descomposición, que habrá ido formando un suelo; de las colinas de desechos brotarán árboles, hasta que incluso los restos caídos de los antaño altísimos rascacielos queden enterrados y ocultos por el creciente verdor.

Lejos de las ciudades, flotas de barcos fantasma deambularán a la deriva a través de los océanos, para ser ocasionalmente llevados por los caprichos del viento y las corrientes a embarrancar en una costa, donde sus vientres abiertos exudarán nocivas mareas negras de fuel o liberarán su cargamento de contenedores a las corrientes oceánicas como semillas de diente de león al viento. Pero quizá el naufragio más espectacular, si alguien se encuentra en el lugar apropiado y en el momento oportuno para verlo, será el retorno de una de las construcciones más ambiciosas de la humanidad.

La Estación Espacial Internacional es una gigantesca edificación de 100 metros de ancho construida a lo largo de más de catorce años en una órbita baja de la Tierra: un impresionante conjunto de módulos presurizados, puntales alargados y paneles solares dispuestos en forma de alas de libélula. Aunque flota a 400 kilómetros por encima de nuestras cabezas, la estación espacial no está en absoluto fuera de los tenues límites superiores de la atmósfera, la cual ejerce una resistencia imperceptiblemente ligera, pero implacable, sobre la extensa estructura. Ello debilita la energía orbital de la estación espacial haciendo que esta se precipite en una constante espiral hacia el suelo, de modo que necesita ser repetidamente impulsada en sentido contrario por propulsores cohete. Con la desaparición de los astronautas, o la falta de combustible, la estación espacial descenderá inexorablemente unos dos kilómetros cada mes. Antes de que pase mucho tiempo se verá arrastrada a una abrasadora caída a través de la atmósfera, terminando en una estela de luz y una bola de fuego como una estrella fugaz artificial.

El clima postapocalíptico[6]

La decadencia gradual de nuestros pueblos y ciudades no es el único proceso de transformación que presenciarán los supervivientes.

Desde la revolución industrial y la explotación primero del carbón y luego del gas natural y el petróleo, la humanidad ha estado excavando con tenacidad el subsuelo para desenterrar la energía química subterránea acumulada desde tiempos pasados. Esos combustibles fósiles, dosis fácilmente inflamables de carbono, son los restos descompuestos de antiguos bosques y organismos marinos: energía química derivada de la retención de la luz del Sol que brilló hace eones sobre la Tierra. Ese carbono procedía inicialmente de la atmósfera, pero el problema es que estamos quemando las reservas con tanta rapidez que en poco más de cien años se ha liberado de nuevo a la atmósfera el equivalente a unos cientos de millones de años de carbono fijado, emanado por nuestras chimeneas y gases de escape. Este es un ritmo muchísimo más rápido del que necesita el sistema planetario para reabsorber el dióxido de carbono liberado, y en la actualidad hay alrededor de un 40 por ciento más de gas en el aire que a principios del siglo XVIII. Un efecto de este elevado nivel de dióxido de carbono es el aumento del calor del Sol retenido por la atmósfera de la Tierra debido al efecto invernadero, lo que lleva al calentamiento global. Ello, a su vez, provocará una subida del nivel de los mares y la alteración de los patrones meteorológicos en todo el mundo, causando inundaciones monzónicas más frecuentes e intensas en algunas áreas y sequías en otras, con graves repercusiones para la agricultura.

Con el desplome de la civilización tecnológica, las emisiones industriales, la agricultura intensiva y el transporte cesarían de la noche a la mañana, y la contaminación de la pequeña población superviviente caería casi a cero en el período inmediatamente posterior. Pero aunque las emisiones se interrumpieran mañana mismo, el mundo seguiría reaccionando durante unos cuantos siglos más a la inmensa cantidad de dióxido de carbono que nuestra civilización ha vomitado ya. Hoy en día nos hallamos en una fase de adaptación, en la medida en que el planeta reacciona al repentino y duro golpe que hemos asestado a su equilibrio.

El mundo postapocalíptico probablemente experimente una subida de varios metros del nivel del mar durante los siglos siguientes debido a la inercia ya acumulada en el sistema. Los efectos podrían ser mucho peores si el calentamiento tiene otras repercusiones, como el deshielo del permafrost, que está lleno de metano, o la fusión generalizada de los glaciares. Aunque los niveles de dióxido de carbono disminuirán tras el apocalipsis, luego se estabilizarán en un valor sustancialmente elevado y no volverán a su estado preindustrial durante muchas decenas de miles de años. De modo que en la escala de tiempo de nuestra civilización, o de cualquier otra que pueda venir después, esta forzada subida del termostato del planeta resulta básicamente permanente, y nuestro actual modo de vida despreocupado dejará una prolongada y sombría herencia a quienes habiten el mundo después de nosotros. Las consecuencias para unos supervivientes que ya tendrán que luchar para sustentarse serán que, dado que los patrones climáticos y meteorológicos seguirán cambiando durante generaciones, habrá tierras de cultivo antaño fértiles que queden arruinadas por la sequía, las regiones de baja altitud se inundarán y las enfermedades tropicales se harán más frecuentes. Los cambios climáticos de ámbito local ya han causado el abrupto desplome de otras civilizaciones en nuestra historia, y los constantes cambios globales podrían frustrar muy bien la recuperación de una frágil sociedad postapocalíptica.

2

El período de gracia

Así, nunca vemos el verdadero estado de nuestra condición hasta
que nos la manifiesta su contrario, ni sabemos valorar aquello de
lo que disfrutamos salvo por su carencia.

DANIEL DEFOE, *Robinson Crusoe*[1]

Después de estrellarse con un avión en un área remota, sus principales prioridades para la supervivencia serían encontrar cobijo, agua y
comida. Esas mismas exigencias resultan primordiales si la que se
estrella es la civilización que le rodea. Aunque es posible sobrevivir
durante varias semanas sin alimento, y unos pocos días sin beber
agua, si se encuentra a la intemperie en un clima inclemente puede
morir de hipotermia en cuestión de horas. Como me explicaba John
«Lofty» Wiseman, experto en supervivencia del SAS británico: «Si
después de la gran explosión todavía te mantienes en pie, eres un
superviviente. Pero cuánto tiempo seguirás sobreviviendo es algo
que dependerá de tu conocimiento y de lo que hagas». Para nuestros
propósitos, supondremos que, como más del 99 por ciento de las
personas —incluyéndome a mí mismo—, usted no es un *prepper* y
no ha almacenado comida y agua, ni ha fortificado su casa, ni ha
hecho cualesquiera otros preparativos para el fin del mundo.[2]

Entonces, durante el crucial período intermedio antes de que se
viera usted forzado a empezar a producir cosas de nuevo, ¿qué restos
podría aprovechar para asegurar su supervivencia? ¿Que querría bus-

car cuando se pusiera a hurgar entre los desechos dejados por la marea tecnológica al retirarse?

Cobijo

En la situación que hemos imaginado (pérdida de población, pero sin ninguna destrucción masiva del material que nos rodea), no es probable que le falte cobijo: en el período inmediatamente posterior no escasearán los edificios abandonados. Valdría la pena, no obstante, hacer de inmediato una salida en busca de una tienda de artículos de camping donde proveerse de un nuevo atuendo. Las normas de vestimenta para el fin del mundo son pragmáticas: un pantalón suelto de tejido resistente, varias capas de prendas de abrigo para la parte superior y una chaqueta impermeable decente le mantendrán confortable mientras pase mucho más tiempo al aire libre o en edificios sin calefacción. Puede que unas fuertes botas de montaña no parezcan muy sofisticadas, pero en un mundo postapocalíptico uno no desea de ningún modo perder el equilibrio y romperse un tobillo. Durante los primeros años, el mejor lugar donde ir a buscar ropa que aún no haya sido destruida por los insectos o la penetrante humedad serían los grandes centros comerciales. La zona interior más recóndita de un centro comercial queda lejos de la calle, y los productos que hay allí están a salvo de los elementos.

Además de la ropa de abrigo, será el fuego el que asegure su supervivencia. El fuego ha tenido un papel fundamental en la historia humana: nos ha protegido contra el frío, proporcionado luz, cocinado el alimento para hacerlo más digerible y libre de patógenos, y fundido metales. Inmediatamente después del colapso no se precisarán habilidades de supervivencia propias de un entorno salvaje tales como frotar palos para encender la yesca. Habrá abundantes cajas de cerillas en las tiendas de barrio y en las casas, además de mecheros de gas desechables que seguirán funcionando durante años.

Si no puede encontrar cerillas o mecheros, hay métodos menos convencionales para encender fuego utilizando materiales aprovechados. Si hace un día despejado, se puede concentrar la luz del Sol en un foco de calor empleando una lupa, unas gafas,* o incluso la base curva de una lata de bebida previamente pulida con una onza de chocolate o una pizca de dentífrico. Se pueden provocar chispas juntando cables de arranque conectados a una batería de coche abandonada, y un estropajo de metal encontrado en un armario de cocina se encenderá espontáneamente si se frota contra los terminales de una pila de 9 voltios extraída de un detector de humo. Habrá una gran abundancia de excelente yesca en el suelo de las viviendas humanas abandonadas, en forma de algodón, lana, paño o papel, sobre todo si lo empapa en un acelerante improvisado como vaselina, laca para el pelo, disolvente o simplemente una gota de gasolina. Y no le costará encontrar combustible para quemar, incluso en un entorno urbano. Las zonas pobladas están llenas de materiales combustibles, desde muebles y accesorios de madera hasta arbustos de jardín, que pueden arrojarse al fuego para calentarse y cocinar.

La cuestión no es cómo encender un fuego o mantenerlo encendido, sino dónde hacerlo. La inmensa mayoría de las casas y los pisos de reciente construcción no disponen de una chimenea en condiciones de funcionamiento. Si fuera necesario, podría contener de manera segura un fuego en un cubo metálico o meter una barbacoa bajo techo, o bien, si la vivienda tiene un suelo de hormigón, podría arrancar un trozo de moqueta y encender fuego directamente sobre este. Tendría que dejar salir el humo y los vapores por una ventana ligeramente abierta (especialmente si se ve obligado a recurrir a quemar tejidos sintéticos o gomaespuma). Pero su mejor apuesta sería tratar de encontrar una casita de campo o una casa de labranza más antigua que esté adecuadamente equipada para calentarse con el fuego en lugar de radiadores; este será uno de los prin-

---

* Aunque solo las que corrigen la presbicia: las lentes cóncavas para la miopía, que afecta a la mayoría de la gente, dispersan los rayos de luz en lugar de concentrarlos. Es famoso el error que cometió en ese sentido William Golding en *El señor de las moscas*, donde el miope Piggy usa sus gafas para encender fuego.

cipales incentivos para abandonar las ciudades lo más rápidamente posible, como veremos dentro de poco.

AGUA

Tras el cobijo y la protección de los elementos, la segunda prioridad de su lista será conseguir agua potable limpia. Antes de que el abastecimiento municipal de agua se seque debería llenar hasta el borde su bañera, lavamanos y fregaderos, además de cualquier cubo limpio o incluso bolsas de basura resistentes de polietileno. Estos depósitos de agua de emergencia deberían cubrirse para mantenerlos libres de desechos y para bloquear la luz que permite que crezcan las algas. Se puede encontrar agua embotellada en los supermercados y en las fuentes de agua de los edificios de oficinas. Otros depósitos de agua que podría vaciar incluyen las piscinas de hoteles y gimnasios, así como los acumuladores de agua caliente de los grandes edificios. Con el tiempo, llegará a depender de fuentes de agua a las que normalmente habría hecho ascos. Cada superviviente necesitará al menos 3 litros de agua limpia al día, y más en los climas cálidos o si se hace ejercicio. Tenga presente que esta cantidad es solo para rehidratarse, y no incluye el agua necesaria para cocinar y lavar.

El agua que no provenga de una botella sellada debe depurarse. Un método infalible para esterilizar el agua a fin de eliminar los agentes patógenos es ponerla a hervir a fuego vivo durante unos minutos (aunque no ofrece protección contra la contaminación química). Este sistema, sin embargo, requiere mucho tiempo, y consumirá con rapidez nuestras reservas de combustible. Una solución más práctica y a más largo plazo para depurar volúmenes mayores de agua, una vez que se haya usted acomodado tras el evento, se basa en una combinación de filtrado y desinfección. Un sistema rudimentario pero perfectamente adecuado para eliminar partículas en el agua turbia procedente de un lago o río consiste en emplear un recipiente alto como un balde de plástico, un bidón de acero o incluso un cubo de basura bien limpio. Haga algunos agujeritos en el fondo, y cubra este con una capa de carbón vegetal, ya sea sustraído de una ferretería o producido por usted mismo siguiendo las instrucciones que se dan en el capítulo 5. Luego alterne capas de arena fina y grava sobre la de carbón. Vierta el agua en su recipiente, y al pasar a través de él se filtrará de manera eficaz, eliminando la mayoría de las partículas.[3]

La primera opción para desinfectar esa agua ya filtrada a fin de eliminar los agentes patógenos transmitidos por el líquido elemento consiste en emplear tratamientos de purificación específicos para el agua, como las pastillas o cristales de yodo disponibles de las tiendas de artículos de camping. Si no puede encontrar ninguno de ellos, hay algunas sorprendentes alternativas que también funcionarán perfectamente, como las lejías de base clorada formuladas para la limpieza doméstica. Bastan unas gotas de una solución al 5 por ciento de lejía líquida en cuya etiqueta aparezca el hipoclorito de sodio como principal ingrediente activo para desinfectar un litro de agua en una hora. Pero compruebe con cuidado la etiqueta para asegurarse de que el producto no contiene también aditivos como perfumes o colorantes que pueden ser tóxicos. Una sola botella de lejía encontrada bajo un fregadero puede purificar unos 1.900 litros de agua, lo que equivale al suministro de casi dos años para una persona.

Los productos utilizados para clorar piscinas, rescatados del almacén de un gimnasio o mayorista, también pueden emplearse en una dilución más débil para desinfectar agua potable. Una sola cucharadita de este hipoclorito de calcio en polvo es suficiente para desinfectar 750 litros de agua (pero una vez más, vigile que no contenga agentes antifúngicos o aditivos clarificadores). Más adelante, cuando se hayan terminado todos los agentes clorantes fácilmente accesibles, tendrá que crear los suyos propios desde cero utilizando agua de mar y creta como materias primas, tal como veremos en el capítulo 11.

Se pueden emplear botellas de plástico no solo para almacenar el agua, sino también para esterilizarla. La desinfección solar del agua, o SODIS (por sus siglas en inglés), utiliza únicamente la luz del Sol y botellas transparentes, y la Organización Mundial de la Salud la recomienda para el tratamiento de aguas descentralizado en los países en vías de desarrollo: una opción perfecta de baja tecnología para el mundo postapocalíptico. Arranque las etiquetas de botellas de plástico transparente —pero no use botellas mayores de 2 litros, ya que la parte crucial de los rayos del Sol no podrá penetrar en todo su interior— llenas con el agua que hay que desinfectar, y sáquelas al exterior, a plena luz del día. El componente ultravioleta de los rayos del Sol resulta muy perjudicial para los microorganismos, y si el agua se calienta por encima de los 50 °C este efecto neutralizador se ve enormemente potenciado. Un buen sistema es inclinar una lámina de hierro ondulado de cara al Sol y apilar las botellas de agua en los surcos. Pintar la hoja de negro aumenta el efecto de esterilización del calor.

No obstante, el vidrio y algunos plásticos, como el PVC (cloruro de polivinilo), bloquean los rayos ultravioleta. Compruebe la parte inferior de la botella de plástico: hoy la mayoría de ellas se fabrican con un símbolo de reciclaje, y las que le interesan son las marcadas con ⟳, que indica que están hechas de PET (tereftalato de polietileno). Si el agua es demasiado turbia para que la luz del Sol la atraviese, tendrá que filtrarla primero. Con un Sol brillante y directo, este método puede desinfectar el agua en unas seis horas, pero si está nublado es mejor dejarla durante un par de días.

COMIDA

¿Cuánto tiempo podrá seguir alimentándose de los restos de nuestra civilización? La fecha de consumo preferente de los envases modernos es solo una orientación general, y a menudo permite un margen de seguridad antes de su deterioro. Entonces, ¿durante cuánto tiempo seguirían siendo realmente comestibles los distintos tipos de alimentos? Algunos productos durarán más o menos indefinidamente, incluidos la sal, la salsa de soja, el vinagre y el azúcar (mientras esté seco), y en el capítulo 4 veremos cómo pueden utilizarse estas sustancias para conservar alimentos.

A otros productos básicos de nuestra dieta no les irá tan bien en las estanterías de los supermercados desiertos. La mayoría de las frutas y hortalizas frescas se habrán marchitado y podrido en cuestión de semanas, pero los tubérculos se conservarán durante mucho más tiempo, ya que evolucionaron para almacenar energía durante el invierno para la planta. La patata, la mandioca y el boniato tienen todos ellos una buena posibilidad de durar más de seis meses si están en un lugar fresco, seco y oscuro.

El queso y otras delicias del mostrador de charcutería estarán mohosos en unas semanas, y en cuestión de meses las piezas de carne sin envasar de la carnicería se habrán descompuesto, dejando solo alguna que otra chuleta o costillar. Los huevos son sorprendentemente resistentes, y pueden seguir siendo comestibles durante más de un mes sin refrigeración.

La leche fresca se estropeará en el plazo de una semana más o menos, pero los envases UHT durarán años y la leche en polvo aún más. Dado que es el contenido graso de los alimentos secos lo que a menudo se estropea primero al enranciarse, la leche en polvo desnatada es la que sigue siendo potable durante más tiempo. La manteca de cerdo y la mantequilla no tardarán en estropearse en el interior de los refrigeradores ahora sin vida, y también los aceites de cocina se volverán rancios con el tiempo (cuando dejen de ser aptos para el consumo humano, su contenido en lípidos todavía puede aprovecharse para hacer jabón o biodiésel, tal como veremos más adelante).

La harina blanca de trigo se conservará solo unos años, pero más que la harina integral, que, debido a su contenido mucho mayor de aceite, se enrancia con rapidez. Los productos harineros como la pasta seca durarán también unos cuantos años. El contenido alimenticio sobrevive mucho mejor si los granos no se han partido o molido (lo que deja expuesto el germen interior a la humedad y el oxígeno), de modo que los granos de trigo entero sin moler siguen siendo buenos durante décadas. De modo similar, los granos de maíz enteros continuarán siendo nutritivos durante unos diez años, pero este tiempo de conservación se reduce a solo dos o tres años para la harina de maíz. El arroz seco se conserva bien entre cinco y diez años.

Todo esto parte del supuesto de que el alimento superviviente se halle en condiciones que favorezcan su conservación: un lugar seco y fresco. Esta no es una expectativa poco razonable para el interior de un gran supermercado en una región templada, pero si usted vive en un clima cálido y húmedo, el alimento empezará a descomponerse con rapidez en cuanto la red eléctrica se apague y los acondicionadores de aire se suman en el silencio. Una vez que los refrigeradores y congeladores dejen de funcionar, el olor acre de la putrefacción de los alimentos atraerá a muchos merodeadores no humanos en busca de comida: ratas e insectos, además de manadas de perros y otros animales antes domésticos que ahora estarán cada vez más hambrientos. Es probable que hasta los alimentos bien envasados sucumban a la acometida de dientes y garras, de modo que es posible que los recursos alimentarios accesibles a los supervivientes se vean limitados no tanto por las fechas de consumo preferente como por las plagas, como ocurría en los graneros de las civilizaciones más antiguas.

No obstante, la mayor reserva de sustento conservada, con mucho, serán las hileras e hileras de comida enlatada que llenan las estanterías de los supermercados.[4] No solo su envase blindado resistirá a las plagas postapocalípticas de alimañas e insectos, sino que el tratamiento de calor al que se sometieron durante el proceso de enlatado resulta excepcionalmente bueno a la hora de proteger su contenido contra el deterioro microbiano desde dentro. Aunque la fecha impresa de consumo preferente sea a menudo de solo unos dos años en adelante, muchos productos enlatados se conservarán durante varias décadas, cuando no más de un siglo, tras la caída de la civilización que los produjo. La herrumbre o las abolladuras en la propia lata no significan necesariamente que su contenido peligre mientras no haya signos de filtración o abultamiento.

Entonces, si fuera usted un superviviente con un supermercado entero a su disposición, ¿cuánto tiempo podría subsistir con su contenido? Su mejor estrategia sería consumir bienes perecederos durante las primeras semanas, y luego pasar a la pasta y el arroz secos, además de las hortalizas tuberosas más resistentes, antes de recurrir finalmente a la reserva más fiable de productos enlatados. Suponiendo asimismo que tenga usted la precaución de mantener una dieta equilibrada con la ingesta necesaria de fibra y vitaminas (el pasillo de suplementos dietéticos le ayudará en ese aspecto), su cuerpo necesitará entre 2.000 y 3.000 calorías diarias en función de su envergadura corporal, su sexo y lo activo que sea. Un solo supermercado de tamaño medio debería bastar para sustentarle durante unos 55 años, o 63 si se come también la comida enlatada para gatos y perros.

Naturalmente, hay que multiplicar estos cálculos, pasando de un solo individuo con un supermercado a su disposición al conjunto de la población superviviente a un cataclismo rodeada por el sustento conservado de toda una nación; de pequeñas tiendas de barrio a enormes almacenes de distribución. En 2010, el Departamento de Temas Medioambientales, Alimentarios y Rurales del Reino Unido (DEFRA por sus siglas en inglés) calculaba que había una reserva nacional de 11,8 días de «comestibles de evolución ambiental lenta» (productos no perecederos y no congelados como el arroz, la pasta seca y las latas). Con una caída de población apocalíptica, esto equivaldría a un suministro de hasta 50 años para una comunidad superviviente de alrededor de 10.000 personas. Así pues, una comunidad lo bastante grande como para reiniciar rápidamente una civilización tecnológica debería tener suficiente margen para reinstaurar la agricultura y cultivar su propio alimento.

COMBUSTIBLE

Otro factor clave de la vida moderna, que además seguirá siendo crucial para el transporte, la agricultura y el funcionamiento de generadores durante la reconstrucción, es la disponibilidad de combustible. Habrá enormes reservas de gasolina y gasoil para la población superviviente. En el Reino Unido, por ejemplo, los depósitos de combustible de casi 30 millones de coches —además de motocicletas, autobuses y camiones— ofrecen un disperso arsenal del que se puede sacar partido. Se puede obtener gasolina de los vehículos abandonados extrayéndola del depósito con un sifón, o incluso clavando simplemente un destornillador en el depósito para agujerearlo y vaciarlo en un recipiente. Los tanques de almacenamiento subterráneos de las gasolineras también albergan en conjunto una enorme reserva. Sin electricidad, los surtidores de servicio no funcionarán, pero no se necesitaría mucho tiempo para apañar una bomba con un tubo de 5 metros que permitiera vaciarlos. Cada gasolinera alberga un lago subterráneo de combustible normalmente de unos 100.000-120.000 litros, suficiente para conducir un coche familiar de tamaño medio más de un millón y medio de kilómetros por las carreteras postapocalípticas.

La cuestión principal es hasta qué punto se conserva bien el combustible. El gasoil es más estable que la gasolina, pero incluso en el plazo de un año las reacciones con el oxígeno empezarían a formar un sedimento gomoso que obstruiría los filtros de los motores, y el agua acumulada de la condensación permitiría el crecimiento microbiano. Si está bien protegido y se filtra antes de usarlo, el combustible almacenado podría seguir valiendo después de una década más o menos antes de que hubiera que empezar a buscar formas de reprocesarlo para su uso continuado.

Los propios vehículos a motor pueden mantenerse en marcha cuando sus componentes se desgastan y fallan aprovechando piezas de otros automóviles, o improvisándolas. Cuba ofrece un buen ejemplo contemporáneo de esto. El embargo estadounidense de 1962 aisló abruptamente la isla de las importaciones de tecnología o componentes mecánicos de Estados Unidos. Muchos de los coches que circulan todavía hoy son modelos clásicos, conocidos como «tanques yanquis», fabricados con anterioridad al bloqueo. La única razón de que estos vehículos todavía sigan funcionando cincuenta años después se debe al ingenio de los mecánicos cubanos, que improvisan reparaciones o extraen piezas de recambio de otros coches «despiezados». Estos mecánicos se ven obligados a ser cada vez más ingeniosos en la medida en que la reserva de piezas que funcionan va disminuyendo constantemente, una pauta que sin duda se repetirá a mayor escala durante el período de gracia que siga al desplome de la civilización.

Mientras que las reservas de combustible y las piezas reutilizadas mantendrán a los coches, aviones y barcos en funcionamiento durante un tiempo, los modernos dispositivos de navegación GPS de los que tanto hemos pasado a depender fallarán con sorprendente rapidez en cuanto los satélites pierdan su regular conexión ascendente desde su centro de mando. La exactitud posicional se reducirá a alrededor de medio kilómetro a los quince días del cataclismo, y a unos diez kilómetros en el plazo de seis meses, mientras que el sistema será completamente inútil en solo unos años, en la medida en que los satélites se alejen de sus órbitas coordinadas de manera precisa.[5]

MEDICINA

Los medicamentos serán otro objeto de búsqueda vital en los primeros momentos. Asegurar el acceso a diversos tipos de productos farmacéuticos tales como analgésicos, antiinflamatorios, antidiarreicos y antibióticos les ayudará a usted y a sus compañeros a sentirse bien y mantenerse sanos. Los hospitales, las clínicas y farmacias abandonados no serán los únicos arsenales de fármacos vitales: debería mirar también en tiendas de animales y consultorios veterinarios. Los antibióticos comercializados para animales de granja y domésticos, e incluso para peces de acuario, son exactamente los mismos que para los seres humanos, y no deberían dejarse de lado.

Asimismo vale la pena recoger otros artículos cotidianos, ya que pueden readaptarse para usos médicos. Uno de los primeros usos del pegamento rápido (adhesivo de cianoacrilato) fue cerrar de una forma rápida las heridas de los soldados estadounidenses durante la guerra de Vietnam. Esta aplicación volvería a adquirir una gran importancia a la hora de prevenir las infecciones potencialmente letales en un mundo postapocalíptico si no se dispusiera de un acceso inmediato a agujas de sutura e hilo esterilizados. Primero tiene que lavar bien la herida y limpiarla con antiséptico, quizá etanol purificado destilado por usted mismo (véase el capítulo 4). Luego junte los bordes de la herida, administre el pegamento rápido solo a lo largo de la superficie para cerrar la abertura, y manténgala cerrada.

La principal preocupación, no obstante, será cuánto tiempo durará un lote de medicamentos antes de caducar.[6] A comienzos de la década de 1980, el Departamento de Defensa estadounidense se encontró con unas reservas de mil millones de dólares en fármacos que estaban a punto de superar la fecha de caducidad impresa, y con la perspectiva de tener que reemplazar aquellas reservas cada dos o tres años. Entonces encargó un estudio a la Administración de Alimentos y Fármacos (FDA por sus siglas en inglés) para que probara más de un centenar de medicamentos distintos a fin de ver durante cuánto tiempo seguía siendo eficaz cada uno de ellos. Sorprendentemente, alrededor del 90 por ciento de los fármacos probados seguían siendo eficaces más allá de su supuesta fecha de caducidad, y en muchos casos su durabilidad real era considerablemente mayor. El antibiótico ciprofloxacina todavía valía después de una década. Un estudio más reciente ha revelado que los fármacos antivirales amantadina y rimantadina se mantenían estables después de veinticinco años de almacenamiento, mientras que los comprimidos de teofilina, prescritos para enfermedades respiratorias como la EPOC o el asma, todavía presentaban un 90 por ciento de estabilidad más de tres décadas después. En general, se calcula que la mayoría de los fármacos seguirán siendo eficaces en gran parte varios años después de la fecha de caducidad proporcionada por la empresa farmacéutica, incluso si se ha abierto el envase sellado. Y con los modernos envases tipo blíster, que protegen cada píldora individual de la degradación por la humedad y la oxidación del aire hasta el momento en que se necesita, su durabilidad podría ser considerablemente mayor. De modo que, si usted se enfrenta a una infección potencialmente letal, casi con toda certeza se arriesgará a probar con una caja de antibióticos por más que hayan caducado hace tiempo. Aunque la eficacia de un producto farmacéutico disminuirá en la medida en que el ingrediente activo del comprimido se degrade químicamente, no hay ningún riesgo importante que pueda dañarle.

POR QUÉ DEBERÍA ABANDONAR LAS CIUDADES

Quizá piense que lo peor de cualquier ciudad son las otras personas: densas multitudes inundando las calles o empujándose unas a otras en el metro, inmersas en un estruendoso paisaje sonoro de tráfico, bocinas de coches y sirenas. Tras una despoblación catastrófica, al principio la silenciosa tranquilidad de una metrópoli desierta resultaría bastante sobrecogedora, pero luego podría hacerse muy placentera. Sin embargo, aunque las ciudades muertas constituirán fenomenales recursos donde buscar los materiales necesarios para la reconstrucción, es improbable que uno pueda seguir viviendo allí.

En un primer momento, el principal problema de las zonas muy urbanizadas será el enorme número de cuerpos de los fallecidos en la catástrofe. Sin un servicio organizado para retirarlos y eliminarlos de forma higiénica, no solo el hedor de la descomposición será insoportable en los primeros meses, sino que la putrefacción planteará un grave peligro para la salud. Como en cualquier desastre, las enfermedades transmitidas por reservas de agua contaminadas representarán también un importante motivo de preocupación.

Pero después de más o menos un año de recorrer la campiña y buscar a otros supervivientes, ¿por qué no volver a la ciudad con todos sus servicios? El hecho es que los brillantes rascacielos de las ciudades modernas y hasta los bloques de pisos de altura más modesta se harán prácticamente inhabitables tras la caída de la civilización: estos solo funcionan con el apoyo de la infraestructura moderna. Sin red eléctrica o suministro de gas para que funcionen los aparatos de aire acondicionado o el sistema de calefacción, el clima interno sería incómodo y difícil de controlar. Con la pérdida del agua corriente tendría que buscar una fuente de aguas subterráneas en la ciudad y llevarse cada día varios litros a su apartamento, arrastrándola escaleras arriba porque no hay electricidad para que funcionen los ascensores.

Con la suficiente determinación podría solventar muchas de esas molestias: por ejemplo, arreglando generadores diésel para hacer funcionar los ascensores, los aparatos de aire acondicionado y las bombas de agua, al menos por el momento. Incluso podría albergar brevemente la fantasía de trasladarse a un ático de lujo, contemplando la serena ciudad desierta a su alrededor a través de sus ventanas de vidrio cilindrado de suelo a techo, y cultivando todo lo que necesita para comer en un denso permacultivo montado en el jardín de la azotea. Un modelo más plausible de morada urbana postapocalíptica sería vivir en un emplazamiento adyacente a un gran parque y roturar el césped para cultivar la tierra.

En algunas ciudades, el medio ambiente se hará rápidamente inhabitable una vez que estalle la burbuja tecnológica. Las urbes como Los Ángeles o Las Vegas se han construido de manera incongruente en lugares muy áridos o incluso desérticos, y se marchitarán con rapidez cuando cese el mantenimiento de los acueductos que les suministran agua llegada desde lejos. Washington, por su parte, afrontará el problema opuesto, ya que se construyó en una antigua zona pantanosa que empezará a revertir a su estado original con la falta de drenaje.

Sospecho, pues, que será mucho más fácil abandonar las ciudades para siempre y trasladarse a un sitio más apropiado: un emplazamiento rural con tierra cultivable fértil y edificaciones más antiguas y mejor adaptadas a la vida sin red eléctrica. El emplazamiento ideal para reasentarse sería en la costa, lo que permitiría el acceso a la pesca marítima y también a los bosques cercanos, aunque hay que estar atentos a las inevitables subidas del nivel del mar debido al continuo cambio climático. Como veremos, los árboles tienen una enorme cantidad de usos, y no solo como leña o madera para la construcción. Desde allí podrá enviar partidas de búsqueda y equipos de salvamento a las ciudades muertas, pero resultará mucho más fácil vivir en el campo. Una vez que se haya reasentado, le interesará recuperar la infraestructura tecnológica básica lo más rápido posible, empezando por un suministro eléctrico local.

Electricidad sin red[7]

A diferencia del alimento o el combustible, la electricidad no puede almacenarse: se suministra como un flujo continuo, y, por lo tanto, desaparecerá en cuanto la red se paralice unos días después del apocalipsis. La comunidad de supervivientes tendrá que generar su propio suministro de electricidad, y podemos aprender mucho acerca de lo que se necesita observando a quienes actualmente deciden vivir de un modo autosuficiente sin conexión a la red eléctrica.

La solución más sencilla a corto plazo será buscar generadores diésel móviles en las obras viarias o edificios en construcción. También podría conectarse a los altos aerogeneradores dispersos por las colinas cercanas para mantener en funcionamiento una red eléctrica renovable cuando se agote el combustible. Un solo aerogenerador puede proporcionar más de un megavatio de potencia, suficiente para abastecer a alrededor de un millar de hogares modernos, hasta que requiera un mantenimiento que usted no pueda realizar sin equipamiento específico o piezas de recambio de precisión.

Los supervivientes con conocimientos mecánicos no deberían tener demasiados problemas para improvisar rudimentarios molinos de viento con materiales recuperados. Se podrían cortar unas láminas delgadas de acero y curvarlas para darles la forma de las paletas radiales de un gran ventilador; estas irían montadas sobre el eje de una rueda, mientras que el par de torsión se transferiría por medio de la cadena y el juego de engranaje de una bicicleta.

El paso principal es convertir esa energía rotatoria en electricidad, y para ello le interesará rescatar un generador apropiadamente elaborado. Existe una fuente de versiones especialmente prácticas y compactas de tal dispositivo que es tan ubicua en el mundo moderno que resultaría comprensible que la pasara por alto. Actualmente hay alrededor de mil millones de vehículos a motor en el planeta —con Estados Unidos ostentando un porcentaje mayor que ningún otro país, alrededor de una cuarta parte del total—, y cada uno de ellos tiene un alternador recuperable. El alternador de coche es un ingenioso mecanismo. Haga girar el eje y aparecerá una corriente continua de 12 voltios perfectamente constantes en sus terminales, con independencia de la velocidad con la que se gire el eje, lo que lo hace muy adecuado para su reconversión de cara a la generación de electricidad postapocalíptica a pequeña escala. Otras alternativas más sencillas serían los motores magnéticos permanentes de herramientas eléctricas tales como los taladros inalámbricos o las cintas rodantes de los gimnasios. Si hace girar por la fuerza el eje del motor, este funcionará al revés generando una corriente eléctrica en sus terminales, aunque en este caso la potencia variará con la velocidad.

También pueden recuperarse placas solares, las cuales, a diferencia de un generador diésel o un aerogenerador, no tienen partes móviles, de modo que sobrevivirán extraordinariamente bien sin mantenimiento. Aun así, las propias placas sí se deterioran con el tiempo, debido a la humedad que penetra a través de la cubierta o a la luz del Sol que degrada las capas de silicio de alta pureza. La electricidad generada por una placa solar disminuye alrededor de un 1 por ciento cada año, y, en consecuencia, después de dos o tres generaciones de supervivientes se habrán degradado hasta el punto de resultar inútiles.

El siguiente problema es almacenar esa energía eléctrica generada para su uso. De hecho, uno de los primeros lugares adonde dirigirse después del apocalipsis es a un campo de golf, no para hacer un relajante recorrido de dieciocho hoyos a fin de ayudar a aliviar el estrés del fin del mundo, sino para hacerse con un recurso crucial.

Las baterías de coche son muy fiables, pero están diseñadas para proporcionar una breve ráfaga de intensa corriente destinada a hacer girar el motor de arranque. En cambio, no resultan muy adecuadas para proporcionar el suministro constante y estable de energía eléctrica necesaria para propulsar su nueva vida sin red eléctrica; de hecho, se dañan con facilidad si se les permite descargar de manera constante más de aproximadamente el 5 por ciento.

Un diseño alternativo de batería recargable de plomo-ácido, conocido como ciclo intenso, descarga a un ritmo mucho más lento y puede aguantar que toda su capacidad se vea repetidamente agotada y recargada sin problema. Es esta clase de batería la que le interesará

Los habitantes de Goražde, desconectados de la red eléctrica por las fuerzas serbias a mediados de la década de 1990, improvisaron rudimentarios generadores hidroeléctricos atados a los puentes.

encontrar en un primer momento. Pruebe en caravanas y autocaravanas, sillas de ruedas motorizadas, carretillas elevadoras eléctricas y carritos de golf. La producción de corriente continua de su juego de acumuladores puede alimentar muchos aparatos como pequeños refrigeradores y lámparas, pero intente recuperar también un dispositivo llamado inversor, que convertirá la corriente continua en una corriente alterna de 240 voltios, adecuada para alimentar otros aparatos.

Hoy, esta clase de sistemas de generación y almacenamiento de electricidad son utilizados tanto por quienes apuestan por vivir sin conexión a la red eléctrica como por los survivalistas que se preparan para el desplome de la civilización. Pero la historia reciente también nos ha mostrado convincentes ejemplos de ingenio de urbanitas normales y corrientes a la hora de mantener el suministro eléctrico durante la adversidad. Por ejemplo, durante la guerra de Bosnia, a mediados de la década de 1990, la ciudad de Goražde fue rodeada y sitiada durante tres años por el ejército serbio, y se vio obligada a convertirse en gran medida autosuficiente. Aunque sus habitantes recibieron víveres aerotransportados de las Naciones Unidas, gran parte de su infraestructura moderna fue destruida y quedaron desconectados de la red eléctrica. Para generar electricidad, los vecinos construyeron sus propias instalaciones hidroeléctricas improvisadas: plataformas que flotaban en el río Drina amarradas a los puentes de la ciudad, y equipadas con ruedas hidráulicas de paletas conectadas a alternadores de coche reciclados.[8]

Estos artilugios recordaban extrañamente a los molinos de harina fluviales de las ciudades medievales europeas, amarrados a los puentes en la corriente más rápida en medio del río, solo que las modernas innovaciones suministraban electricidad a la orilla a través de cables suspendidos.

Desguazar las ciudades

Hasta ahora hemos visto cómo los restos de nuestra civilización amortiguarán el declive de la sociedad superviviente, ofreciendo una zona parachoques de productos como el alimento y el combustible, además de componentes tales como alternadores y baterías que pueden manipularse para la generación de electricidad postapocalíptica. Pero las ciudades muertas también proporcionarán las materias primas básicas necesarias para la nueva reconstrucción.

Algunos materiales de vital importancia, como el vidrio y numerosos metales, son fáciles de reciclar. Aunque los componentes metálicos hayan estado muy oxidados y corroídos durante un largo período de tiempo, el metal sigue ahí. Solo hay que separarlo de los otros elementos que se le han unido, en especial el oxígeno. Una viga de acero muy oxidada es básicamente una mena de hierro muy rica, y puede refinarse de nuevo para obtener el metal puro utilizando las mismas técnicas empleadas históricamente para fundir hierro a partir de las menas de roca naturales, tal como veremos más adelante (véase el capítulo 6).

Sintetizar plásticos requiere una sofisticada química orgánica (y materias primas derivadas del petróleo), de modo que en las primeras fases de la recuperación solo estarán disponibles readaptando o reciclando los que ya existan. Se dividen en dos clases, dependiendo de su estructura molecular y, por ende, su respuesta al calor: plásticos termoestables y termoplásticos. Los plásticos termoestables son prácticamente imposibles de reciclar: al calentarse se descomponen en una compleja mezcla de compuestos orgánicos, muchos de ellos bastante nocivos. En cambio, los termoplásticos, una vez limpios, se pueden fundir y volver a darles forma de nuevos productos. El termoplástico más fácil de reciclar con métodos rudimentarios es el tereftalato de polietileno (PET), que ya se ha mencionado antes.[9] La manera más sencilla de saber de qué plástico concreto están hechos los artículos que hemos encontrado es comprobar el código de identificación de reciclaje que llevan impreso. El PET se identifica con el número 1 —las botellas de bebidas de plástico, por ejemplo, son casi exclusivamente de PET—, y también puede tener cierto éxito reciclando los identificados con el número 2 (polietileno de alta densidad, o HDPE) y el número 3 (cloruro de polivinilo, o PVC).

Sin embargo, mientras que el vidrio se puede fundir y volver a darle forma indefinidamente, la calidad de los productos plásticos se degrada con la exposición a la luz del Sol y el oxígeno del aire, y cada vez que se reciclan se hacen más débiles y más frágiles.* Así,

* Los envases y artículos modernos raras veces están fabricados con una sola clase de plástico. Por ejemplo, un tubo de dentífrico está compuesto de cinco capas, todas ellas extruidas al mismo tiempo: polietileno lineal de baja densidad, polietileno modificado de baja densidad, etilen-vinil-alcohol, polietileno modificado de

aunque una sociedad postapocalíptica sería capaz de alimentarse de nuestros restos de metal y vidrio, la era de los plásticos tocará inevitablemente a su fin hasta que se puedan adquirir de nuevo los suficientes conocimientos químicos.

Con la caída de la civilización y el colapso de las redes de comunicación a larga distancia y los viajes en avión, la aldea global se hará añicos para convertirse de nuevo en un globo de aldeas. A internet, pese a su diseño original como una red informática resistente capaz de sobrevivir a un ataque nuclear y a la pérdida de muchos de sus nodos, no le irá mejor que a cualquier otra tecnología moderna con el fallo sistémico de las redes eléctricas. También los teléfonos móviles durarán solo unos días tras la paralización de las redes, una vez que los generadores de emergencia de los centros de computación y los repetidores de radio se queden sin combustible. De repente las tecnologías antiguas o marginales cobrarán una nueva e intensa importancia. Una de las primeras cosas que le interesará encontrar son los hoy obsoletos walkie-talkies a fin de mantenerse en contacto con otros miembros de su grupo cuando se separen en sus incursiones de búsqueda. Para la comunicación de largo alcance, los aparatos de banda ciudadana o de radioaficionado resultarán bastante valiosos a la hora de tratar de establecer contacto con otros grupos de supervivientes.

Pero el recurso más valioso que hay que recopilar antes de que se pierda es el conocimiento. Puede que los libros hayan sido destruidos por los incendios descontrolados propagados en pueblos y ciudades, convertidos en una pasta ilegible por el vaivén de las aguas desbordadas, o que simplemente se hayan podrido en las estanterías por la humedad y la lluvia traída por el viento a través de las venta-

---

baja densidad, y finalmente polietileno lineal de baja densidad (como no podía ser de otro modo, el propio tubo de plástico es extrudido de una boquilla, de forma muy parecida a como luego saldrá el dentífrico que se introduzca en él). Esto hace que el plástico de muchos productos resulte prácticamente irrecuperable y que, por lo tanto, solo valga la pena rescatar artículos sencillos, como una botella de agua mineral de PET.

nas rotas. Aunque mucho más numerosos, los escritos en papel de nuestra civilización son registros menos permanentes que las tablillas de arcilla o los resistentes rollos de papiro o pergamino de las culturas más antiguas. Pero si el contenido de las bibliotecas sigue intacto cuando la población superviviente inicie la reconstrucción, esos fabulosos recursos pueden explotarse para obtener conocimiento. Muchos de los títulos enumerados en la bibliografía del presente volumen, por ejemplo, ofrecen detalles sobre las habilidades prácticas y los principales procesos requeridos para la civilización, y merecería la pena tratar de encontrarlos. También vale la pena probar a buscar en los depósitos de otras tecnologías más antiguas —los museos de ciencia e industria— artilugios tales como hiladoras mecánicas o máquinas de vapor que podrían estudiarse y readaptarse como tecnologías apropiadas para el mundo postapocalíptico.

Una escena que probablemente se haga común durante la recuperación es la de los crecientes asentamientos de supervivientes esparcidos por la campiña. Estos no se hallarán localizados al azar, sino dispuestos en círculos alrededor de las ciudades muertas, rodeando un núcleo de torres de pisos y otras infraestructuras urbanas desmoronadas. Solo los equipos de rescate se aventurarán a entrar en esas zonas deshabitadas, inspeccionando el esqueleto de las ciudades muertas, extrayendo los materiales más útiles, quizá utilizando explosivos caseros para demoler edificios e improvisados sopletes de acetileno para diseccionar sus componentes metálicos. Luego se llevarán consigo el valioso botín a fin de reprocesarlo y convertirlo en herramientas, rejas de arado o cualquier otra cosa que se necesite durante el reinicio.

Uno de sus primeros desafíos será restablecer la agricultura. Habrá abundantes edificios vacíos que proporcionen cobijo, y lagos subterráneos de combustible para mover vehículos y alimentar generadores, pero todo eso no sirve de nada si uno se muere de hambre.

3

Agricultura

Tenemos que empezar de nuevo en un nuevo mundo. Tenemos suficiente de casi todo para empezar, pero no va a durar eternamente. [...] Más tarde tendremos que arar, y más tarde aún tendremos que aprender a hacer arados de reja, y luego a fundir el hierro para hacer las rejas. [...] Lo que más nos ayudará al iniciar nuestra tarea será el conocimiento. Este es el atajo que nos evitará tener que empezar en el punto donde lo hicieron nuestros ancestros.

JOHN WYNDHAM, *El día de los trífidos*[1]

La urgencia con la que haya que reiniciar la agricultura dependerá por completo de cuánta gente sobreviva a cualquiera que sea el evento que haya precipitado el desplome de la sociedad. A efectos de nuestro experimento mental, supondremos que cuenta con cierto margen antes de que se agoten las reservas de alimento conservadas. Eso le dará tiempo para situarse, explorar en busca de tierra adecuada para reasentarse, e ir aprendiendo poco a poco de sus errores en los campos antes de que disponer de una cosecha fiable se convierta en un asunto de vida o muerte.

Tendrá que moverse con rapidez tras la Caída para recuperar y preservar el mayor número posible de plantas cultivables. Cada variedad de cultivo moderna representa miles de años de diligente cría selectiva, y, si pierde las especies domésticas, puede que pierda también cualquier esperanza de atajo en la reconstrucción de la civilización. En el curso de su domesticación, las especies como el trigo y el maíz se han criado para maximizar la nutrición, y ahora están mal adaptadas a la vida sin nosotros. Muchas de ellas se verán rápidamente desplazadas y puede que se vean abocadas a la extinción por variedades silvestres competidoras que aprovecharán la oportunidad para recuperar los campos y pastos ahora abandonados.

Las parcelas o pequeños huertos caseros, abandonados y cubiertos de malas hierbas, son buenos lugares donde buscar plantas comestibles que hayan sobrevivido. Variedades como el ruibarbo, la patata y la alcachofa probablemente seguirán propagándose por sí solas mucho después de abandonada la parcela. Pero los cultivos cerealícolas constituyen la base de nuestra dieta, y si fuera usted especialmente concienzudo podría tratar de organizar expediciones de manera inmediata para recoger semillas antes de que las plantas mueran y se pudran en los campos. O puede que sea lo bastante afortunado para encontrar en graneros abandonados sacos de trigo de siembra, que todavía serán viables transcurridos varios años.

El problema, no obstante, es que muchas de las plantas cultivadas en la agricultura moderna son híbridas: se producen cruzando dos variedades innatas que poseen características deseables para dar lugar a una progenie uniforme y de un rendimiento extremadamente alto. Por desgracia, las semillas producidas por este cultivo híbrido no conservarán esa consistencia: estas no se «reproducen apropiadamente», de modo que cada año hay que comprar nuevas semillas híbridas para plantar. Lo que de verdad le interesa recoger en un primer momento son los denominados cultivos patrimoniales: variedades tradicionales que pueden propagarse de manera fiable de un año a otro. Muchos survivalistas almacenan semillas patrimoniales precisamente para esta eventualidad, pero ¿adónde debería acudir usted si no ha preparado una reserva de ellas con antelación?

En todo el mundo hay cientos de bancos de semillas destinados a salvaguardar la diversidad biológica para la posteridad. El mayor de todos es el Banco de Semillas del Milenio, situado en Sussex Occidental, justo a las afueras de Londres. Allí se almacenan miles de millones de semillas en una cámara subterránea de varios pisos y a prueba

Bóveda Global de Semillas de Svalbard

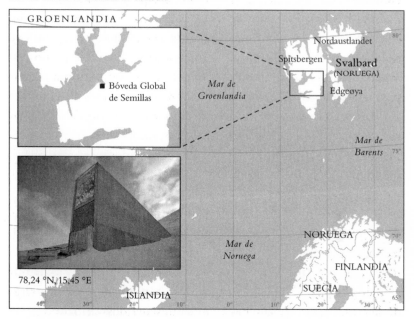

Mapa y coordenadas de latitud y longitud de la Bóveda Global de Semillas de Svalbard.

de bombas nucleares, la cual ofrece una biblioteca postapocalíptica vital, no de libros, sino de variedades cultivables diversas. Las semillas de muchas clases de plantas siguen siendo viables durante décadas si se conservan en un ambiente fresco y seco, incluidos los cereales, los guisantes y otras leguminosas, así como la patata, la berenjena y el tomate. Pero incluso esas semillas mueren al cabo de un tiempo, de modo que es necesario hacerlas germinar y crecer a fin de producir nuevas semillas para continuar almacenándolas.

Las bajas temperaturas amplían este período de durabilidad, y, en consecuencia, quizá la reserva agraria más resistente, un archivo de seguridad que durará mucho tiempo tras el desplome de la civilización, es la Bóveda Global de Semillas de Svalbard. Este depósito está construido a 125 metros de profundidad en una ladera en la isla noruega de Spitsbergen. Sus paredes de hormigón armado de acero, de un metro de espesor, sus puertas a prueba de explosiones y sus compartimentos estancos protegerán el acervo biológico de su interior del peor de los cataclismos globales, y aun en el caso de una pérdida de energía eléctrica el permafrost circundante (el lugar se halla situado bien entrado el Círculo Polar Ártico) mantendrá de manera natural una temperatura bajo cero que permitirá su preservación a largo plazo. De ese modo se salvaguardarán semillas de trigo y cebada viables durante más de un milenio.

LOS PRINCIPIOS DE LA AGRICULTURA

La pregunta crucial a la que tendrá que responder es: ¿cómo me meto en un campo embarrado con un puñado de semillas y hago que salga comida de ellas antes de que llegue el invierno?

Esto podría parecer algo muy sencillo: las semillas germinan de manera natural, y las plantas crecieron sin problema durante millones de años antes de que evolucionaran los humanos. Pero eso no significa ni por asomo que el cultivo y la agricultura sean fáciles. Aunque las plantas crezcan de manera natural, la agricultura resulta tremendamente artificial: se trata de cultivar una variedad concreta de planta en régimen de monocultivo, un cultivo puro y uniforme aislado en un campo con exclusión de todos los demás. (Cualesquiera otras plantas que de hecho empiecen a crecer en el campo son por definición malas hierbas, y compiten con nuestros cultivos comestibles por la luz del Sol, el agua y los nutrientes del suelo.) También se intenta optimizar la densidad de las plantas cultivadas a fin de sacar el máximo partido posible de la tierra y minimizar el esfuerzo y la energía dedicados a cultivar grandes áreas. Pero asimismo hay que evitar que ese jugoso objetivo se vea frustrado por insectos y otros parásitos o enfermedades fúngicas que en tales condiciones ideales se extienden de manera desenfrenada (del mismo modo que las ciudades son un caldo de cultivo perfecto para los agentes patógenos humanos). Estos dos factores implican que un campo de cultivo es un ambiente extremadamente sintético donde la naturaleza opone una constante resistencia. Hace falta una gran dosis de cuidadoso control y esfuerzo para mantener esta inestable situación.

Sin embargo, tendrá usted que vencer un problema aún más crucial en el ámbito de la agricultura. En un ecosistema natural, como un bosque, los árboles y la maleza crecen absorbiendo energía de la luz del Sol, asimilando el carbono del aire y aspirando una serie de nutrientes minerales del suelo a través de sus raíces. Esas sustancias vitales se incorporan a las hojas, tallos y raíces de las plantas, y, cuando las ingiere un animal, pasan a formar parte de su cuerpo. Cuando más tarde el animal excreta, o muere y se descompone, esos nutrientes simplemente vuelven a penetrar en el suelo de donde provenían inicialmente. Un ecosistema natural es, pues, una saludable economía circulante de elementos que son transferidos de manera incesante entre diferentes cuentas. Pero la naturaleza de las tierras de labranza es fundamentalmente distinta: aquí se alienta el crecimiento con el exclusivo propósito de cosechar y retirar los productos para el consumo humano. Aunque una gran parte de la materia vegetal sobrante se esparza de nuevo por los campos, seguimos llevándonos la parte de hecho ingerida, y año tras año la tierra se va agotando de manera constante. De modo que el propio funcionamiento de la agricultura hace necesario retirar progresivamente los nutrientes minerales, despojando al suelo de su vitalidad. Y asimismo, especialmente con los modernos sistemas de alcantarillado, se tratan nuestros residuos para matar las bacterias dañinas y luego se vierten en los ríos o mares, de modo que hoy la agricultura es un eficiente conducto para despojar de nutrientes a la tierra y verterlos al océano. La vegetación necesita una nutrición equilibrada tanto como el cuerpo humano, y los tres principales alimentos de las plantas son los elementos nitrógeno, fósforo y potasio. El fósforo es crucial para la transferencia de energía, mientras que el potasio ayuda a reducir la pérdida de agua; pero es el nitrógeno, utilizado en la fabricación de todas las proteínas, el que con mayor frecuencia actúa como factor limitador del rendimiento agrario. A menos que uno sea extraordinariamente afortunado, como lo fueron los antiguos egipcios en el valle del Nilo, donde la inundación anual revitalizaba la tierra con el fértil limo, habrá de tomar medidas para abordar este déficit fundamental en el balance general.

La moderna agricultura industrializada resulta asombrosamente fructífera, y hoy en día una hectárea produce de dos a cuatro veces más alimento que la misma tierra hace cien años. Pero el único modo en que pueden funcionar las granjas actuales, plantando densos monocultivos en la misma tierra y aun así obteniendo altos rendimientos año tras año, es mediante el rociado de potentes herbicidas y pesticidas a fin de mantener un férreo control sobre el ecosistema, y con un generoso uso de fertilizantes químicos. Los compuestos ricos en nitrógeno que proporcionan esos fertilizantes artificiales se crean industrialmente mediante el denominado proceso de Haber-Bosch, sobre el que volveremos en el capítulo 11. Todos esos herbicidas, pesticidas y fertilizantes artificiales se sintetizan utilizando combustibles fósiles, que también impulsan la maquinaria agraria. En cierto sentido, pues, la agricultura moderna es un proceso que transforma petróleo en alimento —con la participación de la luz del Sol— y que consume alrededor de 10 calorías de energía de combustibles fósiles por cada caloría de alimento materialmente ingerido. Con el desplome de la civilización y la desaparición de la industria química avanzada, tendrá que reaprender los métodos tradicionales. Hoy, los productos ecológicos son un privilegio de los más acomodados; después del colapso serán su única opción.

Más adelante en este mismo capítulo volveremos a la cuestión de cómo se puede mantener la fertilidad del suelo durante años. Pero empecemos con los fundamentos de cultivar plantas desde el principio.

¿QUÉ ES EL SUELO?

Como agricultor, tiene usted un control limitado sobre la naturaleza. Obviamente, no puede controlar la cantidad de luz del Sol irradiada a sus campos; no puede cambiar el clima de su región o elegir las estaciones. Tampoco puede controlar la lluvia, aunque sí pueda regular el contenido de humedad de los campos equilibrando el riego y el drenaje. Lo único sobre lo que tiene mayor control es el suelo: puede enriquecerlo químicamente con fertilizantes, como acabamos de ver, y manipularlo físicamente con herramientas como el arado. De modo que el suelo es el elemento más fundamental de la agricultura bajo el control de un agricultor, y eso requiere entender qué es el suelo y cómo este sustenta el crecimiento de las plantas.

Todas las civilizaciones de la historia deben su existencia a la fina capa superficial del suelo. Los cazadores-recolectores pueden sustentarse buscando comida en los bosques, pero las ciudades y civilizaciones se basan en la enorme productividad de los cultivos de cereales, unas hierbas de raíces poco profundas que son por completo dependientes de los servicios proporcionados por la capa superficial del suelo. La base de todo suelo son las rocas desintegradas que forman la corteza de nuestro planeta. La roca es atacada físicamente por los flujos de agua, la fuerza del viento y la fricción de los glaciares, al tiempo que resulta químicamente erosionada por el agua de lluvia débilmente ácida que disuelve una pequeña cantidad de dióxido de carbono en su caída desde las nubes. Esto produce gravas, arenas y arcillas, según el grado de desmenuzamiento resultante. Esas partículas se mantienen unidas mediante el humus, una matriz de materia orgánica que ayuda a retener la humedad y los minerales, y que proporciona a la capa superficial del suelo su color oscuro. Normalmente, los suelos contienen entre un 1 y un 10 por ciento de humus, aunque las turbas se acercan al 100 por ciento de materia orgánica. Pero lo más importante es que el suelo alberga una enorme y diversa población de vida microbiana, un ecosistema invisible que procesa la materia en descomposición y recicla los nutrientes para las plantas.

El principal factor que determina la naturaleza de un determinado suelo y su adecuación para diferentes cultivos es la proporción de los distintos tamaños de partículas: la granulada arena, el limo intermedio y la fina arcilla. Es fácil hacer una comprobación visual de la composición de un suelo.[2] Coja un tarro de vidrio y llénelo de suelo hasta una tercera parte de su volumen (excluyendo terrones demasiado compactos, tallos y hojas), y luego acábelo de llenar de agua casi hasta el borde. Enrosque la tapa y agítelo enérgicamente hasta que todos los terrones se hayan deshecho y tenga una sopa terrosa homogénea. Deje reposar el tarro durante más o menos un día entero, dando tiempo a que la suspensión se deposite en el fondo y el agua vuelva a ser casi clara de nuevo. Los granos se habrán sedimentado por el orden del tamaño de sus partículas, mostrando distintas capas o franjas, lo que le permitirá juzgar visualmente la proporción de cada una de ellas en el suelo mezclado. La franja inferior es el componente arenoso de grano grueso del suelo, luego viene el limo en el medio, y la capa superior la forman las finas partículas de arcilla.

La clase ideal de suelo para la agricultura se conoce como loam, o suelo franco, y es una mezcla equilibrada de aproximadamente un 40 por ciento de arena, un 40 por ciento de limo y un 20 por ciento de arcilla. Un suelo arenoso (con más de dos tercios del total) drena bien, y, en consecuencia, es bueno para que pase el invierno el ganado vacuno, dado que no se verá obligado a caminar dificultosamente por un lodazal; pero el agua arrastrará con facilidad los minerales y fertilizantes, de modo que este tipo de suelo requerirá un abono suplementario. Por su parte, un suelo arcilloso en exceso (más de un tercio de partículas de arcilla y menos de la mitad de arena) resulta físicamente difícil de trabajar con arados y gradas, y requerirá mayor cantidad de abono con cal para mantener una saludable estructura quebradiza.

El trigo, las alubias, las patatas y la colza crecen todos ellos magníficamente en suelos arcillosos bien gestionados. La avena prospera en suelos más pesados y húmedos que también son adecuados para el trigo o la cebada, como los suelos de Escocia creados por la fricción del avance de los glaciares en la última glaciación. Históricamente, la avena y las patatas han permitido a la gente obtener altos rendimientos y colonizar áreas donde no crecían otros cultivos. La cebada prefiere suelos más ligeros que el trigo, mientras que el centeno crecerá en suelos más pobres y arenosos que otros cereales. La remolacha y las zanahorias también crecen bien en los suelos arenosos. En el caso concreto de Gran Bretaña, geográficamente a grandes rasgos puede decirse que el sur es adecuado para el cultivo de cereales, mientras que en el norte la tierra resulta más difícil de cultivar y, en consecuencia, se adapta mejor al pastoreo.

Tener la buena fortuna de encontrar un suelo franco fértil en una región bien drenada es solo el primer paso para reiniciar la agricultura. Para dar a los cultivos las mayores probabilidades de éxito, también tendrá que trabajar físicamente la tierra. El término «labranza» designa el conjunto del esfuerzo mecánico que habrá de realizar para hacer menos compacta la tierra, controlar las malas hierbas y preparar la capa superficial del suelo a fin de hacerla receptiva a las semillas.

A una escala lo bastante pequeña, podría apañárselas con instrumentos rudimentarios hechos a mano. Una azada realizará un trabajo admirable a la hora de disgregar la capa superficial del suelo y mezclarla con abono o fertilizante verde (materia vegetal en descomposición) antes de la época de cultivo, además de cortar las malas hierbas antes de la siembra y también a intervalos mientras el cultivo crece. Puede utilizar un simple plantador para hacer agujeros poco profundos y regularmente espaciados en el suelo; luego no tiene más que introducir las semillas y volver a tapar los agujeros con el pie. Pero se trata de un trabajo agotador y que requiere mucho tiempo, de modo que apenas tendría oportunidad de hacer nada más. La historia de la agricultura a lo largo de milenios ha sido un constante esfuerzo por mejorar los diseños del equipamiento agrario a fin de realizar estas funciones esenciales de manera más eficiente, maximizando la productividad de la tierra a la par que se minimiza el trabajo necesario.[3]

El utensilio característico de la agricultura es el arado, pero su papel ha cambiado desde los comienzos del cultivo de plantas. En los suelos fértiles y fácilmente cultivables de Mesopotamia, Egipto o China, donde se desarrolló inicialmente la agricultura, el arado primitivo era poco más que un tronco afilado clavado en la tierra en ángulo y arrastrado a través del terreno por bueyes o trabajadores humanos. La intención era excavar una zanja poco profunda en la que pudieran arrojarse las semillas para luego enterrarlas ligeramen-

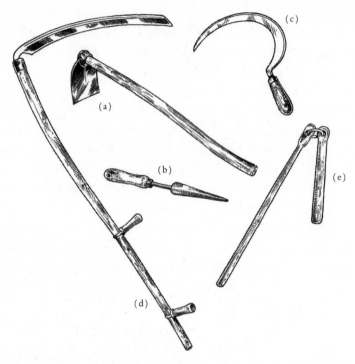

Aperos de labranza sencillos: azada (a), plantador (b), hoz (c), guadaña (d), mayal (e).

te. Sin embargo, en la mayor parte de la tierra cultivable del planeta el suelo requiere un poco más de preparación para hacer la agricultura productiva. Hoy en día, la función del arado es levantar cuidadosamente la capa superior del suelo en toda la extensión de un campo y ponerla del revés, desmenuzándola ligeramente. El principal objetivo de este proceso es el control de las malas hierbas. Antes de sembrar el cultivo en la tierra, las plantas no deseadas se cortan de raíz y sin más complicaciones se cubren con suelo. Ocultas a la luz del Sol, se marchitan y mueren, mientras que sus semillas quedan enterradas a demasiada profundidad para germinar con éxito. Esta preparación de la tierra también ayuda a mezclar materia orgánica y nutrientes en la capa superficial del suelo, especialmente cuando al arar se añade abono, y mejora el drenaje de la tierra, así como la aireación para favorecer los microbios del suelo.

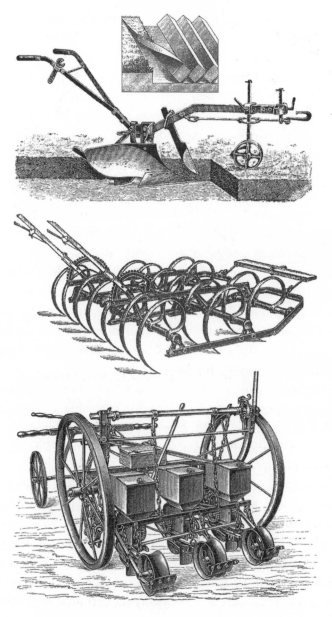

Equipamiento agrícola: arado, grada y sembradora. Recuadro: la acción del arado, consistente en cortar y remover franjas de la capa superficial del suelo.

Inmediatamente después del cataclismo, con un poco de suerte, no tendrá problemas para encontrar tractores abandonados y combustible para hacerlos funcionar, con remolques dotados de múltiples rejas de arado. Pero cuando se acabe el combustible disponible o la falta de piezas de recambio inmovilice el tractor, tendrá que volver a métodos menos intensivos. Y no será una simple cuestión de encontrar un par de bueyes y uncirlos a un arado moderno, ya que estos grandes artilugios de múltiples hojas requieren una enorme tracción para surcar la tierra.[4] Si no puede encontrar un arado tradicional —quizá mirando en los museos de cualquier ciudad desierta de las proximidades—, tendrá que construirse el suyo. Podría aprovechar una hoja de arado moderno del juego de un remolque de tractor y montarla sola en un armazón, pero si se han oxidado todas podría construir un arado de madera reforzado con hierro fundido o readaptar chapas de acero aprovechadas en una forja. La reja del arado es básicamente una cuchilla afilada que corta en horizontal el suelo forzándolo a subir sobre la vertedera, la cual está configurada para voltear cuidadosamente el trozo de suelo cortado y depositarlo de nuevo en el campo, pero invertido.

Después de arar, los surcos y caballones resultantes deben allanarse a fin de preparar un semillero listo para la siembra. La grada o rastra es tan antigua como el arado, y los distintos diseños alternativos difieren en la profundidad a la que penetran y en el grado de finura con que desmenuzan los terrones a fin de preparar la tierra de cultivo. Las gradas modernas utilizan hileras de discos metálicos verticales para cortar la tierra o dientes metálicos curvos y flexibles que al arrastrarlos oscilan arriba y abajo para pulverizarla, imitando mecánicamente la acción de un rastrillo manual. Puede usted construir sus propias versiones simplificadas de armazones de madera en forma de diamante con puntas enganchadas, o incluso arrastrar una pesada rama de árbol por la superficie si se queda sin opciones. Los diferentes cultivos prefieren determinadas condiciones de tierra; al trigo, por ejemplo, le gustan los semilleros bastante bastos, con terrones del tamaño del puño de un niño, mientras que la cebada prefiere una tierra mucho más fina. Tras la siembra se vuelve a pasar ligeramente la grada para cubrir las semillas, y esta también se puede utilizar entre hilera e hilera de plantas cultivadas para arrancar las malas hierbas.

Una vez que se ha preparado una tierra de cultivo apropiada, el siguiente paso es sembrar las semillas. La denominada siembra a voleo consiste en dispersar las semillas por todas partes, arrojándolas de un saco conforme uno va moviéndose de acá para allá a lo largo del campo. De ese modo puede distribuir las semillas con relativa rapidez, pero tendrá poco control sobre su emplazamiento, lo que más tarde dificultará la escarda. Sin embargo, una vez más, con un poquito de ingenio puede mejorar enormemente este proceso. Una sembradora es un aparato de sembrar mecánico. En su forma más sencilla consiste en un carro con una tolva llena de semillas encima, y una cadena de engranajes movidos por una de las ruedas que va girando lentamente una paleta montada en la parte inferior del tobogán de la tolva para soltar una sola semilla a intervalos regulares. Cada semilla cae por un estrecho tubo vertical para ser encajada a su profundidad preferida en el suelo. Multiplique el número de paletas y tubos en paralelo y podrá sembrar varias hileras en una sola pasada, mientras que manipulando la cadena de engranajes cambiará la distancia entre las plantas en cada hilera (con la experiencia encontrará la distancia óptima para los diferentes cultivos). Este sistema desperdicia muchas menos semillas, puesto que, al optimizarse el espaciado, las plantas cultivadas no compiten entre sí, ni tampoco malgasta usted espacio con separaciones excesivas. Asimismo, disponer los cultivos en líneas ordenadas, en lugar de dispersarlos al azar mediante la siembra a voleo, le permite escardar más fácilmente las malas hierbas entre hileras. Con algo más de sofisticación, también puede construirse una sembradora que deposite una pequeña dosis de abono líquido o fertilizante en el agujero de la semilla, ayudando así a que arraigue cada brote.

LAS PLANTAS QUE COMEMOS

La agricultura consiste simplemente en explotar una etapa del ciclo vital de las plantas que hemos adoptado como cultivos. Muchas plantas han adaptado una parte específica de su estructura para que actúe como almacén de la energía que captan de la luz del Sol, a fin de que la utilice la propia planta al año siguiente, o bien como legado para la próxima generación, esto es, sus semillas. Esos almacenes son las partes suculentas y nutritivas que se encuentran en las estanterías de los supermercados. La mayoría de las hortalizas de raíz y hortalizas de tallo que comemos son plantas bienales: florecen cada dos años. Su estrategia reproductiva consiste en acumular el equivalente energético de una estación en una parte especialmente abultada, permanecer en estado de latencia durante el invierno, y luego capitalizar sus reservas al comienzo de la primavera siguiente para producir flores y semillas muy por delante de sus competidoras. Los ejemplos de raíces abultadas incluyen las zanahorias, los nabos, los colinabos, los rábanos y las remolachas. Al cultivar estas variedades y cosechar sus partes abultadas lo que hacemos es básicamente saquear la cuenta de ahorro energético que estas han ido acumulando de manera gradual durante el período de cultivo. La patata no es propiamente una hortaliza de raíz: el tubérculo que comemos es en realidad una parte abultada del tallo. Otras plantas utilizan hojas especializadas como almacén de energía: las cebollas, los puerros, el ajo y los chalotes son todos ellos apretados manojos de hojas engordadas. La coliflor y el brécol son en realidad flores inmaduras, y si no se recogen lo bastante pronto dejan de ser comestibles. Los frutos son obviamente el almacén de energía de las semillas de una planta, como la suculenta carne que rodea el hueso de la ciruela; el grano de los cereales como el trigo es también botánicamente un tipo de fruto.

Cuando la humanidad abandonó su forma de vida nómada y se estableció en asentamientos, arraigada en un emplazamiento concreto con campos agrícolas circundantes, pasó a depender por completo de obtener cosechas fiables de las plantas adoptadas como cultivos. Pero no nos hemos contentado con aceptar agradecidos las nutritivas reservas vegetales que nos ha proporcionado la selección natural. A lo largo de numerosas generaciones de cría selectiva, eligiendo qué plantas propagar en función de ciertas características deseables,

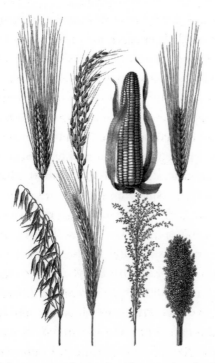

Las variedades más importantes de cereales: (*de izquierda a derecha*) trigo, arroz, maíz, cebada, avena, centeno, mijo y sorgo.

hemos reajustado su biología para acentuar ciertas cualidades y disminuir los rasgos no deseados. En el proceso de piratear las estrategias reproductivas de esas plantas a fin de subvertirlas en nuestro propio beneficio, su biología se ha visto distorsionada hasta el punto de que ahora dependen tanto de nosotros para su supervivencia como nosotros de ellas para la nuestra. Cada una de las variedades que hoy cultivamos, desde el tomate, grotescamente abultado, hasta la planta del arroz, raquítica y sobrecargada en su parte superior, constituye toda una tecnología en sí misma, producto de antiguos ingenieros genéticos.*

---

 * Incluso el familiar color de las zanahorias es artificial: en estado natural sus raíces son blancas o de color púrpura. La variedad anaranjada la crearon los agrónomos holandeses en el siglo XVII para honrar a Guillermo I, príncipe de Orange.

Existe una enorme diversidad de especies de plantas comestibles en todo el planeta, y a pesar de que las diversas civilizaciones solo han elegido para su cultivo y criado selectivamente durante milenios una diminuta fracción de ellas, se calcula que hay alrededor de 7.000 variedades cultivadas. Sin embargo, hoy en día solo una decena de especies representan más del 80 por ciento de la producción agraria global, y las grandes civilizaciones de América, Asia y Europa se desarrollaron a partir de solo tres cultivos básicos: el maíz, el arroz y el trigo, respectivamente. Estas plantas resultarán igualmente cruciales para el reinicio tras el apocalipsis.

El maíz, el arroz y el trigo, además de la cebada, el sorgo, el mijo, la avena y el centeno, son cultivos cereales, esto es, variedades de plantas herbáceas. Este predominio de los cereales en nuestra dieta, junto con el hecho de que mucha de la carne que consumimos proviene de ganado alimentado o bien con pasto, o bien con cereal forrajero, significa que una gran parte de la humanidad subsiste, directa o indirectamente, comiendo hierba.[5] Y es en esta categoría sumamemente importante de cultivos en la que tendrán que centrarse los supervivientes.

Mientras que la cosecha de numerosos cultivos es bastante sencilla e intuitiva —las patatas se extraen del suelo, las cebollas se arrancan de la superficie y las manzanas se cogen de las ramas—, obtener el grano del cereal del campo y procesarlo para la mesa resulta un poco más complicado. Cosechar el maíz es tan sencillo como caminar a lo largo de las hileras con un saco a la espalda y arrancar las mazorcas de los tallos, pero el grano de otros cereales es más complicado de extraer. El método más sencillo consiste simplemente en cortar la planta entera y luego recuperar el grano fuera del campo.[6]

Las herramientas para cosechar son la hoz y la guadaña. La hoz es una hoja corta y curvada, a veces dentada, con un mango, y se utiliza para cortar los tallos mientras la otra mano los junta en manojos. La guadaña es una herramienta más grande que se maneja con las dos manos, formada por un largo palo con dos empuñaduras y una hoja suavemente curvada, de alrededor de un metro de longitud, que sobresale perpendicularmente. Manejar una guadaña requiere más práctica, pero esta se sostiene con los brazos extendidos, y se imprime a la hoja un movimiento de barrido horizontal sobre el suelo a un ritmo constante girando con suavidad todo el cuerpo. Los tallos cortados se atan formando haces, que luego se colocan verticalmente apoyados unos contra otros para que se sequen en el mismo campo; más tarde se llevan a los graneros antes de que lleguen las lluvias de otoño.

Tras recolectar la cosecha —recogiendo, literalmente, lo que uno ha sembrado—, el siguiente paso es separar el grano del resto de la planta. A esto se le denomina trillar, y la manera más sencilla de hacerlo es depositar la cosecha sobre un suelo limpio y golpearla con un mayal, un mango largo con uno o más palos más cortos atados al extremo con una correa de cuero o una cadena. Las trilladoras mecánicas de pequeña escala se basan exactamente en el mismo principio, utilizando un tambor giratorio cubierto de clavijas o lazos de alambre que encaja justo en el interior de una cubierta redonda para separar el grano del tallo al circular por el hueco entre ambos, y luego tamizar el grano a través de una rejilla situada en su parte inferior.

Este proceso de trilla, que nos ha permitido separar el grano de la paja (es asombroso cuántas expresiones cotidianas se derivan de la agricultura, el único vínculo residual que conservamos muchos de nosotros con nuestro legado de trabajar la tierra), todavía deja el grano, sin embargo, mezclado con las cáscaras vacías, de modo que a continuación hay que separarlo de estas. Este proceso se conoce como aventado, y, como su propio nombre indica, la opción de baja tecnología consiste simplemente en arrojar al aire el material trillado un día de viento: las granzas y la paja, más ligeras, son arrastradas a cierta distancia por la brisa, mientras que el grano, más denso, cae más o menos en el mismo sitio. La maquinaria moderna crea un viento artificial utilizando un ventilador eléctrico, pero se basa en el mismo principio milenario.

En la medida en que la sociedad postapocalíptica se recupere y la población crezca, uno de los inventos más cruciales para mejorar la eficacia de la agricultura, produciendo el máximo alimento con el

Rudimentaria segadora mecánica con brazos dotados de un movimiento de barrido (a) y una hoja dentada baja que actúa de manera similar a una hoz (b).

mínimo trabajo humano y permitiendo una populosa civilización residente en ciudades, consiste en integrar todos estos procesos diversos. Las actuales cosechadoras permiten a un solo agricultor procesar ocho hectáreas de trigo cada hora, lo que representa un ritmo alrededor de cien veces más rápido que cosechar a mano con una guadaña. Una lámina dentada horizontal reproduce mecánicamente la acción de la hoz manual, imprimiendo un movimiento de sierra de vaivén para cortar los tallos a medida que estos son arrastrados hacia la parte frontal de la máquina por un gran cilindro de paletas rotatorias. El diseño básico no ha cambiado en casi dos siglos, y las primeras segadoras mecánicas de tracción animal tenían un aspecto sorprendentemente similar a sus descendientes modernas. La cosechadora es sin duda uno de los inventos más importantes de la historia reciente, liberando a muchos de nosotros de vernos obligados a trabajar en los campos y permitiéndonos desempeñar otros papeles en una sociedad compleja, como volveremos a ver más adelante.

El sistema Norfolk de rotación cuatrienal

Mientras pueda usted cultivar el grano que necesita, junto con algunas otras frutas y hortalizas para mantener el equilibrio nutricional y tener una dieta más interesante, no se morirá de hambre. Desde luego, también podría cazar para obtener carne, pero tener ganado, y sacrificar una parte de la capacidad cultivable para sustentarlo, de hecho desempeña un papel crucial a la hora de mantener productivos sus campos. Como hemos visto, sin ayuda química la fertilidad de la tierra de labranza se deterioraría, pero el abono animal o estiércol le permite devolver los nutrientes al suelo. Además, hay una clase concreta de cultivos que de manera natural aumentan los niveles de nitrógeno del suelo, y, de hecho, su incorporación fue un paso crucial en la revolución agrícola producida en Inglaterra a partir del siglo XVII. En los comienzos del mundo postapocalíptico, la agricultura y la ganadería volverán a convertirse en actividades inseparables y mutuamente beneficiosas.

A lo largo de la Edad Media, los granjeros europeos siguieron la convención agraria de dejar las parcelas en barbecho de manera rutinaria, una práctica lamentablemente ineficiente, ya que en cualquier momento dado llegaba a haber hasta la mitad de los campos sin cultivar. Los agrónomos medievales eran conscientes de que la tierra se agotaba y la productividad caía en picado si se cultivaban cereales una estación tras otra, pero no entendían cuál era la causa de ello y solo fueron capaces de solucionarlo dejando descansar la tierra durante un año. Hoy sabemos que este descenso de la fertilidad se debe a la pérdida de nutrientes de las plantas; de ahí que la agricultura moderna dependa tanto del uso abundante de fertilizantes artificiales. En un primer momento, esta práctica le estará vedada, de modo que tendrá que acudir a una solución más antigua del problema.

La clave reside en que, mientras que la mayoría de los cultivos roban el nitrógeno de la tierra, hay algunas plantas que, al crecer, lo que hacen es inyectar de nuevo este nutriente vital en el suelo. Esta asombrosa familia de plantas es la de las leguminosas, entre las que se incluyen los guisantes, las alubias, el trébol, la alfalfa, las lentejas, la soja y los cacahuetes. Arando un campo de leguminosas al final de la estación para reintegrarlas al suelo, o alimentando con ellas al ganado y utilizando luego su estiércol para fertilizar la tierra, se capta y devuelve a esta el nitrógeno esencial. La incorporación de esta capacidad de potenciar la fertilidad de las leguminosas transformó la agricultura inglesa y situó a Gran Bretaña en la senda de la revolución industrial.

Alternar las leguminosas con otros cultivos en una misma parcela mantendrá, pues, la productividad del suelo. Pero en lugar de cambiar simplemente de manera alterna entre dos opciones —pongamos por caso, trébol y trigo—, una opción mucho mejor es llevar a cabo una rotación de cultivos con varias etapas, ya que con ello también se rompe el ciclo de enfermedades y parásitos. Estos a menudo son muy específicos de la planta a la que atacan, de modo que cambiar anualmente y no cultivar la misma planta en una parcela durante varios años equivale a poder ejercer un control natural sin necesidad de pesticidas.

El sistema Norfolk de rotación de cultivos, el más fructífero de estos sistemas históricos, se generalizó en Inglaterra en el siglo XVIII, convirtiéndose en la punta de lanza de la revolución agrícola británica. En el sistema Norfolk, la sucesión de cultivos en cada parcela sigue este orden: leguminosas, trigo, tubérculos y cebada.

Como hemos visto, cultivar leguminosas aumenta la fertilidad del suelo para el resto del ciclo. El trébol y la alfalfa crecen bien en el clima británico, pero en otras regiones podría obtener mejores resultados con la soja o los cacahuetes. Al final de la estación, si no cosecha alguna parte de la planta para el consumo humano, puede utilizarse el cultivo entero para apacentar el ganado o simplemente ararlo para reintegrarlo al suelo como abono ecológico. El año posterior al turno de las leguminosas plante trigo, a fin de capitalizar la fertilidad del suelo y producir el cereal básico para el consumo humano.

Al año siguiente plante un tubérculo, como el nabo, el colinabo o la remolacha forrajera. En la Edad Media, uno de los principales propósitos de dejar un campo en barbecho durante un año después de ararlo y pasarle la grada en primavera, era matar las malas hierbas en preparación para la siguiente estación. Pero con un tubérculo se puede plantar un cultivo y aun así arrancar las malas hierbas entre hilera e hilera. Este turno dará paso a otro cultivo, pero esta vez, en lugar de destinarlo en su totalidad a su propio consumo —a menos que siembre patatas—, puede utilizarlo para alimentar a sus animales. Esto ayudará a engordar su ganado con mayor rapidez, y producirá más estiércol, que a su vez puede esparcirse por el campo para conservar su fertilidad. Al alimentar al ganado con un forraje expresamente cultivado para ese fin, en lugar de dejar que paste a sus anchas, también liberará pastizales que podrán utilizarse para cultivar aún más plantas.

La adopción del humilde nabo y otros tubérculos para forraje desencadenó una revolución en la agricultura medieval. Estos no solo resultan más eficaces que los pastos a la hora de engordar al ganado durante el verano, sino que también proporcionan un alimento fiable y con un alto contenido energético durante todo el invierno. Antes de su introducción, cada finales de otoño Europa presenciaba el sacrificio masivo de ganado porque sencillamente no había bastante alimento para impedir que los animales murieran de hambre antes de la primavera. El nabo, así como otras plantas forrajeras como el colinabo, la berza y el colirrábano, es una planta bienal, lo que significa que puede dejarse en el campo durante el invierno y arrancarse para alimentar el ganado cuando se necesite. Utilizadas para complementar el escaso contenido energético de forrajes como el heno y el ensilado (hierba fermentada), estas nutritivas forrajeras sustentan a grandes rebaños de ganado durante el invierno, asegurando el suministro continuado de carne fresca y proporcionando también leche fresca y otros productos lácteos. Constituyen una fuente vital de vitamina D en los oscuros meses de invierno en que su piel no puede sintetizarla a partir de la luz del Sol.

La cuarta y última fase de la rotación es la plantación de cebada, que también puede utilizarse para alimentar al ganado, pero recuerde guardar una parte para hacer cerveza (en el capítulo siguiente veremos cómo). Tras el turno de la cebada, el ciclo de rotación retorna al cultivo de las leguminosas a fin de restaurar la fertilidad del suelo y prepararlo para plantar cereales, hambrientos de nitrógeno. Así pues, este sistema de rotación es una armónica combinación de los requisitos y productos tanto de las plantas como de los animales, combate de manera natural los parásitos y los agentes patógenos, y permite el reciclaje de nutrientes en el suelo. Este sistema concreto de cultivos no funcionará en todo el mundo, y deberá usted encontrar un conjunto de plantas adecuado para los suelos y el clima de su entorno.* Pero los dos principios fundamentales del sistema de rotación garantizarán que pueda alimentarse de manera fiable y mantener la productividad del suelo sin usar fertilizantes químicos exógenos tras el apocalipsis: alterne las leguminosas con los cereales, y no cultive tubérculos para su propio consumo, sino específicamente para su ganado. Volviendo a los métodos de pequeña escala, dos hectáreas de tierra bastarán para sustentar a un grupo de hasta diez personas: trigo para pan, cebada para cerveza y una diversa variedad de frutas y hortalizas, además de vacuno, cerdos, ovejas y pollos para obtener carne, leche, huevos y otros productos.

Esparcir estiércol de animal fertiliza los campos, pero ¿pueden aprovecharse del mismo modo los excrementos humanos para la agricultura postapocalíptica? El reto de la agricultura sin los modernos fertilizantes artificiales es cómo reconvertir las heces en alimento del modo más eficiente posible; lo ideal sería poder cerrar el ciclo del consumo humano y asegurar que no se pierde el precioso nitrógeno.

ESTIÉRCOL

En la misma época en la que las alcantarillas abiertas de las calles de las ciudades europeas estaban siempre desbordadas, las ciudades chi-

---

* Incluso dentro de la propia Gran Bretaña, el sistema Norfolk resulta menos eficaz en los pesados suelos de arcilla del norte y el oeste, de modo que históricamente esas regiones se centraron en el pastoreo de ganado y la industria fabril (utilizando los beneficios obtenidos para comprarle grano al sur).

nas recogían diligentemente sus desechos, no empleando conductos de alcantarillado subterráneos, sino vaciando pozos negros con cubos y carros, y extendiendo las aguas residuales en los campos circundantes. Cada uno de nosotros produce cada año alrededor de 50 kilos de heces y aproximadamente diez veces esa cantidad de orina, unos desechos que contienen nitrógeno, fósforo y potasio suficientes para fertilizar cultivos que producirán alrededor de 200 kilos de cereales.

El problema es que no se puede empezar a embadurnar alegremente con aguas residuales sin tratar unos cultivos que uno tiene la intención de ingerir más tarde: con ello simplemente se completará el ciclo vital de numerosos agentes patógenos humanos y se provocarán brotes de enfermedades generalizados. De hecho, aunque la China preindustrial disfrutaba de una productiva agricultura, las enfermedades gastrointestinales eran endémicas en la población. El tratamiento adecuado de los desechos humanos tiene una importancia tan crucial a la hora de asegurar una sociedad sana que será algo que habrá que considerar ya desde el principio cuando se empiece a reconstruir la civilización. (Como mínimo, un asentamiento postapocalíptico podría cavar fosos privados, que deberían ubicarse al menos a 20 metros de distancia de cualquier pozo o corriente que alguien utilice como fuente de agua potable.)

Los microbios y huevos de parásitos causantes de enfermedades mueren por encima de los 65 °C (un tema al que volveremos en el contexto de la conservación de los alimentos y la salud), de modo que, si quiere fertilizar los campos utilizando estiércol humano, el problema a resolver pasa a ser este: ¿cómo pasteurizar grandes volúmenes de su propio excremento?

A pequeña escala, las heces pueden tratarse rociándolas con serrín, paja u otra materia vegetal desprovista de hojas (a fin de reequilibrar los niveles de carbono y nitrógeno, además de absorber la humedad), y luego metiéndolas en una pila de compostaje removida con regularidad de varios meses a un año.[7] En la medida en que las bacterias descomponen parcialmente la materia orgánica del compost, esta desprende calor (tal como lo hace el metabolismo de nuestro cuerpo), y ello puede elevar naturalmente la temperatura de la pila lo suficiente para matar los microorganismos problemáticos. Es mejor separar la orina de las heces —simplemente construyendo retretes con un embudo hacia delante— para evitar que se forme un sedimento encharcado. La orina es estéril, de modo que puede diluirse y aplicarse directamente a la tierra.

Pero con un poco más de ingenio, parte de los desechos humanos y ganaderos pueden convertirse en algo mucho más útil con un biorreactor. En una pila de compostaje el objetivo es mantenerlo todo bien aireado a fin de que las bacterias y los hongos que necesitan oxígeno puedan descomponer fácilmente la materia. Pero si, por el contrario, los desechos se guardan en un recipiente cerrado, impidiendo la entrada de oxígeno, prosperarán las bacterias anaeróbicas, que convertirán parcialmente la materia orgánica en gas metano inflamable. Este puede canalizarse hacia una sencilla instalación de almacenaje construida utilizando una alberca revestida de hormigón y llena de agua con un contenedor metálico boca abajo encajado perfectamente en su interior. Cuando las burbujas de metano ascienden al tanque de almacenamiento, el agua forma un sello hermético y el colector metálico del gas se levanta. El propio peso del tanque de almacenamiento flotante suministra la presión del gas, y entonces puede canalizarse el metano para alimentar cocinas, alumbrarse con luz de gas o incluso, como veremos más adelante, emplearlo como combustible para motores de vehículos. Una tonelada de desechos orgánicos puede producir al menos 50 metros cúbicos de gas inflamable, el equivalente a la energía de más de 40 litros de gasolina. (No resulta sorprendente que tales digestores de biogás se hicieran comunes en toda la Europa ocupada por los nazis y hambrienta de combustible durante la Segunda Guerra Mundial.)[8] El crecimiento microbiano se ralentiza considerablemente a bajas temperaturas, de modo que es importante mantener el biorreactor aislado o incluso desviar parte del metano producido a fin de utilizarlo para calentar el reactor.

Cuando la población de la sociedad postapocalíptica empiece a crecer de nuevo, se requerirán métodos de tratamiento de los desechos de mayor escala. Las bacterias entéricas, incluidas las cepas potencialmente patógenas, prosperan en el calor del interior del cuerpo humano, pero se adaptan mal a un crecimiento rápido fuera de este. De modo que la principal estratagema del tratamiento de las aguas residuales es obligar a las bacterias entéricas humanas a competir con microorganismos ambientales en una charca de heces, una lucha por la supervivencia que perderán las bacterias. Las modernas plantas de tratamiento aceleran este proceso inyectando aire en las aguas residuales para favorecer a los microbios que necesitan oxígeno.

Aunque fertilizar los campos con desechos humanos puede ser anatema para muchos de nosotros en el mundo occidental, en algunos lugares se está revelando muy eficaz. En Bangalore, la tercera ciudad de la India con unos ocho millones y medio de habitantes, unos camiones eufemísticamente llamados «chupamieles» vacían las fosas sépticas urbanas y transportan su contenido a las zonas agrícolas circundantes.[9] Luego los desechos se tratan en charcas antes de esparcirlos por los campos. Incluso hay productos comercialmente disponibles que contienen aguas residuales humanas procesadas. Dillo Dirt, un fertilizante vendido por la administración municipal de Austin, Texas, emplea un proceso de compostaje para asegurar que los desechos se calientan de forma natural hasta alcanzar temperaturas de pasteurización a fin de eliminar los agentes patógenos.[10]

Además de nitrógeno, las plantas necesitan también fósforo y potasio. Los huesos son muy ricos en fósforo —junto con los dientes, son los depósitos biológicos del mineral fosfato de calcio—, y, en consecuencia, rociar harina de huesos, que no es otra cosa que esqueletos de animales hervidos y triturados, constituye también una buena forma de restaurar la tierra debilitada. Hacer reaccionar la harina de huesos con ácido sulfúrico (véase en el capítulo 5 cómo producir este último) logra que el fosfato resulte mucho más fácil de absorber por las plantas y, por lo tanto, produce un fertilizante mucho más eficaz. De hecho, la primera fábrica de fertilizante del mundo se creó en 1841 para combinar ácido sulfúrico de la planta de gas de Londres con harina de huesos de los mataderos de la ciudad y vender los gránulos de «superfosfato» resultantes a los agricultores.[11] El potasio para fertilizantes está presente en la potasa, la cual, como veremos en el capítulo 5, resulta fácil de extraer de las cenizas de madera; de hecho, en 1870 los vastos bosques de Canadá eran la principal fuente de fertilizantes para Europa.[12] Actualmente obtenemos el potasio y el fósforo para fertilizantes de determinados tipos concretos de rocas y depósitos minerales; identificarlos en un mundo postapocalíptico requerirá el redescubrimiento de la geología y la agrimensura.

Los fertilizantes modernos proporcionan un equilibrio optimizado de los tres nutrientes necesarios (algo no muy distinto de las dietas minuciosamente diseñadas de los atletas de élite). Utilizando los métodos, más rudimentarios, descritos en este capítulo, no logrará unos rendimientos tan elevados como los de los suelos enriquecidos actuales, pero sí podrá preservar en buena medida la fertilidad de la tierra durante el período de recuperación.

UNO ALIMENTA A DIEZ

Para que una sociedad postapocalíptica progrese, esta debe asegurarse absolutamente una base agraria sólida. Si un brutal cataclismo borra del mapa a la gran mayoría de la humanidad junto con su conocimiento y habilidades, la población superviviente podría verse reducida de nuevo a un mero nivel de subsistencia, pendiente de un hilo al borde de la extinción. No importa cuánto conocimiento industrial o curiosidad científica queden tras el apocalipsis si los supervivientes tienen que preocuparse únicamente de luchar por seguir vivos. Sin un excedente de alimentos no hay oportunidad de que la sociedad se haga más compleja o progrese. Y dado que cultivar alimento es vital, uno se muestra mucho menos dispuesto a cambiar lo que ya se ha probado y comprobado cuando su vida depende de ello. Esa es la trampa de la producción de alimentos, y actualmente hay muchos países pobres atrapados en ella.[13] Así pues, una sociedad postapocalíptica puede estancarse, quizá durante generaciones, mientras la eficiencia de la agricultura va mejorando lentamente hasta que se traspasa un umbral crítico en el que la sociedad puede empezar a abrirse paso hacia una mayor complejidad.

En el nivel más básico, una población creciente significa más cerebros humanos capaces de encontrar soluciones a los problemas con mayor rapidez. Pero una agricultura eficiente ofrece una oportunidad de progreso aún más importante. Una vez que se garantiza la seguridad alimentaria básica por medios eficientes, una civilización puede liberar a muchos de sus ciudadanos de tener que trabajar arduamente en los campos. Un sistema productivo agrícola permite a una persona alimentar a varias más, que entonces son libres de especializarse en otras artes y oficios.* Si no se requiere su fuerza física en los campos, su cerebro y sus manos pueden dedicarse a otros usos. Una sociedad puede desarrollarse económicamente y crecer en complejidad y capacidad solo cuando se ha logrado este requisito previo básico; el excedente agrario es el motor fundamental para impulsar el avance de la civilización. Pero las ventajas de la agricultura productiva para un rápido reinicio de la civilización no pueden apreciarse a menos que el alimento sobrante pueda almacenarse de manera fiable y no se pudra sin llegar a alimentar a nadie. Pasemos ahora, pues, a la conservación de los alimentos.

---

* Utilizando muchos de los avances comentados en este capítulo, entre los siglos XVI y XIX la revolución agrícola británica logró una producción de alimentos considerablemente mayor al tiempo que se requería un uso menos intensivo de mano de obra, y la decreciente proporción de granjeros y trabajadores agrícolas necesaria para alimentar a todos los demás permitió una mayor urbanización. En 1850, Gran Bretaña era el país con la proporción más baja de agricultores del mundo, con solo una persona de cada cinco trabajando en los campos para alimentar a toda la nación. En 1880, solo un británico de cada siete tenía que trabajar la tierra; en 1910, la proporción había bajado a uno de cada diez. Y actualmente en los países desarrollados, explotando los fertilizantes artificiales, pesticidas y herbicidas, además de unas tecnologías muy eficientes como las cosechadoras, cada trabajador agrícola cultiva el suficiente alimento para abastecer aproximadamente a otras cincuenta personas.

4

Alimento y vestido

Burgos destrozados, la obra de gigantes desmoronada.
Arruinados los tejados, derribadas las torres,
rota la puerta enrejada: escarcha en el yeso,
techos abiertos, arrancados, caídos,
comidos por la edad...

La ruina (elegía a unas ruinas romanas,
anónimo sajón del siglo VIII)[1]

La cocina es la química original de nuestra historia, que dirige deliberadamente la transformación de la composición química de la materia. El crujiente marrón del exterior de un filete asado y la dorada corteza de una hogaza de pan se deben ambos a un cambio molecular conocido como la reacción de Maillard. Las proteínas y los azúcares del alimento reaccionan juntos para crear toda una serie de nuevos y sabrosos compuestos. Pero la cocina sirve a propósitos mucho más fundamentales que hacer simplemente que el sabor del alimento resulte más apetitoso, y será la clave para mantener a los supervivientes sanos y bien nutridos tras el apocalipsis.

El calor de la cocción mata cualesquiera agentes patógenos o parásitos contaminantes, evitando la intoxicación alimentaria por microbios o la infección por la tenia de la carne de cerdo, por ejemplo. La cocina también ayuda a ablandar la comida dura o fibrosa, y rompe las estructuras de las moléculas complejas para liberar compuestos más simples que resultan más fáciles de digerir y absorber.

Ello incrementa el contenido nutricional de muchos alimentos, permitiendo a nuestro cuerpo extraer más energía del mismo volumen de materia comestible. Y en algunos casos, como en el taro, la mandioca y la patata silvestre, el calor prolongado inactiva los venenos de la planta; de lo contrario, por tomar el ejemplo extremo de la mandioca, una sola comida resultaría letal.

La cocción es solo una de las clases de procesamiento que aplicamos al alimento antes de su consumo. La capacidad de almacenar alimento de forma segura durante períodos prolongados después de su obtención es un requisito previo fundamental para el sustento de la civilización. Permite transportar los productos desde los campos o los mataderos a las ciudades para mantener a grandes poblaciones, y posibilita asimismo el almacenamiento de reservas para las épocas de vacas flacas. El alimento se estropea por la acción de los microbios —bacterias además de mohos— que descomponen su estructura y alteran su química, o liberan productos residuales desagradables o incluso directamente tóxicos para los humanos. El objetivo de la preservación de los alimentos es impedir que se produzca este deterioro microbiano, o cuando menos retrasar el proceso lo máximo posible. Esto se hace modificando de manera deliberada las condiciones del alimento a fin de eliminar las condiciones propicias para el crecimiento microbiano. Básicamente, se trata de ejercer un control sobre la microbiología del alimento: evitar el crecimiento de microorganismos, o incluso utilizar algunos microbios para impedir que se introduzcan otras cepas indeseables. En algunos casos se alienta la fermentación a partir del crecimiento microbiano para descomponer las moléculas complejas del alimento y hacer sus nutrientes más fácilmente accesibles para nuestro propio consumo. La biotecnología, pues, está lejos de ser una innovación moderna: es uno de los inventos más viejos de la humanidad.

El avance que nos dotó de todas estas capacidades —la cocción a fondo del alimento hirviendo o friendo, el proceso de fermentación y la conservación a largo plazo— fue la innovación de cocer la arcilla para hacer vasijas de barro, un hecho que tuvo profundas ramificaciones para nosotros como especie. El sistema digestivo humano, a diferencia, por ejemplo, de los múltiples estómagos de los rumiantes como las vacas, es incapaz de descomponer adecuadamente muchos tipos de alimentos, y, en consecuencia, hemos aplicado la tecnología para complementar lo que nuestro cuerpo es capaz de hacer naturalmente. Las vasijas de cerámica utilizadas como recipientes de alimentos durante la fermentación o la cocción para liberar más nutrientes sirven, pues, como «estómagos» externos adicionales, formando un sistema predigestivo tecnológico.

La cocina moderna —el apogeo de la sofisticación civilizada con todos sus adobos, confits y menudeo de reducciones— no es más que un adorno superficial de la necesidad fundamental de impedir que la comida nos envenene y desbloquear lo máximo posible su contenido nutritivo. Este no es un libro de cocina, de modo que no entraremos en recetas o instrucciones detalladas, pero es necesario entender los principios generales que subyacen en la conservación y los métodos de procesamiento para una recuperación postapocalíptica.

La conservación de los alimentos[2]

La conservación de los alimentos tiene en cuenta las condiciones medioambientales que los microbios, y de hecho todas las formas de vida, necesitan para prosperar. Pero las técnicas tradicionales que observaremos aquí se desarrollaron durante largos períodos por ensayo y error, mucho antes del descubrimiento de los microorganismos invisibles que producen la descomposición (hasta la moderna práctica de los alimentos enlatados se adoptó antes de que se demostrara la teoría de los gérmenes). Así, se descubrió que dichas técnicas funcionaban, pero sin que hubiera una teoría subyacente que explicara por qué. Conservar esta semilla de conocimiento tras el apocalipsis (véase en el capítulo 7 cómo construir un microscopio capaz de revelar la presencia de microbios) resultará enormemente beneficioso para mantener unas reservas alimentarias fiables y evitar las enfermedades infecciosas, ambas necesidades fundamentales para sustentar un incremento de población después de un cataclismo.

No solo toda forma de vida sobre la Tierra requiere agua líquida para crecer y reproducirse, sino que además los organismos solo pueden tolerar una serie de condiciones físicas o químicas. Más concretamente, las enzimas de una célula —la maquinaria molecular que impulsa las reacciones bioquímicas y coordina los procesos vitales— solo son activas dentro de unos márgenes concretos de temperatura, salinidad y pH (cuán ácido o alcalino es un fluido). La conservación puede lograrse alejando cualquiera de estos tres factores del grado óptimo para el crecimiento microbiano.

El método más fácil para conservar el alimento es simplemente desecarlo. Sin demasiada agua disponible, los microbios tienen dificultades para crecer (y de ahí que resulte crucial secar el grano cosechado antes de almacenarlo en silos). La técnica tradicional es el secado al aire, o al sol, conveniente para frutos como los tomates, así como con la carne para hacer cecina o tasajo; pero se trata de un proceso lento y no resulta adecuado para grandes cantidades de alimento.

Sin que normalmente sean considerados secos, muchos otros productos alimenticios también se conservan cuando tienen poca agua. Utilizar una gran cantidad de compuestos disueltos como el azúcar da como resultado una solución muy concentrada, y esta actúa extrayendo agua de las células microbianas e impidiendo el crecimiento de todas las cepas salvo las más resistentes. Este es el principio que subyace en las mermeladas: su empalagoso gusto a fruta sabe muy bien sobre una tostada por las mañanas, pero la propia razón de la creación de las conservas es ante todo proteger la fruta por medio de la acción antimicrobiana de la solución concentrada de azúcar. Esta última puede extraerse de la caña de azúcar tropical o de la raíz de la remolacha azucarera, que crece en climas templados, echando agua sobre la planta triturada para disolver el azúcar y luego recuperando sus cristales mediante secado. La miel es extremadamente duradera por la misma razón.

La sal es necesaria en pequeñas cantidades para el saludable funcionamiento del cuerpo humano —de ahí que nuestro paladar la ansíe—, pero para la conservación se utiliza una cantidad mucho mayor. Los alimentos salados se protegen de la misma manera que las conservas: los fluidos salinos concentrados extraen agua de las células y obstaculizan el crecimiento. La carne fresca puede conservarse de manera eficaz metiéndola en sal seca durante varios días, o manteniéndola sumergida en una solución de salmuera concentrada: alrededor de 180 gramos de sal disuelta en un litro de agua crea una solución salina unas cinco veces más concentrada que el agua de mar. La salazón ha sido una técnica de preservación fundamental a lo largo de toda la historia, de modo que merece la pena examinarla con más detalle.

En principio, producir sal es puerilmente simple, con tal de que uno esté cerca de la costa. El agua del mar contiene alrededor de un 3,5 por ciento de sólidos disueltos, y la inmensa mayoría de esa proporción es sal común (cloruro sódico), que puede extraerse por evaporación del solvente acuoso. En climas soleados basta dejar que el agua del mar entre en cazuelas poco profundas y se evapore al calor del día dejando tras de sí una capa de sal precipitada. En temperaturas muy frías se puede esperar a que las charcas poco profundas de agua del mar se congelen, dejando en el fondo una solución salina concentrada. Pero en climas templados, como son los predominantes en gran parte de Europa o Norteamérica durante todo el año, hay que quemar combustible para calentar calderas de solución salina a fin de que el agua se evapore. En el caso de la sal, pues, la disponibilidad de una mercancía valiosa no tiene que ver con la rareza de la propia sustancia —tres cuartas partes de la faz de la Tierra están impregnadas de solución salina—, sino con los costes enérgicos de extraerla en grandes cantidades, o de encontrar depósitos explotables.*

La salazón se emplea con frecuencia en combinación con otra técnica de conservación, mediante la cual se generan compuestos antimicrobianos naturalmente tóxicos que impregnan el producto, por lo general carne o pescado: el proceso de ahumado. Como ve-

---

* Los vestigios de la importancia histórica de la sal perduran hoy en nuestra lengua. Por ejemplo, a los soldados romanos se les daba una asignación para comprar sal (un *salarium*), que es el origen del término moderno «salario».

remos en el capítulo siguiente, la combustión incompleta de la madera libera una amplia serie de compuestos, de los cuales, la creosota, es responsable del sabor característico y del efecto inhibidor de la descomposición de los alimentos ahumados.[3] Puede improvisar muy fácilmente un ahumadero a escala reducida. Cave un hoyo adecuado para hacer una pequeña hoguera, con una cubierta metálica, y un canal poco profundo que sobresalga por un lado hasta uno o dos metros de distancia, cubierto de madera y encima tierra, para canalizar el humo. En el extremo abierto del canal, que será por donde salga el humo, coloque una nevera en desuso con un agujero abierto en la parte inferior. Llene los estantes metálicos de pescado destripado, rodajas de carne, queso, etcétera, y ahúmelos durante varias horas.

La acidez es otro gran aliado para resistir a las hordas de microbios invasores. El vinagre es una solución débil de ácido acético (volveremos a él más adelante en este mismo capítulo), y resulta muy eficaz como conservante en los encurtidos. El enfoque opuesto, conservar el alimento mediante la alcalinidad, es mucho menos frecuente debido a que saponifica las grasas (véase la fabricación de jabón en el capítulo 5), y, en consecuencia, altera enormemente el sabor y la textura del alimento.*

En lugar de añadir un ácido externo para conservar por medio del encurtido, puede protegerse el alimento alentando el crecimiento de bacterias que excretan productos residuales ácidos, permitiendo al alimento generar su propio conservante. El chucrut, el miso japonés y el kimchi coreano se elaboran todos ellos empleando pri-

---

* Una excepción es la preparación del maíz tradicionalmente empleada por las culturas autóctonas de Mesoamérica. Aquí se hierve el maíz en una solución alcalina, ya sea de cal muerta o de cenizas vertidas en agua, a fin de «nixtamalizarlo» (del náhuatl *nextli*, «cenizas de cal», y *tamalli*, «masa de maíz cocido»). Esto no solo mejora el sabor, sino que hace que la vitamina B_3 de la planta pueda ser absorbida por el cuerpo. La pelagra, una enfermedad causada por el déficit de esta vitamina, acosó durante dos siglos a los europeos y norteamericanos que tenían el maíz como alimento básico porque habían adoptado su cultivo, pero no la técnica apropiada para preparar el grano para el consumo.[4]

mero sal para eliminar la humedad de las verduras y luego permitiendo la fermentación por parte de bacterias resistentes a la sal a fin de aumentar la acidez de forma natural, transformando el alimento en un ambiente extremo y bloqueando con ello la colonización de otros microbios que podrían deteriorarlo o producir una intoxicación alimentaria.

El yogur se elabora de un modo similar, permitiendo que un cultivo de bacterias que liberan ácido láctico agríen la leche de forma controlada (en general, la lengua percibe los ácidos como un sabor agrio). Esto crea de nuevo un ambiente interno con la acidez potenciada que resiste la colonización de otros microbios y, de ese modo, prolonga durante varios días la capacidad de consumir los nutrientes. Dado que la leche es una fuente importante de nutrientes esenciales, su conservación será fundamental para los supervivientes del apocalipsis.

La vitamina D resulta esencial para prevenir el raquitismo, una enfermedad de degradación de los huesos, puesto que ayuda a absorber el calcio del alimento. El cuerpo fabrica esta vitamina cuando la piel se expone a la luz del Sol, pero en las latitudes septentrionales, con largos y oscuros inviernos durante los cuales la gente tiene que abrigarse para protegerse del frío, el raquitismo ha acosado a la humanidad durante siglos. La leche es una estupenda fuente tanto de vitamina D como de calcio, de modo que la capacidad de conservar sus nutrientes de manera fiable resultará crucial para llevar una vida saludable en el norte.*

La mantequilla constituye una buena forma de conservar las grasas ricas en energía de la leche eliminando una gran parte del agua que esta lleva. La esencia de la fabricación de mantequilla consiste en extraer primero la nata rica en grasa; puede dejar que suba

---

* Las masas terrestres del hemisferio norte se extienden mucho más cerca del polo que en el hemisferio sur. Así, por ejemplo, la población inglesa de Newcastle upon Tyne está mucho más cerca del polo, y por tanto recibe menos luz en invierno, que cualquier punto de los continentes meridionales de África, Australia o Sudamérica.

espontáneamente a la superficie durante aproximadamente un día entero en un recipiente frío, o bien acelerar el proceso con una centrifugadora (también servirá hacer girar un recipiente). El propósito de removerla es simplemente hacer que las gotitas de grasa se agrupen y se separen del fluido restante, o suero. Esto puede lograrse haciendo rodar un tarro por el suelo adelante y atrás, o sacudiéndolo, pero una solución casera más eficaz sería utilizar un taladro eléctrico con una paleta de mezclar pintura. Cuele la mantequilla para quitar el suero, agréguele sal para su conservación, y luego amásela hasta que haya escurrido toda el agua y la sal se haya mezclado de forma homogénea.

El yogur se mantiene estable durante unos días, y la mantequilla alrededor de un mes, mientras que el queso puede conservar sin riesgos los nutrientes de la leche durante muchos meses: es el arsenal perfecto contra el raquitismo. La elaboración del queso resulta más complicada, pero la clave está en conservar los nutrientes de la leche eliminando su componente de agua. Se utiliza una enzima que se produce en el primer estómago del ternero, la rennina, para cortar la leche descomponiendo sus proteínas. La cuajada resultante se escurre y se presiona hasta formar una masa sólida, que luego se deja madurar; es la acción de diversos hongos la que da a los distintos quesos su aspecto y sabor característicos.

PREPARACIÓN DE LOS CEREALES

Centremos ahora nuestra atención en la preparación de los cereales.[5] La domesticación prehistórica del trigo, el arroz, el maíz, la cebada, el mijo y el centeno representa uno de los mayores logros del talento humano. Las estrategias reproductivas de estas variedades cultivadas han sido reprogramadas por medio de la selección artificial para que produzcan un grano fácilmente recuperable; son la solución que hemos encontrado al reto de consumir especies herbáceas sin gozar de la ventaja biológica de una digestión rumiante como las vacas u ovejas que criamos.

El maíz puede cocinarse y comerse directamente en la mazor-ca,* y el arroz se puede simplemente descascarillar y hervir o cocer al vapor para ingerirlo. Sin embargo —a diferencia de muchas frutas y hortalizas cultivadas—, los granos pequeños y duros de la mayoría de los cereales no se pueden comer: deben ser procesados para su consumo.

Hay que pulverizar el grano para convertirlo en un polvo fino: la harina. El método más sencillo es poner un puñado de grano so-bre una roca plana y lisa en el suelo, y luego inclinarse hacia adelan-te y usar el peso del propio cuerpo para aplastarlo y molerlo bajo otra piedra. Pero este es un trabajo agotador y que requiere un enor-me gasto de tiempo: un sistema mucho mejor es molerlo entre dos piedras cilíndricas achatadas o dos discos de acero, introduciendo el grano en el «sándwich» por un agujero en el centro. El peso de la piedra superior proporciona la presión para aplastar el grano, mien-tras que su rotación impulsa la harina hacia fuera para recogerla. Así, la piedra de molino representa una extensión tecnológica de nues-tros dientes molares, que aplastan y pulverizan los alimentos duros para hacerlos más digeribles. Se puede aliviar el arduo esfuerzo ma-nual unciendo un animal de tiro para que imprima este lento movi-miento de rotación, o, aún mejor, aprovechando la energía del agua o del viento (en el capítulo 8 veremos cómo hacerlo). Aun así, pul-verizar toda una cosecha de grano representará un enorme gasto de energía para una sociedad en recuperación.

La forma más sencilla, pero menos apetitosa, de consumir harina molida es mezclarla con un poco de agua formando una papilla o gachas. Pero hay un mecanismo de producción de fécula o almidón mucho más sabroso y versátil, que apenas requiere un poco más de preparación. El pan básicamente no es más que papilla de harina cocida, pero, como forma efectiva de nutrición, ha sustentado la ci-

---

* Y hace más de 6.000 años los habitantes de Sudamérica descubrieron cómo calentar y hacer «reventar» ciertas variedades, lo que actualmente constituye la base de un mercado en torno al cine de miles de millones de dólares solo en Estados Unidos.

vilización desde sus mismos comienzos. La receta básica es ridículamente simple: muela unos granos de cereal hasta convertirlos en una harina fina, mézclala con agua formando una masa pastosa, luego extiéndala con el rodillo y cuézala lentamente, quizá incluso sobre una piedra calentada por el fuego. Esto produce un pan plano, sin leudar (pan ácimo), que todavía hoy resulta de lo más común en forma de chapata, naan, tortita, jubz o pan de pita.

Sin embargo, el tipo de pan con el que estamos más familiarizados en el mundo occidental es el pan leudado, esto es, fermentado con un ingrediente más: la levadura. Esta es un microbio, un hongo unicelular que no dista mucho de las setas venenosas que brotan en el tronco de un árbol podrido. Cuando se aplica a la fermentación de la masa de harina, esta expele dióxido de carbono que queda atrapado en burbujas, produciendo un pan ligero y esponjoso. Actualmente se utiliza una variedad concreta de levadura, la *Saccharomyces cerevisiae*, para producir casi todo el pan leudado. De hecho, haría usted bien en tener la presencia de ánimo para recuperar una reserva inicial de este organismo, tan vital y trabajador a su manera como el buey o el caballo, antes de que se pierda en la confusión del apocalipsis; se puede encontrar en los supermercados en bolsitas liofilizadas, aunque no perdura indefinidamente. Pero ¿cómo podría aislar de nuevo microorganismos panificadores desde cero en el caso de que tuviera que hacerlo?

La levadura requerida para leudar el pan, al igual que otras bacterias de fermentación, está presente de forma natural en el grano de cereal y, por lo tanto, también en la harina molida. La clave consiste en aislar estos microbios beneficiosos de todos los demás que podrían perjudicarlos: tendrá que convertirse en un primitivo microbiólogo y crear un proceso de selección que favorezca a los microbios deseados. La guía que sigue a continuación explica cómo aislar los microbios adecuados para cocer un pan de masa madre, el primer pan leudado cocido en la historia, hace unos 3.500 años en el antiguo Egipto, y todavía hoy popular entre los panaderos artesanos.

Prepare una mezcla de una taza de harina (la integral es mejor para este proceso inicial) y entre la mitad y las dos terceras partes de una taza de agua; tápela y déjela reposar en un lugar cálido. Transcurridas doce horas, compruebe si hay signos de crecimiento y fermentación, como la formación de burbujas. Si no hay ninguno, remueva y espere otro medio día. Una vez que obtenga la fermentación, tire la mitad del cultivo y reemplácelo con más harina y agua en las mismas proporciones, repitiendo esta sustitución dos veces al día. Esto proporciona al cultivo más nutrientes para reproducirse y duplica constantemente el tamaño del territorio de expansión microbiana. Después de aproximadamente una semana, una vez que tenga un cultivo con un olor saludable, que crezca y haga espuma invariablemente tras cada reemplazo, como un animal doméstico microbiano que creciera con la comida que se le deja en su cuenco, estará en condiciones de extraer un poco de masa y cocer pan.

Al seguir todo este proceso iterativo, lo que ha hecho ha sido básicamente crear un rudimentario protocolo de selección microbiológica, limitándolo a las cepas naturales capaces de alimentarse de los nutrientes feculentos de la harina con las tasas más rápidas de división celular a una temperatura de unos 20-30 °C. La masa madre o levadura natural resultante no es un cultivo puro de un solo organismo aislado, sino una comunidad equilibrada de bacterias *lactobacillus* capaces de descomponer las complejas moléculas de almacenamiento del grano, y levadura que vive de los subproductos de los *lactobacilli* y libera el dióxido de carbono necesario para leudar el pan. Este matrimonio de conveniencia entre especies distintas se conoce como relación simbiótica, y es un rasgo común en biología: desde las bacterias nitrificantes hospedadas en las raíces de las leguminosas hasta los ayudantes bacterianos a la digestión presentes en nuestros intestinos. Los *lactobacilli* también excretan ácido láctico (exactamente igual que en la producción de yogur), que proporciona a este pan su rico y fuerte sabor acre, pero que tiene asimismo el efecto de excluir a otros microbios del cultivo, manteniendo la comunidad simbiótica de la masa madre maravillosamente estable y resistente contra las incursiones.[6]

No todas las harinas pueden utilizarse para hacer pan leudado, ya que este requiere la presencia de gluten para crear una masa ma

106

leable y capaz de atrapar las burbujas de dióxido de carbono exhaladas por la levadura al crecer. El grano de trigo contiene mucho gluten, y, por lo tanto, hace un pan con una textura deliciosamente ligera, mientras que la cebada apenas lo contiene. En cambio, esta última tiene una aplicación mucho más placentera que el pan nuestro de cada día.

Las levaduras que crecen en un ambiente con abundante oxígeno, como en una masa, pueden descomponer sus moléculas alimenticias hasta transformarlas en dióxido de carbono (tal como hace el metabolismo humano). Pero cuando las levaduras se cultivan en condiciones anaeróbicas, con un nivel de oxígeno restringido, solo pueden descomponer parcialmente los azúcares, liberando en cambio etanol (alcohol) como producto residual: esta es la esencia de la elaboración de la cerveza. Desde su descubrimiento, el alcohol ha ayudado a los juerguistas a pasarlo bien, pero tiene muchísimas más aplicaciones, y merece la pena hacer el esfuerzo de purificarlo en interés de la reconstrucción de la civilización. El etanol concentrado es valioso como combustible limpio (como en un infiernillo de alcohol o un coche ecológico), conservante y antiséptico. Es también un solvente versátil para disolver toda una serie de compuestos insolubles en agua, como en la extracción de sustancias químicas de las plantas en perfumería o en la creación de tinturas médicas. Y cuando el alcohol se expone al aire durante un tiempo se avinagra, como sin duda sabe cualquier bebedor de vino después de haber dejado una botella abierta durante unos días. Nuevas bacterias colonizan el fluido y convierten el etanol en ácido acético: el vinagre de cocina o de mesa suele ser normalmente entre un 5 y un 10 por ciento de ácido acético diluido en agua, pero también se utilizan soluciones más concentradas en los encurtidos.

A diferencia de la comunidad microbiana mixta de una masa madre, el cultivo de levadura pura utilizado en la elaboración de la cerveza no puede descomponer por sí mismo las complejas moléculas de almidón del grano, que, debido a ello, primero deben convertirse en azúcares fermentables. La función biológica del almidón es la de constituir una fuente de energía para sustentar a la planta joven

ABRIR EN CASO DE APOCALIPSIS

cuando brota hasta que se ha consolidado y echado hojas, momento
en el que se activan los propios mecanismos del grano para disolverlo. Los granos de cebada (como se haría, de hecho, con los de cualquier otro cereal) se remojan en agua, alentando su germinación
durante una semana en un espacio cálido y húmedo, a fin de descomponer su almidón en azúcares accesibles (la molécula de almidón es una larga cadena de subunidades de azúcares unidas). Luego
se secan o se tuestan parcialmente —para variar el color y el sabor
de la cerveza final— en un horno. Esta malta se tritura con agua
caliente para disolver todos los azúcares y luego se filtra, formando la
denominada templa, un fermento de sabor dulce. A continuación,
este fermento se hierve para evaporar parte del agua, a fin de concentrar los azúcares, y también para esterilizarlo con el objeto de
crear una *tabula rasa* en la que añadir después los microbios de fermentación deseados. Finalmente se enfría, se le inocula la levadura
de una hornada previamente elaborada, y por último se deja fermentar alrededor de una semana.

Un artículo sumamente útil que rescatar del supermercado
cuanto antes sería una botella de cerveza que contenga un sedimento de levadura viva en el fondo, a fin de salvar a este práctico microbio para la posteridad. Pero las levaduras adecuadas para la elaboración de la cerveza también son frecuentes en el medio ambiente, y
pueden aislarse de nuevo utilizando una técnica de selección similar
a la antes descrita. De hecho, las levaduras de cultivo puro empleadas
hoy en día para la elaboración comercial de pan descienden de las
células que originariamente se encontraban en la espuma de los fer-
mentadores de cerveza, y se aislaron utilizando los instrumentos mi-
crobiológicos de la placa de agar y el microscopio, que se describirán
en el capítulo 7. Así pues, la próxima vez que esté achispado, recuerde que su cerebro ha sido ligeramente envenenado y mermado por
el excremento de un hongo unicelular. ¡Salud!

Casi cualquier fuente de azúcar (o de almidón descompuesto en
azúcar) puede hacerse fermentar para obtener un producto alcohólico: la miel, la uva, el cereal, las manzanas y el arroz se transforman
en aguamiel, vino, cerveza, sidra y sake, respectivamente. Pero con

108

independencia de cuál sea la fuente de nutrientes, el alcohol de fermentación solo puede llegar a una concentración de alrededor del 12 por ciento antes de que las células de levadura empiecen básicamente a envenenarse a sí mismas con su propia excreción de etanol. El proceso de purificación del alcohol para obtener concentraciones más elevadas, separando el etanol del agua y de todas las demás sustancias presentes en el turbio fermento, se conoce como destilación, y constituye otra tecnología ciertamente antigua.

Al igual que ocurría en la extracción de sal a partir de una solución salina, el proceso de separación del alcohol de la sopa acuosa del fermento explota una diferencia en las propiedades de los dos componentes: en este caso, el hecho de que el etanol tiene un punto de ebullición más bajo que el del agua. En su forma más sencilla, un alambique no tiene por qué ser más complicado que el que utilizaban los nómadas mongoles para hacer su brebaje alcohólico.[7] Se pone un cuenco de la templa fermentada colgado sobre un fuego, con una vasija de recogida sobre una repisa por encima de él, y luego se coloca un tercer recipiente con la parte inferior en punta y llena de agua fría directamente por encima de ambos; por último se cubre todo el conjunto con una capucha. El fuego calienta la templa, y lo primero que sale es el etanol: el vapor se condensa en la parte inferior, más fría, del recipiente con agua, y desciende para gotear en la vasija de recogida, situada en el nivel intermedio. Los laboratorios modernos simplemente reproducen esta estructura básica con instrumentos de vidrio especialmente diseñados, un termómetro para comprobar que el vapor de la templa en ebullición no supere los 78 °C (el punto de ebullición del etanol) y un infiernillo de gas con entrada de aire controlable. La eficacia del proceso puede mejorarse utilizando una columna de fraccionamiento, un cilindro vertical lleno de cuentas de vidrio, para que el vapor procedente de la templa se condense y evapore de nuevo repetidamente, aumentando cada vez la concentración de alcohol en relación con el agua, antes de que un condensador final, con un recubrimiento refrigerado también por agua, recoja el destilado.

Aprovechar el calor y el frío

Finalmente, veremos cómo el dominio de la temperatura —utilizando el calor y el frío extremos— se ha convertido en un recurso inestimable para la conservación de los alimentos.

Las técnicas de conservación utilizadas a lo largo de toda la historia —desecado, salazón, encurtido, ahumado— son bastante eficaces, si bien a menudo cambian el sabor del alimento, y no son perfectas a la hora de mantener su contenido nutritivo. Pero en los primeros años del siglo XIX, un pastelero francés ideó un nuevo método: sellar el alimento en tarros de vidrio con un tapón de corcho y cera, y luego meter los tarros en agua caliente durante varias horas. Poco después empezaron a usarse latas de metal herméticas (la razón de que hoy utilicemos latas de estaño, o al menos de acero recubierto de estaño, es que este es uno de los pocos metales que la acidez de los alimentos no corroe).* Un hecho alentador para un reinicio acelerado es que no había ningún requisito tecnológico previo que hubiera podido impedir el desarrollo de la comida enlatada siglos antes en nuestra historia —quizá incluso los hábiles vidrieros romanos podrían haber hecho vasijas herméticas fiables—, de modo que los supervivientes podrán empezar a enlatar comida poco después de la Caída.

El principio básico del proceso de enlatado es desactivar los microbios que ya están presentes utilizando el calor, y, por medio del sellado hermético, impedir que otros nuevos vuelvan a contaminar el alimento causando su descomposición. Un procedimiento relacionado, denominado pasteurización, implica calentar brevemente el producto a 65-70 °C para desactivar el proceso de deterioro o los microbios patógenos. Este ha resultado de especial eficacia a la hora

* Los primeros abrelatas no aparecieron hasta la década de 1860, cincuenta años después de que el ejército francés empezara a suministrar comida enlatada. Se esperaba que los soldados abrieran sus raciones con un cincel, o con su bayoneta, y solo cuando las latas se generalizaron entre la población civil se hizo necesario el abrelatas.

de tratar la leche (sin cortarla) para prevenir la transmisión de la tuberculosis o de enfermedades gastrointestinales a los humanos. A fin de obtener una conservación más segura, el alimento que no esté ya acidificado o encurtido debería enlatarse a presión, exponiéndolo a temperaturas por encima del punto de ebullición normal, ya que ello esteriliza por completo el contenido y mata incluso las esporas resistentes a la temperatura de microbios como el responsable del botulismo.

Así es como pueden utilizarse las altas temperaturas para conservar las reservas vitales de alimento durante muchos años. Pero ¿qué hay del frío?

Al bajar la temperatura, la actividad y la reproducción de los microbios se ralentizan, al igual que las reacciones químicas que enrancian la mantequilla y ablandan la fruta fresca. El efecto conservante de las bajas temperaturas se conoce desde hace largo tiempo. Hace al menos 3.000 años los chinos ya recogían hielo en invierno para conservar los alimentos en cuevas durante todo el año, mientras que en la década de 1800 Noruega exportaba una gran parte de su hielo a Europa occidental. Pero la capacidad de crear frío artificialmente constituye un avance fundamental de la civilización moderna, y resulta mucho más difícil de conseguir que generar calor. La aplicación de las leyes de los gases a la fabricación de refrigeradores resulta útil para impedir que los alimentos frescos se estropeen con rapidez o para congelarlos a fin de conservarlos durante largo tiempo, pero también puede aplicarse al almacenamiento seguro de las reservas de sangre hospitalarias o al transporte de vacunas, así como en la fabricación de aparatos de aire acondicionado o en la destilación de aire para producir oxígeno líquido. Echaremos un vistazo detallado al modo en que funcionan los refrigeradores, ya que ello también ilustra un aspecto interesante de la adopción de tecnología y de cómo una sociedad en recuperación podría terminar cogiendo caminos muy diferentes del nuestro.

El principio operativo fundamental que subyace en la refrigeración es que, cuando un líquido se evapora convirtiéndose en gas, extrae de su entorno el calor necesario para ese cambio de estado.

Esa es la razón de que nuestros cuerpos transpiren para mantenerse frescos, y, de hecho, una solución de baja tecnología para obtener refrigeración consiste básicamente en hacer sudar una tina de arcilla. El denominado pote Zeer, común en África, consiste en una tina de arcilla tapada metida dentro de otra más grande y sin vidriar, con el hueco entre ambas lleno de arena húmeda.[8] Al evaporarse, la humedad extrae calor del recipiente interior, bajando su temperatura; de modo que el pote Zeer puede retrasar el deterioro de las frutas u hortalizas del mercado durante una semana o más.

Todos los refrigeradores mecánicos funcionan con el mismo principio básico: controlar la evaporación y recondensación de un «refrigerante». La evaporación (ebullición) requiere energía calorífica, mientras que la condensación libera esa energía térmica. Si uno se las arregla para que la parte de evaporación del ciclo tenga lugar en tubos situados dentro de una caja aislada, extraerá calor de ese espacio cerrado y, en consecuencia, enfriará su interior, permitiéndole exportar ese calor al aire circundante mediante un intercambiador de calor situado en la parte trasera del aparato.

Prácticamente todos los refrigeradores modernos fuerzan el paso de la condensación —devolver el refrigerante al estado líquido para que pueda evaporarse de nuevo y extraer más calor del compartimento— utilizando un compresor eléctrico. Pero hay otros métodos alternativos, el más sencillo de los cuales se conoce como refrigerador de absorción (el propio Albert Einstein fue coinventor de una versión).[9] En este sistema se condensa un refrigerante como el amoníaco, no por presurización, sino simplemente dejando que se disuelva, o sea absorbido, en agua. Luego el refrigerante se reintegra al ciclo calentando la mezcla de agua y amoníaco para separar este último, que tiene un punto de ebullición mucho más bajo (el mismo principio de la destilación que hemos visto antes), empleando una llama de gas, un filamento eléctrico o tan solo el calor del Sol. De ese modo, un refrigerador de absorción utiliza ingeniosamente el calor para mantener las cosas frías. De hecho, como no hay necesidad de un motor eléctrico para hacer funcionar el compresor, este diseño no tiene partes móviles, reduciendo así drásticamente la necesidad de mantenimiento o el riesgo de avería. Y, además, funciona de manera silenciosa.

Si, como dice la expresión popular, la historia no es más que una maldita cosa detrás de otra, entonces la historia de la tecnología no debe de ser más que un maldito invento tras otro: una sucesión de artilugios, cada uno de los cuales supera a sus rivales inferiores. ¿O no? La realidad raramente es tan sencilla, y hemos de recordar que la historia de la tecnología la escriben los vencedores: las innovaciones coronadas por el éxito producen la ilusión de una secuencia lineal de pasos sucesivos, mientras los perdedores se desvanecen en la oscuridad y se sumen en el olvido. Pero lo que determina el éxito de un invento no es siempre la superioridad de su función.

En nuestra historia, tanto el compresor como los diseños de absorción se desarrollaron más o menos al mismo tiempo, pero fue la variedad del compresor la que alcanzó el éxito comercial y predomina actualmente.[10] Ello se debe en gran parte al estímulo por parte de las nacientes empresas de electricidad, ansiosas por asegurarse el crecimiento de la demanda de su producto. Así, la generalizada ausencia actual de refrigeradores de absorción (salvo en los diseños alimentados por gas para caravanas y autocaravanas, donde la capacidad de funcionar sin suministro eléctrico es vital), no se debe tanto a una inferioridad intrínseca del propio diseño como a una serie de factores sociales o económicos contingentes. Los productos que se comercializan son aquellos que el fabricante cree que pueden venderse con el mayor margen de beneficio, y gran parte de ello depende de la infraestructura que ya exista accidentalmente de manera previa. Así, la razón de que la nevera de su cocina produzca un zumbido —esto es, de que utilice un compresor eléctrico en lugar de un silencioso diseño de absorción— tiene menos que ver con la superioridad tecnológica de ese mecanismo que con los caprichos del contexto socioeconómico a comienzos de la década de 1900, cuando se «fijó» la solución. Pero una sociedad postapocalíptica en recuperación podría muy bien seguir una trayectoria distinta en su desarrollo.

La ropa

Hemos visto cómo la cerámica empleada en la cocina y la fermentación ayuda a la digestión como un estómago externo, mientras que la piedra de molino actúa como una extensión de nuestras muelas. Del mismo modo, la ropa es otra aplicación de la tecnología para potenciar la capacidad biológica natural de nuestro cuerpo, mejorando nuestra capacidad de conservar el calor corporal, lo que nos permitió propagarnos mucho más allá de la sabana de África oriental.

Hasta hace solo unos 70 años —un abrir y cerrar de ojos en la escala de tiempo de la civilización— nos vestíamos con productos naturales de origen animal y vegetal. La primera fibra sintética, el nailon, no apareció hasta el estallido de la Segunda Guerra Mundial, y el nivel de sofisticación de la química orgánica necesario para recrear esos polímeros quedará durante bastante tiempo fuera del alcance de una sociedad que se reinicie. Existe, pues, un profundo vínculo entre el modo en que tradicionalmente nos hemos alimentado y vestido: la cría de especies de plantas y animales domesticados proporciona no solo una fuente fiable de alimento, sino también las fibras que se trenzan para hacer cuerda o se tejen para fabricar telas y la piel que se convierte en cuero. Y las técnicas de hilado y tejido constituyen el fundamento de muchas otras funciones esenciales de la civilización: cordel para encuadernación, soga para grúas de construcción, o lona para las velas de un barco o las aspas de un molino de viento.

Una vez que se haya desgastado la ropa usada de la pasada civilización, la sociedad en fase de reinicio tendrá que volver a recolectar las fibras adecuadas del mundo natural. Entre las fuentes de fibras vegetales se incluyen el tallo meduloso del cáñamo, el yute y el lino (para hacer tejidos de hilo); las hojas de la pita, la yuca y el agave; y las esponjosas fibras que rodean las semillas del algodón o la ceiba. Las fibras animales pueden obtenerse del pelo de prácticamente cualquier mamífero peludo, aunque la más común es la lana de oveja o alpaca, mientras que una fuente de fibras muy frecuente en el mundo de los insectos es el material que forma el capullo de la mariposa

Bombyx mori: la seda. Así pues, tanto un sombrero de lana como un fino vestido de seda están compuestos de proteínas no muy distintas de las de un filete, mientras que una chaqueta de lino o una camisa de algodón están hechas de la misma materia básica que un periódico: moléculas de azúcar entrelazadas en fibras vegetales de celulosa.

Entonces, ¿cuáles son los requisitos básicos para transformar los manojos de fibra natural arrancados del algodón o esquilados de la oveja en prendas de vestir que nos permitan mantenernos vivos? Empezaremos por las técnicas más básicas y rudimentarias antes de examinar cómo estas se vieron superadas por la mecanización iniciada con la revolución industrial en Inglaterra a finales del siglo XVIII, y que cambiaría el mundo. Nos centraremos principalmente en la lana, la cual, en el caso de un cataclismo, seguiría siendo fácil de obtener en un rango geográfico mucho más amplio que otras alternativas como el algodón o la seda.

Una vez que la lana esquilada se ha limpiado de desechos y restos de vegetación, se lava con agua caliente jabonosa a fin de quitar buena parte de la grasa de las fibras.[11] Luego se tiene que cardar: peinarla repetidamente entre dos paletas, tachonadas de alfileres, a fin de mullir y arralar lo que inicialmente es un apretado amasijo de lana para convertirlo en un rollo suave y esponjoso de fibras rectas y alineadas. La «mecha» así preparada estará lista para el hilado.

El objetivo del hilado es convertir una pelusa de fibras cortas en un largo trozo de fuerte hilo. Esto se puede lograr sin disponer de ninguna herramienta en absoluto, tirando suavemente de la mecha para arrancar una maraña de fibras sueltas y luego torciéndola entre las puntas de los dedos apoyándose con el pulgar hasta formar un delgado hilo. Pero aunque se pueda hacer esto usando solo las manos, requiere una tremenda cantidad de tiempo, de modo que, de ser posible, preferirá emplear la tecnología para hacer la tarea más fácil. La rueca puede realizar estas dos importantes funciones: estirar la mecha transformándola en una fina hebra, y luego hilarla para formar un hilo resistente.

La rueda grande se maneja a mano, o bien con el pie accionando un pedal, y está unida por una correa o cuerda a otra más peque-

Dibujo de una rueca, donde se muestra cómo se hace pasar la mecha a través de los brazos rotatorios de la aleta del huso de modo que esta se tuerce formando el hilo a la vez que se arrolla en una bobina.

ña que hace girar con mayor rapidez la caña del huso, situada delante. El mecanismo principal aquí, la aleta del huso, fue concebido por Leonardo da Vinci en torno a 1516, y es una de las pocas creaciones del inventor que realmente llegaron a construirse durante su vida. La aleta, en forma de «U», rota ligeramente más deprisa que el huso, y al girar las hebras son guiadas a través de una hilera de ganchos a lo largo de uno de los brazos antes de resbalar por el extremo y arrollarse en torno al huso central. Este diseño, ingeniosamente simple, tuerce las fibras al tiempo que las arrolla en una bobina de hilo para utilizarla más tarde. Aun así, hacer hilo suficiente con una rueca requiere tanto tiempo que históricamente era una labor que solo realizaban muchachas jóvenes o mujeres solteras ya entradas en años.

Para hacer un hilo más fuerte, puede torcerlo junto con un segundo hilo a fin de crear un cordel de dos hebras; y lo que es más importante: si las tuerce en la dirección opuesta a la que se hilaron originariamente, las dos hebras entrelazadas se mantendrán unidas de forma natural y no se deshilacharán. Puede repetir este proceso de combinación hasta hacer sogas más gruesas que su propio brazo y capaces de soportar toneladas de peso, todo ello a partir de unas fibras que individualmente son muy débiles y no miden más de unos centímetros de largo.

La mayor demanda de hilo, sin embargo, será para producir tejidos. Observe con atención el tejido de la ropa que lleva en este momento. Las camisas suelen tener un tejido especialmente fino, de modo que verá el dibujo más fácilmente en una chaqueta de lana, una camiseta o unos pantalones de tela resistente como unos vaqueros. También observará diversos dibujos utilizados en cortinas y mantas, sábanas, edredones, fundas de sofá o alfombras.

Por el momento ignoraremos el dibujo exacto, pero debería resultarle evidente que cualquier tela o tejido está compuesto de dos conjuntos de fibras perpendiculares y entrelazados entre sí. El primer conjunto de fibras, la urdimbre, constituye el principal componente estructural de un tejido y, por lo tanto, debe ser más fuerte —pruebe con hilos de tres o cuatro hebras— que las fibras de la trama, que cruzan las líneas paralelas de la urdimbre y las mantienen unidas.

El tejido se realiza en un telar, y la principal función de cualquier telar es mantener los hilos de la urdimbre en líneas paralelas tirantes y luego levantar o bajar diferentes grupos de esas fibras para poder pasar por ellos la trama. Los telares más rudimentarios consisten solo en dos barras —una atada a un árbol y la otra al suelo— que mantienen las fibras de la urdimbre tirantes entre ellas, pero una versión más sofisticada de telar incluye un bastidor horizontal para sostener la urdimbre.[12]

Preparar el telar requiere enrollar fuertemente un hilo continuo de delante atrás a lo largo de toda su longitud, creando una rejilla de líneas de urdimbre perfectamente paralelas. El principal componente

Telar. Los lizos levantan un grupo de fibras de la urdimbre para permitir el paso de las fibras de la trama a través del hueco así formado.

del telar es el lizo, el dispositivo que permite separar los hilos de la urdimbre levantando o bajando un subconjunto de estos (volveremos sobre este tema en breve). Entonces se pasa la trama a través del telar por el hueco, o paso, que se crea entre las partes de la urdimbre separadas; a continuación se cambia el conjunto de fibras de la urdimbre levantadas y entonces se pasa de nuevo la trama, creando en cada pasada una hilera del tejido.

Variando la secuencia en la que se levantan los subconjuntos de hilos de la urdimbre se cambia el patrón de intercalado de la trama, proporcionando diferentes estilos de tejido. En el dibujo más básico, el tejido simple, sencillamente se pasa la trama por encima y luego por debajo de un solo hilo de la urdimbre cada vez para crear una rejilla uniforme de nudos entretejidos: este es el tejido estándar para el lino. Un ingenioso diseño de un lizo capaz de realizar esta labor consiste en una larga tabla en la que se alternan una hilera de estrechas ranuras y agujeros, en cada uno de los cuales se ensarta una sola fibra de la urdimbre. Cuando este lizo rígido se levanta o se baja, solo las fibras de la urdimbre ensartadas en los agujeros se mueven con él, mientras que las que discurren a través de las ranuras no se ven afectadas, puesto que el lizo se desliza en torno a ellas, permitiendo que la trama pase primero por debajo y luego por encima de fibras alternas de la urdimbre.

Los dibujos de tejido más complejos requieren lizos más complicados que la tabla rígida. Un sistema muy versátil consiste en una serie de cuerdas que penden en hilera de un eje horizontal, cada una de ellas con un lizo formado por lazos anudados u ojetes metálicos a la misma altura, para que solo las fibras de la urdimbre ensartadas en los lizos se levanten cuando lo hace el eje. Cada grupo de fibras de la urdimbre está controlado por su propio eje elevable, y cuanto más complejo sea el dibujo del tejido mayor será el número de ejes independientes que accionan los lizos necesarios para controlar adecuadamente la secuencia de movimientos de la urdimbre. Así, por ejemplo, en un tejido de sarga la trama pasa por encima de varios hilos de la urdimbre en una misma pasada (a esto se le llama «flotar»), mientras que las distintas pasadas se escalonan entre hileras para producir un motivo diagonal. El reducido número de hilos entrelazados, dado que la urdimbre y la trama «flotan» una sobre la otra, proporciona al tejido de sarga una mayor flexibilidad y comodidad, pero también permite que los hilos estén más apretados, haciendo el tejido más resistente. La tela vaquera, por ejemplo, es una sarga 3/1, en la que los hilos de la urdimbre y la trama «flotan» tres pasadas y luego se entrelazan una.

Independientemente de que su ropa esté hecha de cuero o de tejido, el problema siguiente es cómo sujetarla bien a su cuerpo. Descartando las cremalleras y el velcro como sistemas demasiado complejos para ser fabricados por una civilización en fase de reinicio, le quedan pocas opciones para obtener cierres fácilmente reversibles. La mejor solución de baja tecnología no se le ocurrió a nadie de ninguna de las civilizaciones antiguas o clásicas, pero hoy es ubicua. Sorprendentemente, el humilde botón no pasó a ser común en Europa hasta mediados de la década de 1300.[13] De hecho, en las culturas orientales ni siquiera llegó a desarrollarse, y los japoneses se sintieron encantados cuando vieron por primera vez los botones que llevaban los comerciantes portugueses en el siglo XVI. Pese a la simplicidad de su diseño, la nueva capacidad ofrecida por el botón generó un gran potencial. Con un cierre sencillo de fabricar y fácilmente reversible, la ropa ya no tenía que ser holgada y sin forma para poder ponérsela y quitársela por la cabeza. En lugar de ello, podía ponerse con comodidad y luego abotonarse por delante, de modo que podía diseñarse para que resultara mucho más ajustada y cómoda: una auténtica revolución en la moda.

Más avanzada la fase de reinicio, una vez que la población postapocalíptica haya empezado a crecer, habrá una creciente presión para comenzar a automatizar los procesos repetitivos y con grandes exigencias de tiempo involucrados en la fabricación de tejidos, maximizando el ritmo de producción y minimizando la mano de obra requerida. Sin embargo, descubrirá que tanto la automatización de las diferentes fases —cardado, hilado y tejido— como la aplicación de energía mecánica resultará mucho más difícil que en el caso, pongamos por ejemplo, de moler grano u obtener pulpa de madera para hacer papel. Muchos de los procedimientos involucrados en la producción de tejido son muy delicados y adecuados para el ágil movimiento de los dedos, como hilar un hilo fino sin romperlo; otros, como tejer, exigen una compleja secuencia de acciones que se deben producir exactamente en el momento preciso. Todo esto resulta difícil de reproducir satisfactoriamente con mecanismos rudimentarios.

El principal avance tras el telar básico que se ha descrito fue la invención de la lanzadera volante. La forma más sencilla de transferir el hilo de la trama por el hueco o paso entre las fibras de la urdimbre altas y bajas consiste en hacer pasar una bobina de hilo de una mano a otra a través del telar. Pero este es un proceso lento, y limita la anchura del tejido a aquella que puede abarcarse cómodamente con los brazos. La lanzadera volante es una bobina de hilo encajada en un pesado bloque de madera, en forma de barco, el cual es arrastrado por una cuerda de un lado a otro del telar a lo largo de una guía, haciendo pasar la trama en su movimiento. Esta innovación no solo permitió al tejedor trabajar en una franja de fibras de urdimbre mucho más ancha, sino que también aceleró enormemente el proceso de tejido y propició la total mecanización del telar, impulsado por una rueda hidráulica, una máquina de vapor o un motor eléctrico, permitiendo así que un solo tejedor atendiera a muchas máquinas a la vez. Los primeros telares mecánicos podían completar una hilera de trama cada segundo, mientras que las máquinas modernas transportan la trama a través del telar a más de 100 kilómetros por hora.[14]

Además de producir alimento y ropa por sí mismo, una importante prioridad será restaurar el suministro de todas las sustancias naturales y derivadas esenciales para sustentar la civilización. También aquí el objetivo de los supervivientes postapocalípticos es aprender a crear cosas por sí mismos antes que ir a buscarlas en el cadáver de nuestra sociedad ya fallecida. Así pues, veamos ahora cómo reiniciar una industria química desde cero.

5

Sustancias

Los graznidos de las aves que anidan allí y el batir lejano del mar contra los falsos escollos, que en realidad son piezas oxidadas de coches y ladrillos amontonados y cascotes varios, suenan casi como el ruido del tráfico en un día festivo.

Margaret Atwood, *Oryx y Crake*[1]

Las sustancias químicas están bastante denostadas en la sociedad moderna. Constantemente se nos dice que un determinado alimento es sano porque no incluye ningún producto químico artificial, e incluso he llegado a ver agua embotellada que pretendía estar «libre de sustancias químicas». Pero el hecho es que el agua pura es en sí misma una sustancia química, como lo es todo lo que forma parte de nuestro cuerpo. Aun antes de que la humanidad empezara a hacerse sedentaria y se fundaran las primeras ciudades en Mesopotamia, nuestra vida dependía de la extracción, manipulación y explotación deliberada de sustancias químicas naturales. Con los siglos hemos descubierto nuevas formas de convertir unas sustancias en otras distintas, transformando las que pueden ser más fácilmente obtenidas de nuestro entorno en aquellas otras que más necesitamos, y produciendo las materias primas con las que se ha construido nuestra civilización. Nuestro éxito como especie no solo ha venido de dominar la agricultura y la ganadería o de emplear herramientas y sistemas mecánicos para facilitar el trabajo; también se deriva del conocimiento que nos permite suministrar sustancias y materiales con calidades deseables.

Las diferentes clases de compuestos químicos son como el juego de herramientas de un carpintero: cada uno de ellos sirve para realizar una determinada tarea, y los utilizamos para transformar materias primas en los productos que necesitamos, manejando herramientas distintas para trabajos concretos. Veremos que los hidrocarburos, unos compuestos parecidos a largas cadenas, no solo constituyen buenas reservas energéticas, sino que además son hidrófugos, de modo que tienen un papel crucial en la impermeabilización. Echaremos un vistazo a distintos solventes utilizados en extracción o purificación, e investigaremos cómo a lo largo de toda la historia se han utilizado los álcalis y sus complementarios químicos, los ácidos, para realizar una serie de operaciones fundamentales. Veremos cómo algunas sustancias químicas pueden «reducir» a otras privándolas de oxígeno —una cualidad fundamental para producir metales puros—, mientras que se sabe que otras actúan como agentes oxidantes y tienen el efecto contrario: por ejemplo, acelerar la combustión. Más avanzado el libro examinaremos la química que produce la electricidad, nos permite captar la luz en fotografía y libera un estallido de energía en los explosivos.

Aquí nos centraremos en algunas de las sustancias y procesos de utilidad más inmediata, un minúsculo subconjunto del total. El conjunto de la química es una enorme red de conexiones, posibles transformaciones y conversiones entre diferentes compuestos, y en el mundo postapocalíptico habrá un gran trabajo de puesta al día explorando de nuevo las numerosas características de este territorio, reconociendo los métodos más eficientes, redescubriendo las proporciones ideales al mezclar reactivos, y determinando las fórmulas químicas y estructuras moleculares correctas.

Suministro de energía térmica

Con el tiempo, la humanidad ha alcanzado cada vez mayor pericia en el control y dominio de la combustión, en la explotación del fuego.[2] Muchas de las funciones básicas de la civilización se fundamentan en transformaciones químicas o físicas impulsadas por el calor: fundir, forjar y moldear metales; fabricar vidrio; refinar la sal; fabricar jabón; obtener cal; cocer ladrillos, tejas y canalones de arcilla; blanquear tejidos; cocer pan; elaborar cerveza y destilar licores; y realizar los avanzados procesos de Solvay y Haber sobre los que volveremos en un capítulo posterior. Las efímeras explosiones del fuego encerrado en los pistones del motor de combustión interna mueven nuestros coches y camiones; y cuando usted acciona un interruptor de luz eléctrica en casa, es muy probable que también siga utilizando el fuego, aunque en este caso un fuego que ha sido atrapado en un emplazamiento remoto y cuya energía ha sido extraída, transformada y luego enviada a través de cables a su bombilla eléctrica. Nuestra moderna civilización tecnológica es tan dependiente de la aplicación básica del fuego como lo eran nuestros antepasados cuando cocinaban en el hogar en los primeros asentamientos humanos.

Hoy, gran parte de la energía térmica que necesitamos proviene, ya sea de manera directa o indirecta (a través de la electricidad), de la combustión de combustibles fósiles: petróleo, carbón o gas natural. De hecho, una de las principales tecnologías que posibilitaron la revolución industrial fue la producción de coque a partir del carbón y el uso de este combustible en muchos de los procesos arriba enumerados, en especial la fundición de hierro y la producción de acero.[3] Desde entonces, el progreso de nuestra civilización no se ha impulsado por medios sostenibles, regenerando tanto como se consume, sino saqueando los depósitos de combustibles fósiles, energía atrapada en forma de materia vegetal transformada y acumulada a lo largo de millones de años.

A una sociedad que se viera retrotraída a lo básico por un apocalipsis podría resultarle difícil hacer frente a sus demandas de energía térmica una vez desaparecidas las reservas de las gasolineras o de los tanques de almacenamiento de gas. La mayor parte de las reservas de combustibles fósiles de alta calidad y fácil acceso se han agotado: ya no existe la gran abundancia de energía acumulada y lista para usar que al principio nos puso las cosas tan fáciles. Ya no se encuentra petróleo en pozos poco profundos, y los mineros del carbón se ven obligados a hurgar a cada vez mayor profundidad en las entrañas de la Tierra, lo que exige técnicas sofisticadas de drenaje, ventilación y medidas para evitar derrumbamientos.* A escala global siguen quedando vastas reservas de carbón: Estados Unidos, Rusia y China albergan en conjunto más de 500 millones de toneladas, pero la mayor parte del carbón fácil de extraer ya se ha extraído. Algunos grupos de supervivientes postapocalípticos podrían ser lo bastante afortunados para encontrarse cerca de depósitos de carbón superficiales susceptibles de explotarse a cielo abierto, pero de todos modos una civilización que empezara de nuevo podría verse obligada a realizar un reinicio ecológico.

Como hemos visto en el capítulo 1, en las primeras décadas tras el cataclismo los bosques volverán a ocupar fácilmente el campo y hasta las ciudades abandonadas. Una pequeña población de supervivientes en recuperación no carecerá de leña, sobre todo si mantienen arboledas de especies de crecimiento rápido.[4] Una vez talados, un fresno o un sauce brotarán de nuevo de su propio tocón y estarán listos para ser cortados de nuevo en el plazo de cinco a diez años, proporcionando una media de cinco a diez toneladas de madera al año por hectárea de bosque gestionado. Los troncos de árbol son excelentes para una chimenea destinada a calentar la casa, pero para las aplicaciones prácticas durante el largo proceso de recuperación se necesitará un combustible que al quemarse produzca mucho más

---

* Los economistas evalúan la calidad de una reserva de combustible calculando la denominada tasa de retorno energético (TRE). Esta nos dice cuánta energía utilizable puede obtenerse de un determinado depósito en relación con toda la energía gastada en su extracción, refinado y procesado. Por ejemplo, los primeros yacimientos petrolíferos explotados comercialmente en Texas a comienzos de la década de 1900 fueron muy fáciles de explotar, y obtuvieron una TRE de alrededor de 100: esto es, produjeron cien veces más energía de la que se consumió en su extracción. Hoy en día, a medida que las reservas disminuyen, hay que hacer un esfuerzo cada vez mayor para extraer (incluida la complejidad de construir plataformas petrolíferas en el mar) y procesar lo poco que queda; la TRE ha pasado a ser de alrededor de 10.

calor que la madera. Y eso requiere la recuperación de una antigua práctica: la producción de carbón vegetal.

Para ello se quema la madera restringiendo el flujo de aire a fin de limitar la cantidad de oxígeno disponible, de modo que no se produzca una combustión completa, sino una carbonización. Las sustancias volátiles, como el agua y otras moléculas pequeñas y ligeras que se convierten en gas fácilmente, son expulsadas de la madera, y luego el calor descompone los propios compuestos complejos que forman esta última —la madera se «piroliza»—, dejando unos trozos negros de carbono casi puro. Este carbón vegetal no solo arde a una temperatura mucho más alta que la madera de la que procede —porque ha perdido ya toda la humedad y solo queda combustible carbónico—, sino que la pérdida de alrededor de la mitad de su peso original se traduce en el hecho de que resulta mucho más compacto y transportable.[5]

El método tradicional utilizado para esta transformación anaeróbica de la madera —el arte especializado del carbonero— consiste en construir una pira de troncos con un hueco central abierto, y luego cubrir todo el montón con arcilla o tierra vegetal. Luego se prende fuego a la pila a través de un agujero en su parte superior, y a continuación hay que vigilar y controlar cuidadosamente el montón así encendido durante varios días. Puede obtener resultados similares más fácilmente excavando una amplia zanja y llenándola de madera, iniciando un fuego fuerte, y luego cubriendo la zanja con planchas rescatadas de hierro corrugado y amontonando tierra encima para cortar el oxígeno. Deje que se queme por completo y se enfríe. El carbón vegetal se revelará indispensable como combustible limpio para una serie de industrias imprescindibles en el reinicio: por ejemplo, en la producción de cerámica, ladrillos, vidrio y metal, sobre la que volveremos en el capítulo siguiente. Si se encuentra usted en una región con yacimientos carboníferos accesibles, ello representará, una vez más, una irresistible fuente de energía térmica. Una sola tonelada de carbón mineral puede proporcionar tanta energía calorífica como la producción anual de leña de casi media hectárea de bosque talado. El problema del carbón mineral es que no arde a una temperatura tan elevada como el vegetal. Es asimismo bastante sucio: el humo que desprende puede contaminar los productos elaborados utilizando su calor, como el pan o el vidrio, y sus impurezas sulfurosas hacen el acero frágil y difícil de forjar.* El truco al utilizar carbón mineral consiste en someterlo primero a coquización, un calco de la práctica de convertir la madera en carbón vegetal. Para ello se cuece el carbón en un horno restringiendo el oxígeno para expulsar las impurezas y las sustancias volátiles, que, al igual que los productos de la destilación de la madera seca (véase más adelante en este mismo capítulo), tienen sus propios usos diversos, y deberían condensarse y recogerse.

La combustión también proporciona luz, y en tanto la sociedad en recuperación no restaure las redes eléctricas y reinvente la bombilla, los supervivientes tendrán que depender de velas y lámparas de aceite.** Los aceites vegetales y grasas animales resultan especialmente adecuados para servir como fuentes de energía condensada de cara a una combustión controlable, debido a su naturaleza química. La característica principal de estos compuestos son sus extensas cadenas de hidrocarburos: largas «guirnaldas» de átomos de carbono

* En muchos aspectos, pues, el carbón vegetal es un combustible superior al mineral, y en ningún caso está relegado a los libros de historia. Brasil, por ejemplo, cuenta con abundantes recursos madereros, pero tiene pocas minas de carbón —una situación que probablemente resulte más generalizada en el mundo postapocalíptico con el rebrote de los bosques—, y es el mayor productor mundial de carbón vegetal.[6] Parte de este se utiliza en los altos hornos para crear arrabio, que luego se exporta a fin de transformarlo en acero para coches y electrodomésticos en Estados Unidos y otros lugares. Gran parte de este carbón vegetal procede de la silvicultura controlada, de modo que ofrece buenas oportunidades para la fabricación de «acero ecológico».

** Hoy presenciamos el uso de velas y lámparas de queroseno como tecnologías de reserva, concebidas como elementos de sustitución fáciles de mantener en caso de que falle la opción más avanzada.[7] Pero las tecnologías rudimentarias también son adecuadas para determinadas ocasiones, como en una carroza de caballos en un entierro o en una cena romántica a la luz de las velas. En ese sentido, algunas viejas tecnologías nunca se hacen realmente obsoletas: persisten, aunque adquieren una función distinta de la original. Para los supervivientes, estos métodos representan prometedoras opciones alternativas tras el apocalipsis.

con átomos de hidrógeno a cada lado, adornando los flancos como rechonchas patas de oruga. Los enlaces químicos entre los distintos átomos contienen energía, de modo que los largos hidrocarburos constituyen densas reservas de energía esperando a ser liberada. Durante la combustión, este extenso compuesto se rompe y todos sus átomos se unen al oxígeno: el hidrógeno se combina para formar H_2O, agua, mientras que el carbono troncal se fragmenta y escapa en forma de dióxido de carbono. El rápido desmontaje de largas moléculas grasas durante la oxidación libera un torrente de energía: el cálido resplandor de la llama de una vela.

Una lámpara de aceite puede ser algo tan básico como un cuenco de arcilla con un pitorro o boquilla insertados, o hasta simplemente una concha grande. Una mecha, realizada con una fibra vegetal como el lino o un simple junco, hace ascender el combustible líquido del depósito, que luego el calor de la llama evapora y quema. La parafina (queroseno) ha sido un combustible líquido común para las lámparas de vidrio desde la década de 1850 (y actualmente también propulsa a los aviones de pasajeros sobre las nubes), pero se obtiene de la destilación fraccionada del petróleo crudo y resultaría difícil de producir tras el desplome de la moderna civilización tecnológica. Sin embargo, cualquier líquido untuoso sirve: aceite de colza o de oliva, o incluso mantequilla clarificada.

Una vela puede no tener ningún contenedor en absoluto, ya que el propio combustible se mantiene sólido hasta que se derrite formando un pequeño charco en torno a la llama; así pues, una vela no es más que un cilindro de combustible sólido con una mecha que discurre por en medio. A medida que se quema queda más mecha expuesta, produciendo una llama mayor y más humeante a menos que se corte periódicamente la mecha. Una innovación que facilita las cosas, y que no se le ocurrió a nadie hasta 1825, es trenzar las fibras de la mecha formando una tira aplanada, de modo que esta se enrosca de manera natural y el exceso es consumido por la llama.

Las velas modernas están compuestas de cera derivada del petróleo crudo; la disponibilidad de cera de abeja siempre será limitada, pero se puede hacer una vela perfectamente funcional con grasa animal derretida. Hierva unos trozos de carne en agua salada, y retire la capa endurecida de grasa flotante de la superficie. La manteca de cerdo produce una vela maloliente y muy humeante, pero el sebo de vacuno y la grasa de oveja son pasables. Vierta el sebo derretido en un molde, o incluso puede simplemente sumergir una tira de mechas en el sebo caliente para recubrirlas, dejándolas luego enfriar y solidificar al aire. Luego repita la operación, acumulando una capa tras otra hasta que tenga unas buenas velas.

CAL

La primera sustancia que una sociedad postapocalíptica en recuperación tendrá que empezar a extraer y procesar por sí misma es el carbonato de calcio, debido a su multitud de funciones que resultan absolutamente decisivas para las operaciones fundamentales de cualquier civilización. Este sencillo compuesto, y sus derivados fácilmente producibles, puede utilizarse para reactivar la productividad agrícola, mantener la higiene y purificar agua potable, fundir metales y fabricar vidrio; asimismo ofrece un material esencial para la reconstrucción y proporciona reactivos fundamentales para reiniciar la industria química.

El coral y las conchas marinas constituyen ambos fuentes muy puras de carbonato de calcio, al igual que la creta. De hecho, esta última es también una roca biológica: los acantilados blancos de Dover son esencialmente un bloque de 100 metros de espesor de conchas marinas compactadas procedentes de un antiguo lecho marino. Pero la fuente más extendida de carbonato de calcio es la piedra caliza. Por suerte, esta última es relativamente blanda y puede desprenderse de un frente de cantera sin demasiados problemas, utilizando martillos, cinceles y picos. Como alternativa, se puede forjar el eje de acero rescatado de un automóvil dándole forma puntiaguda a uno de sus extremos, y usarlo luego como un taladro de percusión dejándolo caer o golpeando con él repetidamente la cara de la roca para crear varias hileras de agujeros. Luego inserte en ellos tacos de madera, y mantenga húmedos estos últimos a fin de que se hinchen y a la larga agrieten la roca. Sin embargo, pronto le interesará reinventar los explosivos y utilizar barrenos en sustitución de este agotador trabajo.

El propio carbonato de calcio se utiliza de manera rutinaria como «cal agrícola» para acondicionar los campos y maximizar la productividad de sus cultivos. Merece la pena esparcir creta o caliza triturada en los suelos ácidos a fin de acercar el pH a un valor neutro. Un suelo ácido disminuye la disponibilidad de los nutrientes esenciales para las plantas de los que ya se ha hablado en el capítulo 3, especialmente el fósforo, y empezará a privar de alimento a sus cultivos. Abonar los campos con cal potenciará la eficacia de cualquier estiércol o fertilizante químico que esparza en ellos.

Sin embargo, son las transformaciones químicas que experimenta la piedra caliza cuando se calienta las que resultan especialmente útiles para una gran variedad de necesidades de la civilización. Si se cuece carbonato de calcio en un horno lo suficientemente caliente —un horno de cerámica que alcance al menos 900 °C—, el mineral se descompone en óxido de calcio, liberando dióxido de carbono. Este óxido de calcio se conoce comúnmente como cal anhidra o cal viva.[8] La cal viva es una sustancia en extremo cáustica, y se utiliza en las fosas comunes —que bien podrían resultar necesarias tras el apocalipsis— para ayudar a prevenir la propagación de enfermedades y controlar el hedor. Se puede crear otra sustancia versátil haciendo reaccionar cuidadosamente esta cal anhidra con agua. El nombre de cal «viva» se deriva del hecho de que esta cal reacciona de manera tan intensa con el agua, liberando un calor hirviente, que parece estar viva de veras. Desde el punto de vista químico, lo que hace el óxido de calcio es partir las moléculas de agua por la mitad formando hidróxido de calcio, asimismo llamado cal hidratada, muerta o apagada.

La cal hidratada es muy alcalina y cáustica, y tiene abundantes usos. Si quiere tener un limpio recubrimiento blanco para mantener las construcciones frescas en los climas cálidos, mezcle cal apagada con creta y obtendrá un jalbegue. La cal apagada también puede utilizarse para procesar aguas residuales, ayudando a que las diminutas partículas suspendidas en ellas se junten formando un sedimento, dejando así un agua clara, lista para un ulterior tratamiento. Es también un ingrediente esencial en la construcción, como veremos en el capítulo siguiente. Lo cierto es que sin la cal apagada sencillamente no tendríamos pueblos ni ciudades tal como los conocemos. Pero antes que nada, ¿cómo se puede transformar la roca en cal viva?

Las modernas fábricas de cal utilizan tambores rotatorios de acero con chorros calefactores alimentados con petróleo para producir cal viva, pero en el mundo postapocalíptico se verá limitado a métodos más rudimentarios. Si realmente es usted capaz de salir adelante por sí mismo, puede cocer la caliza en el centro de una gran hoguera de leña en un hoyo, triturar y apagar las pequeñas hornadas de cal producidas, y usarlas para hacer un mortero adecuado para construir un horno más eficaz, revestido de ladrillo, a fin de producir cal de una forma más eficiente.

La mejor opción de baja tecnología para producir cal es el horno de cuba con alimentación mixta: básicamente una larga chimenea llena de capas alternas de combustible y la piedra caliza que hay que calcinar. Estos hornos suelen construirse en la ladera de una colina empinada para obtener tanto un apoyo estructural como un mayor aislamiento. Cuando la carga de piedra caliza desciende a través del hueco, primero se precalienta y se seca por la acción de la corriente ascendente de aire caliente, y luego se calcina en la zona de combustión antes de enfriarse en la parte inferior; después puede rastrillarse la cal viva desmenuzada a través de unas puertas de acceso. A medida que el combustible se va quemando y reduciendo a cenizas y la cal viva se va vertiendo en el fondo, puede ir añadiendo más capas de combustible y piedra caliza por la parte de arriba a fin de mantener el horno en funcionamiento indefinidamente.

Hace falta un recipiente de agua poco profundo para apagar la cal viva, y para tal fin podría aprovechar una bañera. El truco es no dejar de añadir cal viva y agua de modo que la mezcla se mantenga justo por debajo del punto de ebullición, utilizando el calor liberado para asegurarse de que la reacción química se desarrolla con rapidez.

Las finas partículas producidas harán que el agua de la bañera se vuelva lechosa antes de depositarse gradualmente en el fondo y aglutinarse a medida que la masa absorba cada vez más agua. Si extrae el agua de cal, le quedará un sedimento viscoso de masilla de cal apagada. En el capítulo 11 veremos cómo se utiliza esa agua de cal para fabricar pólvora, pero a continuación vamos a examinar una aplicación particularmente útil de la cal apagada: crear un arma química contra las hordas de microorganismos merodeadoras.

Jabón

El jabón, que se puede hacer fácilmente a partir de materiales básicos del mundo natural que nos rodea, constituirá una sustancia esencial para evitar la reaparición de enfermedades evitables. Diversos estudios sobre educación sanitaria en los países en vías de desarrollo han revelado que casi la mitad de todas las infecciones gastrointestinales y respiratorias pueden evitarse simplemente lavándose las manos con regularidad.[9]

Los aceites y las grasas son la materia prima de todos los jabones. Así, de manera un tanto irónica, si usted se mancha por descuido la camisa de grasa de tocino mientras se prepara el desayuno, la misma sustancia que usará para volver a dejarla limpia puede obtenerse de la manteca de cerdo. El jabón elimina las manchas de grasa de su ropa y limpia el aceite cargado de bacterias de su piel porque se mezcla sin problema tanto con los compuestos grasos como con el agua, aunque estos no se mezclan entre sí. Mostrar este comportamiento socializador requiere una clase especial de molécula: una larga cola hidrocarbonada que se mezcla con las grasas y los aceites, y una cabeza con carga eléctrica que se disuelve bien en agua. La propia molécula de aceite o grasa está compuesta de tres cadenas hidrocarbonadas «de ácido graso» unidas todas ellas a un bloque de enlace. El paso fundamental a la hora de hacer jabón, conocido como reacción de saponificación, es romper los enlaces químicos que unen los tres ácidos grasos. Hay toda una categoría de sustancias químicas conocidas como bases o álcalis capaces de hacer eso, «hidrolizando» el enlace de conexión. Las bases son lo opuesto a los ácidos, y cuando ambos se juntan se neutralizan mutuamente, produciendo agua y una sal. Por ejemplo, la sal de mesa común, el cloruro de sodio, se forma por neutralización de la base hidróxido de sodio con ácido clorhídrico.[10]

Así pues, para hacer jabón tendrá que producir una sal de ácido graso hidrolizando manteca de cerdo con un álcali. Aunque es verdad que el agua y el aceite no se mezclan, esta sal de ácido graso puede incrustar su larga cola hidrocarbonada en el aceite y dejar que asome su cabeza para disolverse en el agua circundante. Cubierta con una piel de esas largas moléculas, la pequeña gotita de aceite se estabiliza en medio del agua que la rechaza, y de ese modo la grasa puede despegarse de la piel o el tejido y eliminarse. En la botella de gel de ducha para hombre «vigorizante, reafirmante, hidratante, que limpia profundamente con el frescor del agua del mar» que hay en mi cuarto de baño se enumeran casi treinta ingredientes. Pero junto a todos los agentes espumantes, estabilizantes, conservantes, agentes gelificantes y conservantes, perfumes y colorantes, el principal ingrediente sigue siendo un suave agente tensioactivo jabonoso a base de aceite de coco, oliva, palma o ricino.

La cuestión apremiante es dónde conseguir un álcali en un mundo postapocalíptico sin proveedores de reactivos. La buena noticia es que los supervivientes pueden volver a las antiguas técnicas de extracción química y a la aparentemente más improbable de las fuentes: la ceniza.

El residuo seco de un fuego de leña está formado en su mayor parte por compuestos minerales incombustibles, que son los que dan a la ceniza su color blanco. El primer paso para reiniciar una rudimentaria industria química resulta seductoramente simple: echar esas cenizas en una vasija con agua. El polvo negro de carbón vegetal sin quemar flotará en la superficie, y, por otra parte, muchos de los minerales de la madera son insolubles, de modo que se depositarán como sedimento en el fondo de la vasija. Pero son los minerales que sí se disuelven en agua los que le interesa extraer.

Retire y deseche el polvo de carbón flotante, y vierta la solución acuosa en otro recipiente, cuidando de que no caiga el sedimento no disuelto. Elimine el agua del nuevo recipiente hirviéndola hasta que se evapore, o bien, si está en un clima cálido, vierta la solución en una cazuela ancha y baja, y déjela secar al calor del Sol. Verá que queda un residuo cristalino blanco, que casi parece sal o azúcar, llamado potasa. (De hecho, el nombre químico moderno del elemento metálico predominante en la potasa deriva de este término corriente: potasio.) Es esencial que intente extraer la potasa solo del residuo de un fuego de leña que se haya consumido de forma natural y no se haya apagado con agua o dejado a la intemperie bajo la lluvia. De lo contrario, el agua se habrá llevado ya los minerales solubles que nos interesan.

Los cristales blancos que quedan son en realidad una mezcla de compuestos, pero el principal derivado de la ceniza de madera es el carbonato de potasio. Si, en cambio, quema un montón de algas secas y realiza el mismo proceso de extracción, lo que obtendrá es carbonato de sodio, la denominada ceniza de soda o sosa comercial. La recogida y quema de algas constituyó una importante industria local durante siglos a lo largo de la costa occidental de Escocia e Irlanda. Las algas también producen yodo, un elemento de color purpúreo oscuro que le resultará muy útil para desinfectar heridas, así como en los procesos químicos de la fotografía, sobre los que volveremos más adelante.

Siguiendo el proceso descrito arriba, obtendrá aproximadamente un gramo de carbonato de potasio o de carbonato de sodio por cada kilogramo de madera o de algas quemadas, lo que representa solo alrededor de un 0,1 por ciento. Pero la potasa y la ceniza de soda son compuestos tan útiles que merece la pena el esfuerzo de extraerlas y purificarlas; y recuerde: primero puede utilizar el calor del fuego para otros usos. La razón de que la madera actúe como una reserva cómodamente empaquetada de estos compuestos es que la red de raíces del árbol ha estado absorbiendo agua y minerales disueltos de un vasto volumen de suelo durante décadas, y luego estos pueden concentrarse gracias al fuego.

Tanto la potasa como la ceniza de soda son álcalis; de hecho, este último término deriva del árabe *al-qaliy*, que designa la ceniza. Si ahora mezcla su extracto en una tina de aceite o grasa hirviendo, podrá saponificarlo, creando jabón para la limpieza. Así, podrá mantener el mundo postapocalíptico limpio y resistente a la pestilencia solo con sustancias tan humildes como la manteca de cerdo y la ceniza, y unos pocos conocimientos químicos.

Esta reacción hidrolítica se ve potenciada si se utiliza una solución alcalina más fuerte: la lejía. Aquí es donde volvemos a la cal apagada, o hidróxido de calcio.

No use la propia cal apagada para la saponificación, ya que los jabones de calcio no se disuelven y, debido a ello, forman una capa de suciedad sobre el agua en lugar de una agradable espuma. Pero el hidróxido de calcio puede hacerse reaccionar con la potasa o la sosa a fin de que el hidróxido cambie de socios produciendo hidróxido de potasio o de sodio: potasa cáustica o sosa cáustica, dos compuestos clasificados como lejías. La sosa cáustica es fuertemente alcalina (hidrolizará con facilidad los aceites de su piel para convertirlos en jabón humano, de modo que extreme las precauciones al manejarla), y, en consecuencia, resulta ideal para este decisivo proceso de saponificación, produciendo pastillas de jabón duro.*

Otra base o álcali muy fácil de producir es el amoníaco. El cuerpo humano, como los cuerpos de todos los mamíferos, se deshace del exceso de nitrógeno mediante un compuesto soluble en agua llamado urea, que excretamos en la orina. El crecimiento de ciertas bacterias convierte la urea en amoníaco —cuyo hedor característico le resultará más que familiar por los lavabos públicos no demasiado limpios—, y, por lo tanto, el crucial álcali amoníaco también puede producirse por medios manifiestamente de baja tecnología: por fermentación de recipientes de orina. Históricamente, este fue un proceso vital para la producción de ropa teñida de azul con índigo (tra-

---

* ADVERTENCIA: No utilice nunca recipientes o utensilios de aluminio para preparar jabón. El aluminio reacciona intensamente con los álcalis fuertes, liberando hidrógeno gaseoso, que resulta explosivo.

dicionalmente, el azul de los vaqueros), y más adelante volveremos a los diversos usos del amoníaco.

La saponificación de moléculas grasas le proporcionará otro subproducto útil. El componente químico del lípido que actúa como bloque de unión sujetando las tres colas de ácido graso, el glicerol, queda como residuo una vez que la manteca de cerdo se ha transformado en jabón. El propio glicerol es muy práctico, y puede extraerse fácilmente de una solución de jabón espumosa. Las sales de ácido graso del propio jabón son menos solubles en agua salada que en agua dulce, de modo que añadir sal hará que sedimenten como partículas sólidas, dejando el glicerol en el líquido. Este es una materia prima esencial para hacer plásticos y explosivos (volveremos a él en el capítulo 11).

La reacción hidrolítica que transforma las grasas animales en jabón también se utiliza para hacer pegamento. Este se produce hirviendo piel, tendón, cuernos o pezuñas: cualquier cosa que contenga tejido conectivo duro hecho de colágeno, que se desintegra convirtiéndose en gelatina. Esta se disuelve en agua, de modo que se puede moldear formando una pasta viscosa y pegajosa que luego, al secarse, queda dura y firme. La necesaria ruptura hidrolítica del colágeno es mucho más rápida en condiciones fuertemente alcalinas —otra aplicación de la lejía— o ácidas (un tema sobre el que volveremos más adelante).

Pirólisis de la madera[11]

La madera puede ofrecer mucho más que el simple combustible carbónico o el álcali de sus cenizas. De hecho, antaño era la principal fuente de compuestos orgánicos —proporcionando las materias primas químicas y sustancias precursoras de una vasta serie de procesos y actividades—, y solo fue desplazada a finales del siglo xix por el alquitrán de hulla y el posterior desarrollo de productos petroquímicos a partir del petróleo crudo. En un mundo postapocalíptico, pues, donde usted podría encontrarse muy bien sin carbón accesible o un

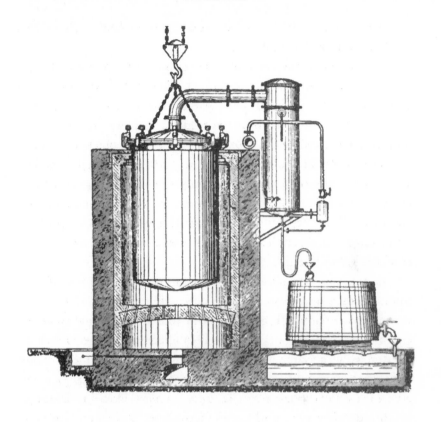

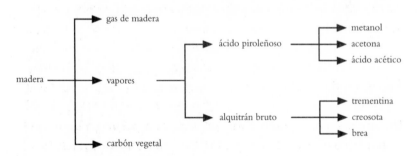

Una sencilla instalación para realizar la pirólisis de la madera y recoger los vapores liberados (*arriba*), y esquema de las diversas sustancias fundamentales que pueden obtenerse de esa forma (*abajo*).

suministro continuado de petróleo, estas viejas técnicas sustentarán el reinicio de una industria química.

El propósito de hacer carbón vegetal es expulsar las sustancias volátiles de la madera para que quede un combustible que arde a altas temperaturas formado por carbono casi puro, pero los productos de desecho son en realidad muy útiles. Y con un poco de refinamiento en la producción de carbón también pueden aprovecharse los vapores de escape. En la segunda mitad del siglo XVII, los químicos habían observado que quemar madera en un recipiente cerrado liberaba gas inflamable y también vapores que luego podían condensarse de nuevo en un fluido acuoso. Estos productos, que pasaron a conocerse como piroleñosos (una palabra híbrida de los términos griego y latino que designan respectivamente el fuego y la madera), son una compleja mezcla de numerosos compuestos. Lo ideal sería que una sociedad en recuperación saltara directamente a un proceso de cocción de la madera en un compartimento metálico sellado, con un tubo lateral que retirara los vapores liberados y luego se prolongara en un serpentín a través de un cubo de agua fría para enfriar y condensar los vapores. Los gases liberados no se condensan, y, por lo tanto, se pueden utilizar para alimentar los quemadores situados bajo el compartimento de combustión de la madera. En el capítulo 9 veremos cómo estos gases piroleñosos pueden emplearse incluso como combustible para un vehículo.

El condensado así recogido se separa fácilmente en una solución acuosa y un espeso residuo alquitranado, en ambos casos mezclas complejas que a su vez pueden separarse por destilación, tal como se ha descrito antes. La parte acuosa, originariamente denominada ácido piroleñoso, está compuesta en esencia de ácido acético, acetona y metanol.

El ácido acético puede utilizarse para encurtir alimentos: como ya he señalado, el vinagre es básicamente una solución diluida de ácido acético. Este reacciona con los compuestos metálicos alcalinos produciendo varias sales útiles. Por ejemplo, al reaccionar con la ceniza de soda o la sosa cáustica produce acetato de sodio, que resulta útil como mordiente para fijar tintes para ropa. Otro producto, el acetato de cobre, actúa como fungicida y se ha utilizado desde la Antigüedad como pigmento verde azulado para pinturas.

La acetona es un buen solvente, y se utiliza como base para pinturas —es el olor característico del esmalte de uñas— y como desengrasante. Asimismo es importante en la producción de plástico, y se emplea en la fabricación de cordita, el propelente explosivo utilizado en balas y proyectiles durante la Primera Guerra Mundial.[12] De hecho, hubo un momento en que Gran Bretaña temió que podría perder la guerra debido a una fuerte escasez de acetona. La enorme demanda de cordita excedía con mucho la que podía producirse por destilación seca de la madera, a pesar de las importaciones de solvente de países ricos en madera como Estados Unidos. La producción se mantuvo gracias a la invención de una nueva técnica, utilizando una determinada bacteria para secretar acetona durante la fermentación, y enormes cantidades de castañas recolectadas por escolares como combustible.

El metanol, también conocido como alcohol de madera, se produce en grandes cantidades mediante destilación seca de esta última: cada tonelada de madera produce alrededor de 10 litros. La del metanol es la molécula de alcohol más sencilla: contiene un solo átomo de carbono, mientras que el etanol, o alcohol bebible, está construido en torno a un eje de dos. El metanol puede usarse como combustible y solvente; actúa como anticongelante, e igualmente es esencial en la síntesis de biodiésel, sobre la que volveremos en el capítulo 9.

El alquitrán bruto exudado de la madera cocida también puede separarse por destilación en sus principales componentes: la fina y fluida trementina (que flota en el agua); la espesa y densa creosota (que se hunde), y la oscura y viscosa brea. La trementina es un importante solvente, usado históricamente para elaborar pigmentos, y sobre el que volveremos en el capítulo 10. La creosota es un fantástico conservante, y cuando se pinta o se empapa la madera con ella la protege contra los elementos y la putrefacción. Además actúa como antiséptico, inhibiendo el crecimiento microbiano y conservando las carnes: es la responsable del sabor característico de las carnes y pescados ahumados. La brea es el más pastoso de los extractos, una mezcla viscosa de moléculas de cadena larga, y su inflamabilidad la hace ideal para empapar con ella varas de madera para hacer antorchas. Esta sustancia alquitranada es también impermeable y útil para sellar baldes o barriles; se ha utilizado durante milenios para calafatear las junturas entre los listones de madera del casco de los barcos.

La madera de cualquier árbol proporcionará diferentes cantidades de estas sustancias químicas esenciales por destilación seca, pero las maderas duras resinosas, como las de las coníferas tales como pinos, piceas y abetos, produce más brea. La corteza de abedul es una fuente particularmente buena de brea, y se ha utilizado desde la Edad de Piedra para pegar plumas de adorno a las flechas. De hecho, si lo único que le interesa es la brea, puede recogerla cuando rezuma de la madera resinosa cocida en un horno, o incluso de una caja de hojalata arrojada al fuego.

La destilación es una técnica tan universalmente útil para separar una mezcla de fluidos, explotando el hecho de que diferentes líquidos hierven a distintas temperaturas, que una sociedad en recuperación haría bien en dominarla lo antes posible. La destilación fracciona los diversos productos de la madera descompuesta por el calor y extrae alcohol concentrado de una bazofia fermentada, tal como hemos visto, y asimismo separa el petróleo crudo en una diversa selección de componentes, desde el denso y viscoso asfalto hasta componentes volátiles ligeros como la gasolina. Y una vez que se alcanza un cierto nivel de capacidad industrial, hasta el propio aire puede destilarse. Para ello el aire se enfría a unos $-200\ °C$ utilizando un proceso repetido de expansión y enfriamiento, y manteniéndolo en una cápsula de aislamiento por vacío, como un gigantesco termo para tomar café en una excursión. Luego se deja calentar ese aire líquido, y a medida que cada gas se evapora se va recogiendo, aprovechando luego, por ejemplo, el oxígeno puro para las máscaras respiratorias de los hospitales.

ÁCIDOS

Hasta ahora me he centrado principalmente en las bases o álcalis, dado que resulta fácil elaborar variedades fuertes. Los ácidos, su contrapartida química, son igualmente comunes en la naturaleza, pero sus formas más potentes resultan más difíciles de encontrar que las lejías, y solo se han explotado de forma significativa en una época más reciente de la historia. Hemos visto cómo pueden hacerse fermentar toda una serie de productos vegetales para producir alcohol, y que este etanol, a su vez, puede oxidarse por exposición al aire para producir vinagre. El ácido acético fue el primer ácido del que dispuso la humanidad, y durante la mayor parte de la historia fue nuestra única opción. La civilización ha podido elegir entre toda una serie de álcalis —potasa, ceniza de soda, cal apagada, amoníaco—, pero durante milenios nuestra capacidad química se vio limitada por la amplia disponibilidad de casi un solo ácido débil.

El siguiente ácido que explotó la humanidad fue el ácido sulfúrico.[13] Inicialmente este se obtenía por cocción a partir de un raro mineral parecido al vidrio llamado vitriolo, y más tarde pasó a producirse en serie quemando azufre puro con salitre en cajas llenas de vapor y forradas de plomo. Hoy obtenemos ácido sulfúrico como un subproducto resultante de limpiar el petróleo y el gas natural para eliminar los contaminantes sulfurosos. Así, en un mundo postapocalíptico podría usted verse atrapado en un punto intermedio: incapaz de crear este ácido crucial y potente utilizando métodos tradicionales debido a que hemos agotado hace tiempo el azufre elemental de los depósitos volcánicos superficiales, e incapaz de aplicar técnicas más avanzadas sin el catalizador específico necesario.

El truco está en emplear una vía química que nunca se ha utilizado industrialmente en nuestra evolución. Se puede obtener dióxido de azufre gaseoso por cocción a partir de rocas de pirita comunes (la pirita de hierro se conoce como «el oro de los tontos», y las piritas también forman menas comunes de plomo y estaño), y luego hacerlo reaccionar con cloro gaseoso, que obtendrá de la electrólisis de agua salada (véase el capítulo 11), utilizando carbón activado (una forma sumamente porosa de carbón vegetal) como catalizador. El producto resultante es un líquido llamado cloruro de sulfurilo que puede concentrarse por destilación. Este compuesto se descompone en el agua formando ácido sulfúrico y cloruro de hidrógeno gaseoso, que a su vez se debería recoger y disolver en más agua para obtener ácido clorhídrico. Afortunadamente, existe también una sencilla prueba química para saber si una roca es un mineral de pirita (un compuesto sulfuro metálico): deje caer unas gotitas de ácido diluido sobre la roca, y si produce burbujas y desprende un olor a huevos podridos es que ha encontrado lo que buscaba (pero el sulfuro de hidrógeno es un gas venenoso, así que ¡no lo huela demasiado!).

Hoy se fabrica más ácido sulfúrico que ningún otro compuesto: es el eje central de la moderna industria química, y también resultará crucial a la hora de acelerar el reinicio. El ácido sulfúrico es tan importante porque realiza muy bien varias funciones químicas distintas. No solo es un potente ácido, sino también un gran deshidratante y un poderoso agente oxidante. La mayor parte del ácido sintetizado actualmente se utiliza para producir fertilizantes artificiales, ya que disuelve las rocas de fosfato (o los huesos) liberando fósforo, un nutriente esencial para las plantas. Pero sus usos son prácticamente ilimitados: elaboración de la tinta ferrogálica, blanqueado del algodón y el lino, fabricación de detergentes, limpieza y preparación de las superficies de hierro y acero para procesos de fabricación, o elaboración de lubricantes y fibras sintéticas, además de su uso como ácido de batería.

Una vez que haya obtenido de nuevo el ácido sulfúrico, este le servirá como vía de acceso a la producción de otros ácidos. El ácido clorhídrico se produce haciendo reaccionar ácido sulfúrico con sal de mesa común (cloruro de sodio), mientras que el ácido nítrico proviene de la reacción con salitre. El ácido nítrico resulta particularmente útil porque es también un agente oxidante muy potente: puede oxidar cosas que el ácido sulfúrico no puede. Esto lo convierte en un recurso inestimable en la fabricación de explosivos, así como en la preparación de compuestos de plata para fotografía, dos procesos fundamentales a los que volveremos más adelante.

6

Materiales

No se puede negar que hubo en este continente una civilización más avanzada que la que ahora tenemos. Para saberlo basta mirar los escombros y el metal oxidado. Basta excavar bajo una franja de arena depositada por el viento para encontrar sus carreteras destruidas. Pero ¿dónde están las evidencias de la clase de máquinas que, según sus historiadores, tenían en aquel tiempo? ¿Dónde están los restos de los carros que se movían por sí solos o de las máquinas voladoras?

WALTER M. MILLER JR., *Cántico por Leibowitz*[1]

Como ha quedado de manifiesto en el capítulo anterior, resulta difícil exagerar la utilidad de la madera.[2] Aparte de su potencial químico, constituye uno de los materiales más antiguos de construcción, a la que proporciona vigas, tablones y pilares. Las calidades específicas de los diferentes árboles tienen toda una serie de aplicaciones, y existe una enorme cantidad de conocimiento acumulado que una civilización naciente tendría que redescubrir. Por ejemplo, las fibras duras y entrelazadas de la madera de olmo son resistentes a la ruptura, de modo que esta resulta idónea para la fabricación de ruedas de carro. La madera de nogal americano es especialmente dura y adecuada para fabricar dientes de engranajes para mecanismos de molinos de viento y de agua. El pino y el abeto son excepcionalmente altos y rectos, de modo que forman perfectos mástiles de barco.

Aparte de estas propiedades mecánicas, los fuegos de leña mantendrán el frío a raya una vez que los sistemas de calefacción central hayan fenecido, y cocinarán su alimento para inactivar la contaminación microbiana y ayudar a liberar nutrientes. En el capítulo anterior se ha mostrado cómo recoger los vapores producidos de forma anaeróbica por cocción de la madera para obtener una serie de sustancias vitales: materia prima para reiniciar una industria química. Asimismo hemos visto que el carbón vegetal resultante es ideal para filtrar agua potable una vez que los grifos se hayan secado y el agua embotellada haya desaparecido de las estanterías de los supermercados. La madera también proporciona combustible de alta temperatura para hornos de cocción de cerámica y ladrillos, así como para la fabricación de vidrio y la fundición de hierro y acero.

En el período inmediatamente posterior al apocalipsis podrá limitarse a ocupar edificios existentes, reparándolos y haciendo arreglos a base de parches de la mejor manera que pueda. Pero todos los edificios deshabitados y desatendidos inexorablemente se deteriorarán y derrumbarán durante las primeras décadas, y cuando la población superviviente crezca y necesite nuevos hogares, probablemente le resulte mucho más fácil construir de nuevo que tratar de restaurar las estructuras podridas de la vieja civilización. Y para ello tendrá que aprender lo esencial. El ladrillo, el vidrio, el hormigón y el acero son literalmente las piezas con las que se ha construido nuestra civilización. Pero todos ellos tienen el más humilde de los orígenes: tierra fangosa, suave piedra caliza, arena y mineral rocoso que excavamos del suelo y transmutamos con el fuego en los materiales más útiles de la historia. Podemos ver este proceso con más claridad en el caso de la arcilla, que se moldea y adquiere su forma mientras es suave y maleable antes de calentarse en un horno y convertirse en una dura pieza de cerámica; es decir, que alteramos deliberadamente las propiedades de una sustancia para adecuarla a nuestro uso.

144

ARCILLA

Es fácil olvidarse de la arcilla en nuestra vida moderna; quizá es algo que uno solo asocia a las lecciones de arte de la escuela. Pero lo cierto es que la cerámica tuvo un papel crucial a la hora de sentar las bases para la fundación de la propia civilización. Los recipientes de arcilla con tapa permiten almacenar el alimento y protegerlo de parásitos y bichos, posibilitan su cocción, conservación y fermentación, y lo hacen mucho más transportable tanto para los viajes como para el comercio. La arcilla moldeada en forma de bloques y luego cocida para hacer ladrillos también proporciona un fabuloso material de construcción, urdimbre de ciudades, talleres y fábricas.

Los lechos arcillosos son muy frecuentes, y yacen bajo la capa superficial del suelo en numerosas regiones del mundo. La arcilla está compuesta de partículas muy finas de mineral aluminosilicato —láminas de aluminio y silicio unidas a oxígeno— derivadas de la erosión de rocas y a menudo transportadas por ríos o glaciares a lo largo de grandes distancias antes de depositarse. Hay, pues, varias clases de arcilla que se pueden extraer excavando hoyos en el suelo y luego moldearse a mano. Se puede dar forma al recipiente más rudimentario a partir de una bola húmeda de arcilla hundiendo los pulgares en el medio y luego alisándola hasta darle la forma de un cuenco redondo. Pero para poder tener mucho mayor control sobre este proceso tendrá que reinventar el torno de alfarero. El tipo más primitivo era un sencillo disco que rotaba libremente y sobre el que el alfarero podía hacer girar la pieza mientras trabajaba en ella. El torno de alfarero «moderno», que tiene al menos 500 años de antigüedad y posiblemente muchos más, utiliza un volante giratorio —como, por ejemplo, una piedra pesada y redonda— para conservar el momento de inercia rotacional y mantener la pieza girando con suavidad mientras la trabaja el alfarero. Este volante de inercia ha de impulsarse de vez en cuando empujándolo con la mano o con el pie, o bien, si puede usted rescatar alguno, con un motor eléctrico.

La arcilla seca es relativamente duradera, pero sería mejor cocerla para hacer cerámica. A temperaturas comprendidas aproximadamente entre los 300 y los 800 °C, el agua es expulsada irreversiblemente de la estructura arcillosa y las placas minerales se acoplan unas con otras, aunque siguen siendo porosas. Si la calienta aún más, por encima de los 900 °C, son las propias partículas de arcilla las que empiezan a fusionarse, mientras que las impurezas menores que esta contiene se funden. Estos compuestos vitrificantes empapan toda la pieza, y al enfriarse se solidifican formando una matriz vidriosa, fusionando firmemente entre sí los cristales de arcilla y llenando cualquier hueco para formar un material duro y estanco al agua. Sumergir deliberadamente la pieza en tales sustancias antes de la cocción a alta temperatura para sellar las superficies constituye el arte del vidriado. Incluso puede limitarse a arrojar un puñado de sal al horno: el calor abrasador disocia el compuesto, y el vapor de sodio se mezcla con el silicio de la arcilla formando una capa vidriosa (aunque en el proceso se libera cloro gaseoso, que es nocivo). Este método se empleó históricamente como una manera fácil de impermeabilizar tubos de cerámica a fin de utilizarlos para la distribución de agua o en sistemas de alcantarillado.

La arcilla cocida no es solo dura y estanca, sino que constituye asimismo un material «refractario» extremadamente resistente al calor. El aluminosilicato tiene un punto de fusión muy alto, y dado que sus componentes están ya unidos al oxígeno, el mineral no se quema al calentarlo. Tales ladrillos refractarios son el material perfecto para hornos de cal y de cerámica. Para contener el fuego y, por ende, poder emplearlo tecnológicamente, se necesita una sustancia que pueda aislar el calor en su interior pero que a la vez sea capaz de resistir la temperatura. He aquí un buen ejemplo de cómo una civilización en recuperación puede salir adelante por sus propios medios: cocer arcilla en un gran fuego contenido en un material refractario permitirá a los supervivientes construir más hornos para cocer aún más ladrillos. La propia historia de la civilización ha sido una epopeya de contención y aprovechamiento del fuego con cada vez mayor destreza a fin de alcanzar temperaturas cada vez más altas: desde la hoguera de campamento para cocinar hasta el alto horno de la revolución industrial, pasando por el horno de cerámica, la fundición de la Edad del Bronce y el horno de la Edad del Hierro; y han sido los ladrillos refractarios los que han permitido todo esto.

La arcilla cocida también se utiliza muy frecuentemente como material estructural. En los climas más secos, uno se las puede apañar construyendo una pared rudimentaria de barro secado al sol —adobe—, pero corremos el riesgo de que un fuerte aguacero se nos lleve por delante. Puede obtenerse un ladrillo mucho más resistente tomando unos cuantos puñados generosos de arcilla, aplastándola dentro de un molde para darle una forma cuboide, y luego cociéndola en un horno a fin de producir las transformaciones químicas necesarias para obtener una cerámica fuerte y duradera. Pero necesitará algo más que puñados de arcilla para reconstruir la civilización. Si se quiere obtener una pared robusta, las hiladas de ladrillos tienen que estar pegadas; y para eso hemos de volver a la cal.

Morteros de cal[3]

En el capítulo anterior hemos visto que el primer material que probablemente necesitará empezar a extraer de nuevo, una vez agotadas las mercancías que nuestra sociedad actual haya dejado atrás, es la piedra caliza. Hemos visto cómo esta última desempeña un papel fundamental a la hora de sintetizar muchas de las sustancias que necesita una civilización. Ahora echaremos un vistazo a cómo este mismo milagroso material constituirá la base de la reconstrucción en un primer momento. Los bloques de piedra caliza son útiles como material de construcción —como lo es su producto metamórfico, el mármol, formado por piedra caliza cocida a presión a gran profundidad en el subsuelo—, pero lo que resultará de gran valor de cara a la reconstrucción es aquello en lo que esta roca puede convertirse.

La cal apagada puede transformarse de una pasta fácil de extender en un material que al fraguar se vuelve duro como la piedra. Mezclada con un poco de arena y agua, la cal apagada forma la argamasa o mortero, que durante miles de años se ha utilizado para unir firmemente los ladrillos y construir sólidos muros de carga. Mézclela con menos arena, y añádale quizá algún material fibroso como la crin, y obtendrá un yeso que podrá extender como un acabado liso sobre las paredes.

Los morteros de cal se han utilizado durante milenios, pero fue una nueva sustancia producida en serie inicialmente por los romanos la que cambió la naturaleza de la construcción. Los romanos observaron que el *cementum* elaborado mezclando cal apagada con ceniza volcánica, conocida como puzolana, o incluso con ladrillo o cerámica pulverizados, fragua mucho más deprisa que el mortero de cal y es varias veces más fuerte.[4] Y con ese pegamento mineral fabulosamente fuerte que es el cemento se puede hacer mucho más que mantener unidas una serie de ordenadas hiladas de ladrillos. También se pueden unir heterogéneas mezclas de piedras o escombros; es decir, se puede hacer hormigón. Esta revolución en la tecnología de la construcción permitió a los romanos construir imponentes estructuras como el Coliseo, y ese enorme y abultado tejado del Panteón de Roma que constituye todavía hoy la mayor cúpula de hormigón monobloque del mundo.

Pero es otra propiedad, casi mágica, del cemento la que realmente ayudó a construir la capacidad comercial y naval del Imperio romano: el hormigón hecho con puzolana o loza triturada fragua incluso cuando se halla completamente sumergido en agua. A diferencia del mortero de cal, se dice que el cemento es «hidráulico», y fragua siguiendo una ruta química distinta. La ceniza volcánica contiene alúmina y sílice —de los que ya se ha hablado como componentes de la arcilla—, que reaccionan químicamente con la cal apagada formando un material de excepcional fortaleza al hidratarse.

Los materiales hidráulicos condujeron a un importante avance tecnológico. El cemento de puzolana desencadenó una revolución en la construcción portuaria romana, ya que, en lugar de limitarse a hundir grandes bloques de piedra en el agua, ahora los romanos podían verter hormigón formando estructuras independientes directamente en el mar para construir muelles, rompeolas, espigones y cimientos de faros. Esta tecnología les permitió construir puertos allí

148

donde se necesitaran por razones militares o económicas, incluso en regiones con muy pocos puertos naturales como la costa norte de África. Fue así como los barcos romanos llegaron a dominar el Mediterráneo.

Este decisivo conocimiento sobre los consistentes cementos, el versátil hormigón y los yesos estancos al agua casi pasó a la historia con la caída del Imperio romano. Ninguna fuente documental medieval menciona el cemento, y las grandes catedrales góticas se construyeron empleando solo mortero de cal. No obstante, el conocimiento parece haberse preservado en algunos lugares, puesto que en varias fortalezas y puertos construidos durante toda la Edad Media se utilizó cemento hidráulico.

Pero fue en 1794 cuando se inventó el método moderno para producir cemento. El cemento Portland no aprovecha el calor volcánico como la variedad puzolana romana, sino que se elabora cociendo una mezcla de piedra caliza y arcilla en un horno especializado a una temperatura de alrededor de 1.450 °C. La dura escoria así producida se tritura luego mezclándola con una pequeña cantidad de yeso natural, un mineral blando y de color claro —utilizado asimismo para elaborar el denominado yeso París y para escayolar miembros rotos— que ayuda a ralentizar el proceso de fraguado y proporciona más tiempo para trabajar con el cemento mojado.

Ahora bien, soy consciente de que el hormigón es un material de construcción terriblemente gris y monótono, y que con él se han construido algunas abominaciones arquitectónicas. Pero veámoslo con cierta perspectiva y consideremos por un momento qué extraordinaria clase de material es. El hormigón es básicamente roca artificial. Y su receta resulta seductora por su simplicidad: mezcle un cubo de cemento Portland con dos cubos de arena o grava y agua suficiente para formar una masa espesa. Vierta esta piedra líquida en un encofrado de madera construido adoptando cualquier forma que se le antoje, y luego espere a que fragüe convirtiéndose en un material increíblemente duro y resistente. No es difícil ver por qué el hormigón permitió una rápida regeneración urbana tras la devastación de la Segunda Guerra Mundial, y todavía hoy sigue siendo el principal material en la construcción de las ciudades, un icono de la era moderna, por más que el proceso básico se inventara hace más de dos milenios.

El problema del hormigón, no obstante, es que aunque resulta increíblemente fuerte cuando se comprime en cimientos o columnas, es muy débil cuando se somete a tensión. Se agrieta de manera catastrófica cuando actúan sobre él fuerzas de alargamiento, lo que impide que se utilice en grandes elementos estructurales como vigas, puentes o suelos de edificios de varios pisos. La solución es incrustar barras de acero en el hormigón. Las propiedades de los dos materiales se complementan mutuamente de manera perfecta: la fuerza compresiva del hormigón se combina con la resistencia del acero a la tensión. Este hormigón armado lo ideó en 1853 un yesero que insertó aros metálicos de tonel enderezados en forjados de hormigón mientras fraguaban.[5] Y es esta última innovación la que en realidad libera todo el potencial del hormigón para ayudar a la reconstrucción tras el apocalipsis.

El hormigón es un material de construcción maravillosamente versátil, pero son los ladrillos cerámicos, con sus propiedades refractarias, lo que necesitará para mantener altas temperaturas con capacidad transformadora y dominar así las habilidades de la metalurgia.

METALES

Los metales ofrecen una serie de propiedades que no proporciona ningún otro material. Algunos son excepcionalmente duros y fuertes, lo que los hace ideales para fabricar herramientas, armas o componentes estructurales como clavos o vigas enteras. Pero a diferencia de la quebradiza cerámica, también exhiben plasticidad: si se les somete a tensión se deforman en lugar de romperse, y pueden estirarse hasta formar un delgado alambre adecuado para cierres, cercados o conducción de la electricidad. Muchos metales también pueden resistir temperaturas muy altas, lo que los hace ideales para la fabricación de maquinaria de alto rendimiento.

150

Lo que le interesará poder recuperar lo más rápidamente posible tras la Caída es el dominio no solo del hierro, sino de su aleación con carbono, el acero.[6] Este último, que contiene una mezcla de átomos de hierro y de carbono, es mucho más que la suma de sus partes. La inclusión del carbono cambia sustancialmente las propiedades del metal, y variando la proporción de carbono introducida en la elaboración de la aleación se puede controlar la fuerza y la dureza del acero para adaptarlo a distintos usos.

Veremos más adelante cómo fabricar hierro y acero desde el principio, porque en un primer momento le será fácil encontrarlo. Puede reciclar artículos rescatados para otros usos si reaprende las habilidades tradicionales del herrero: trabajar en un fuego abierto, o forja, para mantener la pieza al rojo vivo mientras le da una nueva forma entre el martillo y el yunque. La razón de que la humanidad haya podido explotar el duro hierro a lo largo de toda la historia de la civilización es que este cambia temporalmente sus propiedades físicas cuando se calienta, ablandándose hasta hacerse lo bastante maleable para poder golpearlo y darle forma, arrollarlo en láminas o estirarlo en tubos y alambres. Este es un aspecto fundamental, puesto que significa que se pueden utilizar herramientas de hierro para trabajar el hierro a fin de producir más herramientas.[7]

El conocimiento vital para explotar plenamente el hierro de cara a fabricar herramientas es el de los principios del temple del acero: el enfriamiento rápido y el revenido. El acero se templa calentándolo hasta ponerlo al rojo vivo, de modo que la estructura interna de sus cristales de hierro-carbono adopta una conformación rígida (que es no magnética, algo que puede comprobarse durante el calentamiento). No obstante, si a continuación se deja enfriar poco a poco los cristales vuelven a su forma anterior, de modo que hay que enfriarlo con rapidez básicamente para solidificar la estructura deseada; esto es, enfriar la pieza de golpe sumergiéndola todavía candente en agua o aceite. Sin embargo, una sustancia dura es también quebradiza —y un martillo, espada o muelle de acero que se haga añicos resulta inútil—, de modo que, tras el enfriamiento rápido, hay que llevar a cabo el llamado revenido de la pieza. Este consiste en calentarla de nuevo a una temperatura inferior durante un determinado período de tiempo, de modo que una porción de la estructura cristalina se relaja, renunciando deliberadamente a parte de su fuerza a cambio de cierta flexibilidad del material. Con el revenido se ajustan las propiedades materiales del acero, algo que resulta esencial cuando se diseña el metal apropiado para la tarea deseada.

Otra tecnología esencial, disponible más recientemente, es la soldadura: unir metal por medio de metal fundido. El acetileno es el combustible gaseoso que produce la llama más caliente, superando los 3.200 °C cuando se quema en una corriente de oxígeno. Se puede crear un soplete de soldadura controlando separadamente el flujo presurizado de oxígeno y acetileno gaseoso a través de una boquilla encendida. Se puede producir oxígeno puro por electrólisis del agua (véase el capítulo 11) o, más avanzado el reinicio, destilando aire licuado (véase el capítulo 5). El acetileno se libera por la reacción del agua con trozos de carburo de calcio, que a su vez se obtienen calentando juntos en un horno cal viva y carbón vegetal (o coque), dos sustancias que ya hemos visto. Además de resultar útil para unir metales, se puede manejar una llama de oxiacetileno como un soplete de corte para trabajar el acero: un chorro de oxígeno que quema el metal caliente formando una nítida línea.[8]

Puede generarse una temperatura aún más elevada, de alrededor de 6.000 °C, por medio de un soldador de arco eléctrico, algo así como blandir el poder del relámpago.[9] Instalar una hilera de baterías, o un generador, producirá suficiente voltaje para que una chispa constante, o arco, salte entre el metal destinatario y un electrodo de carbono para soldar o cortar a medida que se mueve el electrodo a través de la superficie. Estos improvisados sopletes de oxiacetileno o cortadores de arco constituirán un equipamiento indispensable para los equipos de rescate enviados a las ciudades muertas para desmontar las ruinas y recuperar los materiales más valiosos. Una forma muy eficaz de fundir chatarra de acero para su reciclaje es utilizar un horno de arco eléctrico. Este es básicamente un gigantesco soldador de arco: grandes electrodos de carbono hacen circular electricidad de alto

Fundición rudimentaria: derritiendo aluminio reciclado en un horno a pequeña escala (*izquierda*) luego se le puede dar forma en un molde de arena (*derecha*).

voltaje a través del metal para fundirlo, utilizando fundente de piedra caliza para eliminar las impurezas en forma de escoria por arriba y vertiendo el acero fundido como en una tetera. Hacer funcionar un horno de arco con electricidad renovable constituye una importante tecnología que conviene dominar en el mundo postapocalíptico a fin de liberar parte de la demanda de combustibles para la energía térmica.

Pero mantener el acceso a los metales como material es solo la mitad de la historia: también tendrá que saber trabajarlos con destreza para darles las formas que necesite. Si no puede rescatar ninguna versión que funcione de las máquinas herramientas esenciales para ello, ¿cómo podría construirlas desde cero?[10]

Un elegante ejemplo nos lo dio un maquinista de la década de 1980 que creó un taller de metalistería totalmente equipado —con su torno, limadora, prensa taladradora y fresadora— partiendo de poco más que arcilla, arena, carbón vegetal y unos trozos de chatarra metálica. El aluminio es una buena opción, ya que tiene un bajo punto de fusión que facilita su forjado y es muy resistente a la corrosión, de modo que se encontrará incluso mucho después del apocalipsis.

El corazón de este extraordinario proyecto es una fundición a escala reducida, consistente en un cubo de metal rescatado forrado con un revestimiento interior refractario de arcilla, y alimentada por carbón vegetal potenciado por una corriente de aire inyectada por uno de los lados del cubo.[11] Este horno casero es más que suficiente para fundir el aluminio rescatado, y luego se puede verter el metal fundido para forjar toda una serie de componentes mecánicos. Se pueden construir moldes de fundición con arena fina mezclada con arcilla como aglutinante y un poco de agua, todo ello apretado en torno a patrones tallados en un armazón de madera de dos piezas.

La primera máquina que hay que crear es un torno. Un torno simple está formado por una larga viga plana denominada bancada, con un cabezal fijo en un extremo y un cabezal móvil en el otro que puede desbloquearse para deslizarse a izquierda y derecha a lo largo de la guía de la bancada. La pieza que se quiere trabajar se sujeta al huso del cabezal fijo —quizá atornillándola a una placa de sujeción, o sujetándola con un mandril con mordazas móviles—, y luego se hace girar toda la pieza alrededor de este centro, impulsada por una polea o un sistema de engranajes de cualquier fuerza motriz que se pueda aprovechar (rueda hidráulica, máquina de vapor o motor eléctrico). Se puede utilizar el cabezal móvil para sujetar el otro extremo de la pieza, deslizándolo a lo largo de la bancada para adaptarse a diferentes longitudes, o bien para sujetar herramientas tales como un taladro a fin de perforar el centro de la pieza mientras gira. También hay un carro de torno que se desliza a lo largo de la bancada, equipado con una herramienta de corte montada sobre una corredera transversal a fin de que pueda posicionarse con precisión en torno a la pieza, recortándola mientras gira para crear cualquier perfil deseado. Sorprendentemente, el torno no solo es capaz de duplicar todos sus componentes propios para crear más tornos, sino que, empezando desde cero, incluso puede usted producir, durante las etapas rudimentarias de construcción de su primer torno, los restantes componentes necesarios para completarlo.

Para cortar virutas espirales en su pieza de manera precisa, deberá encajar un largo husillo madre longitudinalmente en la bancada a fin de que el carro se mueva con suavidad, y lo ideal sería acoplarlo mediante engranajes al huso del cabezal fijo para coordinar perfectamente su movimiento. En un mundo postapocalíptico le iría bien de

Torno con el cabezal fijo y el huso rotatorio para sujetar la pieza que se quiere trabajar a la izquierda, el cabezal móvil a la derecha, y, en medio, el carro de torno desplazable equipado con la herramienta de corte.

veras poder aprovechar un tornillo de rosca larga ya confeccionado, puesto que cortar una rosca con un paso constante resulta endiabladamente difícil. En nuestra historia hizo falta un largo proceso de perfeccionamiento reiterativo para llegar a crear la primera rosca de tornillo metálica precisa, a partir de la cual se construyeron luego muchas otras, y sin duda querrá evitar tener que repetirlo.

Una vez que disponga del torno, puede utilizarlo para construir las partes de otras máquinas herramientas mucho más complejas, como la fresadora. Mientras que el torno aplica una herramienta a una pieza en rotación, la fresadora lleva la herramienta en rotación a la pieza, y resulta extremadamente versátil: una vez que tenga una fresadora podrá crear prácticamente cualquier otra cosa. De modo que esta muestra constituye un microcosmos de la propia historia de la tecnología: herramientas sencillas que crean otras herramientas más complejas, incluidas versiones más precisas de sí mismas, en un ciclo que se repite de manera incremental.[12]

Pero ¿y si no puede encontrar metales listos y acrisolados para forjar o fundir, o bien ha utilizado ya todo lo que era rescatable? ¿Cómo extraer metal de las rocas para empezar? El principio general de la fundición es eliminar el oxígeno, el azufre u otros elementos a los que el metal está unido en el mineral. Ello requiere un combustible capaz de alcanzar altas temperaturas, un agente reductor y un fundente. El carbón vegetal (o el coque) cumple admirablemente las dos primeras funciones: arde intensamente, y cuando se quema en el horno de fundición libera monóxido de carbono, un potente agente reductor que elimina el oxígeno dejando el metal puro. El diseño general de un rudimentario horno de fundición de hierro es similar al del horno de cal. Este se carga con capas alternas de combustible de carbón vegetal y el mineral de hierro desmenuzado. Un poco de piedra caliza mezclada con el mineral actuará como fundente, reduciendo el punto de fusión de la ganga refractaria (la parte sin valor del mineral) para que se convierta en fluido en el horno, absorbiendo las impurezas del metal. El fundente forma una escoria que hay que drenar, y a continuación podrá extraer su premio metálico del horno.[13]

Si su horno no funciona a una temperatura lo bastante alta para fundir el hierro así formado, tendrá que recuperar el metal sólido en forma de terrón esponjoso, y luego batirlo y golpearlo en un yunque para amalgamar el hierro y eliminar la escoria que quede. A fin de hacerlo lo suficientemente duro para que resulte útil en la fabricación de herramientas, este hierro puro forjado debe calentarse intensamente una vez más con carbón vegetal para que absorba algo de carbono, con el objeto de formar acero, y luego hay que trabajarlo de nuevo en el yunque. Doblándolo y aplanándolo repetidas veces, lo que hará básicamente es remover el material sólido creando un acero uniforme que luego puede forjarse para darle su forma definitiva. Este es el trabajo agotador del herrero, y con él el ritmo de producción de acero se ve muy limitado. La clave de la civilización moderna es la capacidad de producir acero al por mayor de manera eficiente. He aquí cómo hacerlo.

La solución es forzar una potente corriente de aire ascendente a través de la pila del horno para generar una combustión mucho más intensa. Los chinos habían inventado el alto horno ya en el siglo v a.C. (más de 1.500 años antes de que apareciera en Europa), y posteriormente mejoraron el diseño utilizando fuelles de émbolo impulsados

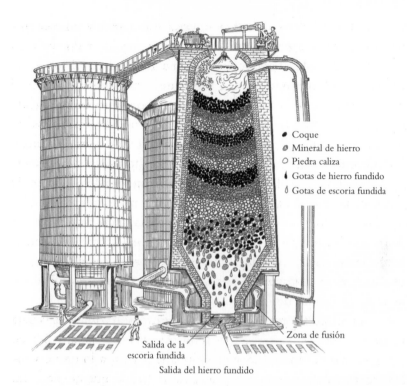

- Coque
- Mineral de hierro
- Piedra caliza
- Gotas de hierro fundido
- Gotas de escoria fundida

Zona de fusión

Salida de la escoria fundida

Salida del hierro fundido

Alto horno para la fundición de hierro. El mineral, el combustible y el fundente se vierten por la parte superior, mientras que por la inferior se insufla un intenso chorro de aire caliente forzándolo a atravesar la pila en dirección ascendente.

por ruedas hidráulicas.[14] Para alcanzar temperaturas elevadas de forma aún más eficiente, precaliente el chorro de aire entrante utilizando el calor de los gases residuales del combustible que escapan por la salida de humos. El hierro recién fundido en el alto horno absorbe mucho carbono, que actúa reduciendo su punto de fusión a unos 1.200 °C. El metal se licua, y puede hacerse salir por el fondo del horno, a través de canales excavados en el suelo, para enfriarlo en una fila de lingoteras. El resultado es el denominado arrabio, hierro colado o hierro fundido.

Este hierro de alto contenido en carbono, con su punto de fusión reducido, puede volver a fundirse y verterse en un molde como cera caliente. El hierro fundido resulta, pues, muy conveniente para fabricar de manera rápida artículos tales como cazuelas, tubos o piezas de maquinaria, y, de hecho, en la Inglaterra victoriana se fabricaron muchas vigas de arrabio. Pero también tiene una gran desventaja: su alto contenido en carbono hace a este metal quebradizo, y, por ejemplo, los puentes de hierro fundido tienen la fea costumbre de derrumbarse si sus componentes estructurales se comban o estiran.

La innovación que realmente hizo posible las posteriores etapas de la revolución industrial fue un medio para transformar fácilmente el arrabio de alto horno en acero. En términos de contenido de carbono, el acero se halla en un punto medio entre la pureza del hierro forjado o hierro dulce, y el frágil arrabio (con un 3-4 por ciento de carbono): oscila entre alrededor de un 0,2 por ciento de carbono para el acero tenaz, empleado en engranajes mecánicos, o el acero de construcción, y aproximadamente un 1,2 por ciento para el acero de especial dureza de los cojinetes de bolas o las herramientas de corte de nuestros tornos. Entonces, ¿cómo descarbonizar el hierro colado?

El convertidor Bessemer es un gigantesco cubo periforme, revestido de ladrillos refractarios y montado sobre pivotes para poderlo inclinar. El receptáculo se carga con arrabio fundido, y luego se bombea aire hacia arriba a través de unos agujeros en el fondo, de forma no muy distinta al burbujeante dispositivo de aireación de un acuario. El carbono excedente reacciona con el oxígeno y se escapa en forma de dióxido de carbono gaseoso, al tiempo que otras impurezas también se oxidan y eliminan añadiéndose a la escoria. Una afortunada consecuencia es que, al quemarse, el carbono libera el suficiente calor para mantener el hierro fundido en todo momento.

La dificultad estriba en que es difícil evaluar la operación con la suficiente exactitud para quitar casi todo el carbono, pero dejar justo algo menos del 1 por ciento. El truco para acertar la composición final, que en retrospectiva resulta evidente, es realizar la conversión hasta estar seguro de que se ha eliminado por completo todo el carbono, y luego añadir exactamente el porcentaje final que se desea al hierro puro. Este procedimiento de Bessemer fue el primer método de la historia para producir acero en masa a bajo coste, y le interesará saltar a este punto lo antes que pueda.[15]

Vidrio

Mientras que el hierro y el acero son los materiales de construcción más famosos del moderno mundo industrializado, el humilde vidrio, en el que a menudo ni siquiera nos fijamos (o, si lo hacemos, es para mirar a través de él), también ha sido crucial en nuestra evolución. El vidrio, uno de los primeros materiales sintéticos creados por la humanidad, se inventó en Mesopotamia, la cuna de las primeras ciudades, en algún momento del III milenio a.C. A continuación veremos cómo el vidrio, con su combinación única de propiedades esenciales, representa el eje central de la ciencia. Pero empecemos por los fundamentos de cómo fabricarlo.[16]

Probablemente sepa que el vidrio está hecho de arena fundida, o, para ser más exactos, de sílice purificada (dióxido de silicio). Pero si se limita a echar puñados de arena al fuego no obtendrá ningún resultado, aparte, quizá, de que este se le apague. El problema es que la sílice tiene un punto de fusión extremadamente elevado, alrededor de 1.650 °C, y este supera con mucho la capacidad de un simple horno de cerámica, de modo que el mero hecho de saber cuál es el principal componente del vidrio no le ayudará a fabricarlo. A veces el vidrio se produce de forma natural: si excava en la arena de un desierto podría ser lo bastante afortunado para desenterrar unos curiosos tubos largos y huecos de sílice fundida, que a menudo se parecen al complejo sistema de ramificaciones de las raíces de un árbol. Este tipo de estructura, que se denomina fulgurita (o a veces también «rayo petrificado»), se crea cuando cae un rayo sobre arena seca. La corriente eléctrica se intensifica bajo tierra, produciendo temperaturas lo bastante altas para fusionar los granos de sílice unos con otros formando un tubo vidrioso.

Dado que no puede usted aprovechar directamente el poder del rayo, para fabricar vidrio tendrá que hallar el modo de reducir el punto de fusión de la sílice al rango de temperaturas de un horno de cerámica, añadiendo para ello un fundente adecuado. Tanto la potasa como la sosa funcionan perfectamente bien como fundentes para la sílice en la fabricación de vidrio, pero, como veremos en el capítulo 11, con una pequeña aplicación de la química la sosa resulta mucho más fácil de producir en grandes cantidades. De modo que la inmensa mayoría del vidrio que hoy se fabrica para cristales de ventana o para botellas es vidrio sódico-cálcico: una solución de sosa y cal disuelta en arena que se solidifica a temperatura ambiente.

Se llena un crisol de cerámica hecho de arcilla cocida de granos de sílice y cristales de sosa. Al calor del horno, el carbonato de sodio se descompone (liberando dióxido de carbono) y se disuelve en la sílice, reduciendo su punto de fusión lo bastante para poder producir vidrio sin problema a la temperatura del horno. El dióxido de carbono liberado, combinado con el oxígeno y el nitrógeno atrapados en la mezcla inicial, forma un fluido burbujeante y espumoso. De modo que convendría utilizar un horno muy caliente que mantenga el vidrio fundido muy líquido, y dejar el crisol en su interior el tiempo suficiente para permitir que esas burbujas escapen y producir un vidrio claro. Por desgracia, el vidrio fabricado solo con sílice y fundente se disuelve en el agua, lo que limita seriamente su utilidad. La solución es usar un segundo aditivo en el crisol para hacer el vidrio insoluble: la cal viva —el óxido de calcio que hemos visto en el capítulo anterior— realiza muy bien esta función.

La sílice, el material básico del vidrio, constituye más del 40 por ciento del manto y la corteza de la Tierra; es con mucho el compuesto más abundante en las rocas de nuestro planeta. Pero con frecuencia la sílice se mezcla con muchas otras cosas (incluidos metales: es también el principal componente de la escoria producida en la fundición), y para elaborar un vidrio claro e incoloro ha de ser lo más pura posible. El color pardusco de muchas arenas, por ejemplo, se debe a la presencia de óxidos de hierro, los cuales teñirán de verde el vidrio resultante: perfecto para una botella de vino, pero molesto para una ventana o un telescopio. La mejor fuente para obtener un vidrio claro es una arena de un color blanco vivo, u otra sílice no contaminada como los guijarros de cuarzo blancos utilizados para hacer el famoso cristal veneciano o el sílex extraído de la creta que se emplea en la fabricación del cristal de plomo inglés. (Hay que decir que, aunque en la práctica el término «cristal» se utilice como sinónimo de «vidrio», desde un punto de vista técnico esto resulta inapropiado, puesto que todo vidrio tiene sus átomos dispuestos en una estructura totalmente desordenada, o amorfa, y no cristalina.)[17]

Obviamente, la antigua civilización dejará tras de sí una enorme cantidad de vidrio. Todo el que se haya conservado íntegro puede reutilizarse, mientras que el vidrio roto puede limpiarse y fundirse de nuevo. De hecho, el vidrio es uno de los materiales actuales más fácilmente reciclables. Basta con fundirlo en un horno y luego volver a darle forma; y esto puede repetirse una y otra vez sin que se produzca el menor deterioro del material (a diferencia de los plásticos, por ejemplo). Pero necesitará conocer los elementos para fabricar vidrio desde cero una vez avanzado el proceso de recuperación de la civilización, o en el caso de que haya naufragado usted en una isla desierta. De hecho, una playa tropical podría resultar casi el emplazamiento ideal de cara a obtener las tres materias primas necesarias para fabricar un vidrio claro de alta calidad: arena libre de hierro de un color blanco vivo, algas para extraer la sosa, y conchas marinas o coral para obtener cal viva por calcinación.

El vidrio en su estado fundido puede verterse directamente del crisol en un molde. Pero hay un proceso de fabricación mucho más útil que explota una de sus curiosas propiedades. El vidrio presenta la insólita característica de no tener un único punto de fusión. Lejos de ello, su viscosidad (o fluidez) varía enormemente dentro de un abanico de temperaturas, de modo que se puede trabajar con el material cuando está en el punto óptimo de resultar flexible pero no demasiado líquido, y eso es precisamente lo que permite su soplado. Ponga un pegote de vidrio en el extremo de un largo tubo de arcilla o de metal y podrá inyectarle aire para inflarlo, o bien haciéndolo girar al aire libre para trabajarlo en la forma deseada, o bien insuflándolo dentro de un molde para fabricar con rapidez objetos tales como botellas.

Hoy en día las ventanas son vitales para iluminar nuestras casas y rascacielos, permitiendo que la luz del Sol inunde nuestras cuevas artificiales al tiempo que proporcionan una barrera para impedir el paso a los elementos. En torno al siglo I de nuestra era, los romanos fueron los primeros en acristalar sus ventanas, utilizando pequeñas piezas de vidrio colado, mientras que a finales del primer milenio las ventanas chinas todavía se cubrían de papel, que se hacía translúcido con aceite. Durante muchos siglos, los cristales de ventana primero se soplaban y luego se hacían girar para aplanarlos mientras el vidrio todavía estaba blando: el característico hoyuelo central que aún puede verse en las ventanas de algunas viejas casas de campo muestra dónde se separó el tubo del soplador. Hoy se fabrican grandes cristales de ventana perfectamente lisos vertiendo vidrio en un baño de estaño fundido, donde flota y se extiende formando una capa de grosor uniforme antes de enfriarse y solidificarse. Pero aparte de las ventanas, el vidrio tendrá otros usos fundamentales durante la recuperación en el mundo postapocalíptico.

El principal atributo del vidrio, que lo convierte en un material tan práctico para las ventanas, es, obviamente, su transparencia. Esta en sí misma es una rara propiedad material. Pero, de hecho, el vidrio ofrece toda una combinación de características cruciales que no se encuentran en ninguna otra sustancia. Esto significa que el vidrio resulta decisivo para la ciencia: permite el estudio de fenómenos naturales, midiendo sus efectos de modo que pueda desarrollarse una tecnología cada vez más capaz.[18] Así, por ejemplo, el barómetro y el termómetro, los dos primeros instrumentos científicos inventados, funcionan mostrando los cambios en el nivel de una columna de líquido. Sería imposible ver esas fluctuaciones sin un material duro y transparente como el vidrio.

Las platinas de los microscopios, asimismo, aprovechan el hecho de que se puede adherir finas muestras a un sustrato que deja pasar la luz. El vidrio es además bastante fuerte, y puede formar recintos herméticos en los que es posible hacer el vacío. Se necesitan tubos de vacío, por ejemplo, para generar rayos X (véase el capítulo 7), y también resultaron esenciales para el descubrimiento de los electrones y otras partículas subatómicas. Las burbujas herméticas de vidrio son asimismo esenciales para el funcionamiento de una bombilla de filamento o una lámpara fluorescente, ya que mantienen una determinada atmósfera interna al tiempo que permiten que la luz generada resplandezca.

Además de ser transparente, resistente al calor y lo bastante fuerte para formar recipientes de paredes delgadas, el vidrio es en gran medida inerte. Y esto ha sido fundamental en todos los aspectos de la investigación química. Se puede moldear o soplar el vidrio para darle la forma de toda clase de utensilios de laboratorio: tubos de ensayo, matraces, vasos de precipitados, buretas, pipetas, frascos, condensadores, columnas de fraccionamiento, jeringas de gas, tubos graduados y cristales de reloj. Es difícil ver cómo podría haber progresado la química de no haber tenido acceso a un material que es a la vez inerte y transparente, y que nos permite observar qué ocurre en una reacción sin contaminarla.

Pero quizá la mayor virtud del vidrio es que se puede utilizar para controlar y manipular la propia luz, lo que nos permite no solo contener pequeñas bolsas de naturaleza para estudiarlas en condiciones de aislamiento, sino también potenciar nuestros propios sentidos.

Los romanos, como maestros que eran de la fabricación de vidrio, observaron que un globo de cristal parecía ampliar los objetos que había tras él. Pero no llegaron a dar el siguiente paso conceptual de pulir un trozo de vidrio para darle una forma curva, creando una lente. La lente se basa en el principio de refracción, por el que la trayectoria de un rayo de luz se desvía al pasar de un medio transparente a otro. Puede verse este efecto introduciendo un palo en el agua, por ejemplo en un lago: el palo parece doblarse por debajo del nivel del agua. Ello se debe a la refracción de los rayos de luz en la superficie del lago, que es el punto de contacto entre el agua y el aire. Un trozo de vidrio moldeado de una determinada forma, concretamente una forma lenticular con una curva abultada (convexa) a ambos lados, controla la refracción de los rayos de luz que pasan a través de él. La luz que incide cerca del borde exterior de la lente experimenta una fuerte desviación hacia dentro porque alcanza la superficie con un ángulo muy abierto; la luz que incide más cerca del centro experimenta una desviación menor, y los rayos que atraviesan la lente directamente por en medio inciden de frente en su superficie curva, de modo que mantienen su trayectoria rectilínea. Las trayectorias de todos los haces luminosos se juntan en un solo punto: el foco. Este es el principio del cristal de aumento.

La primera tecnología óptica fueron los anteojos, que aparecieron en Italia en torno a 1285. Estos tenían lentes convexas para ayudar a las personas con presbicia, que a menudo se desarrolla en una fase avanzada de la vida en la que a los ojos les cuesta enfocar los objetos de cerca. La corrección de la miopía, en cambio, requiere una lente cóncava, y pulir correctamente el vidrio para darle esta forma opuesta —de modo que sus dos caras se curven hacia dentro por en medio y los rayos de luz se dispersen— resulta un poco más complicado.

El verdadero avance se produjo al advertir que, si las lentes podían ampliar los objetos que se veían a través de ellas, una combinación de lentes meticulosamente dispuestas podría permitirnos ver de muy lejos; tal fue la esencia del telescopio. Este artefacto fue utilizado al principio por los capitanes de barco, si bien pronto se dirigió hacia el firmamento para iniciar la gran revolución de nuestra comprensión del cosmos y nuestro lugar en él. Pero las lentes de vidrio también nos permiten ampliar lo muy pequeño, y el microscopio resulta absolutamente indispensable para comprender la microbiología y la teoría germinal, examinar la estructura de los cristales y minerales, y mejorar la metalurgia.

El vidrio, una de las primeras sustancias artificiales sintetizadas por la humanidad hace más de 5.500 años, nos ha permitido investigar la naturaleza y construir nuevas tecnologías, desde el primer par de anteojos para leer hasta el telescopio espacial Hubble. De los seis instrumentos cruciales para el desarrollo de la moderna aventura científica en el siglo XVII, los cuales serían todos ellos esenciales en el redescubrimiento del mundo tras un apocalipsis —el reloj de péndulo, el termómetro, el barómetro, el telescopio, el microscopio y la cámara de vacío con bomba de aire—, todos salvo uno, el reloj de péndulo, se basan por completo en la combinación única de propiedades que ofrece el vidrio.

Resulta asombroso pensar que los telescopios que extienden nuestra vista al cosmos y los microscopios que exploran la diminuta estructura de la materia proceden ambos de un simple terrón de arena curvado. El vidrio, en un sentido muy literal, cambió nuestra visión del mundo. Y resultará esencial para el éxito de la recuperación de la civilización, tanto en forma de material de construcción como de tecnología inicial indispensable para hacer ciencia. El termómetro, el barómetro y el microscopio son todos ellos también cruciales para examinar el estado del cuerpo humano, y es precisamente la medicina lo que vamos a examinar a continuación.

7

Medicina

La ciudad estaba desolada. Entre las ruinas no queda ningún resto de esta raza, con tradiciones transmitidas de padres a hijos y de generación en generación. [...] Ahí estaban los restos de un pueblo culto, refinado y peculiar, que había pasado por todas las etapas relativas al auge y caída de las naciones; alcanzado su edad de oro, y perecido. [...] En el relato de la historia del mundo nada me ha impresionado nunca tan vivamente como el espectáculo de esta ciudad antaño grande y hermosa, derribada, solitaria y perdida. [...] cubierta de árboles en varios kilómetros a la redonda, y sin siquiera un nombre que la distinga.

JOHN LLOYD STEPHENS (explorador que descubrió restos de la civilización maya)[1]

El colapso de la civilización tecnológica presenciará el desmoronamiento casi completo de la moderna capacidad médica. Para las personas acostumbradas a vivir en países desarrollados, donde se puede pedir una ambulancia con una llamada telefónica, la desaparición de la atención sanitaria, y la pérdida de la tranquilidad de espíritu que solía acompañarla, resultarán bastante aterradoras. Ahora cada herida será potencialmente fatal. Una fractura abierta de la pierna causada por tropezar y caer entre los escombros en una ciudad abandonada podrá resultar letal si no recibe una atención médica adecuada. Hasta los incidentes más triviales podrían equivaler a una condena a muerte; por ejemplo, un pinchazo en el dedo que se infecta y envenena la sangre. Así pues, inmediatamente después de la catástrofe todavía puede haber una disminución continuada del número de habitantes, simplemente porque la tasa de mortalidad por heridas y enfermedades exceda la de natalidad. Sin acceso a antibióticos, procedimientos quirúrgicos o medicación para prolongar la vida en la vejez con el cuerpo cada vez más deteriorado, los supervivientes pueden prever que su esperanza de vida caiga muy por debajo de los 75-80 años habituales hoy en el mundo desarrollado. Aun en el caso de que sobrevivan muchas enfermeras, médicos y cirujanos, su detallado conocimiento y sus habilidades no tardarán en hacerse inútiles por la falta de acceso a equipamiento diagnóstico y análisis de sangre, o la falta de disponibilidad de fármacos modernos. ¿Y si más adelante ese mismo conocimiento médico altamente especializado también se pierde? ¿Cómo acelerar la recuperación de siglos de experiencia?

Como ocurre con la mayoría de los otros temas tratados en este libro, es imposible describir de manera significativa ni siquiera una mínima porción del actual conocimiento médico: el complejo sistema de órganos, tejidos y mecanismos moleculares que gobiernan el cuerpo humano sano y cómo estos se ven perturbados por determinadas enfermedades o heridas; la inmensa variedad de productos farmacéuticos que hoy utilizamos y cómo sintetizarlos, o la miríada de intrincados procedimientos quirúrgicos existentes. Pero lo que sí espero hacer aquí es explicar el conocimiento más fundamental que le dará la posibilidad de salir airoso en un primer momento, y describir los instrumentos y técnicas que resultarán esenciales para acelerar el redescubrimiento de todo lo demás desde el principio.

Hoy, la mayoría de nosotros los occidentales acabaremos sucumbiendo a enfermedades crónicas como afecciones cardíacas o al cáncer cuando el cuerpo empiece a funcionar mal con la edad; pero, como ha ocurrido a lo largo de toda nuestra historia y sigue ocurriendo hoy en los países en desarrollo, en un mundo postapocalíptico serán los contagios infecciosos los que constituyan el azote de la humanidad.

Muchas de esas enfermedades son consecuencia directa de la propia civilización. En particular, la domesticación de animales, y el hecho de vivir en estrecha proximidad con ellos, permitió que ciertas enfermedades saltaran la barrera de la especie e infectaran a los humanos. El ganado vacuno transfirió la tuberculosis y la viruela al acervo patógeno humano, los caballos nos pasaron el rinovirus (el resfriado común), el sarampión vino de los perros y el vacuno, y los cerdos y aves de corral todavía nos transmiten sus gripes.[2] Además, vivir en las ciudades promueve positivamente la enfermedad: las altas densidades de población permiten la rápida propagación de los contagios por contacto o por el aire, mientras que las condiciones de insalubridad y la miseria dan lugar a pandemias de enfermedades transmitidas por el agua. Hasta hace relativamente poco, las tasas de mortalidad urbanas eran tan elevadas que la población de las ciudades se mantenía solo gracias a la constante afluencia de inmigrantes del campo. Pero a pesar de sus riesgos, vivir juntos promueve el comercio y la transmisión rápida de una mercancía mucho más importante: las ideas. A medida que la población se recupere tras el apocalipsis, la urbanización volverá a fomentar la colaboración y la inspiración mutua entre personas con habilidades y especializaciones distintas, a la vez que acelerará enormemente el nuevo desarrollo de la sofisticación tecnológica.

Veamos, pues, en primer lugar cómo mantener a la sociedad superviviente sana y protegida de la enfermedad, además de garantizar un parto seguro para contribuir a un crecimiento demográfico lo más rápido posible.

ENFERMEDADES INFECCIOSAS

Sería irónico que fuera usted lo bastante afortunado para sobrevivir al fin del mundo tal como lo conocemos solo para morir unos meses después de una infección fácilmente evitable. En un mundo sin antibióticos o antivirales, tratará usted desesperadamente de evitar infectarse. El contagio se produce cuando las defensas del cuerpo se ven superadas por invasores microbianos, y unos conocimientos básicos de salubridad e higiene harán más que ninguna otra información por salvar su vida en un primer momento.[3]

Hoy entendemos bien el mecanismo del cólera. La bacteria *Vibrio* se multiplica rápidamente en el caldo rico en nutrientes del intestino delgado, atacando la pared intestinal con una toxina molecular específica que provoca diarrea y ayuda a propagar el organismo a nuevos huéspedes. Muchas infecciones entéricas tienen un *modus operandi* similar y se propagan fácilmente por medio de lo que los médicos denominan, en deliciosa expresión, transferencia fecal-oral; el sencillo truco preventivo consiste en romper este ciclo.[4]

A nivel individual, lo más efectivo que uno puede hacer para protegerse de enfermedades y parásitos potencialmente letales es lavarse las manos con regularidad (utilizando el jabón que aprendimos a fabricar en el capítulo 5). No se trata aquí de un vestigio ritualista de la civilización moderna, una cuestión de buenos modales para que sus manos tengan buen aspecto, sino de una habilidad de supervivencia básica: el «hágalo usted mismo» de la atención sanitaria. Junto con esto, como sociedad también habrá que asegurarse de que el agua potable no está contaminada con excrementos. Estos son los postulados fundamentales de la salud pública moderna, y conservar los principios más básicos de la teoría germinal (que muchas enfermedades están causadas por microorganismos y se transmiten de persona a persona) mantendrá a la sociedad postapocalíptica en un mejor estado de salud del que tuvieron nuestros antepasados incluso en una fecha tan reciente como la década de 1850.

Si finalmente sucumbe usted a una infección entérica, la buena noticia es que a menudo se puede salir con vida de este tipo de afección. Ni siquiera algo tan devastador a lo largo de la historia como el cólera resulta letal: se muere de una rápida deshidratación debido a que la profusa diarrea causa la pérdida de hasta 20 litros de fluido corporal al día. El tratamiento es sorprendentemente sencillo, a pesar de que no se adoptara de manera generalizada hasta la década de 1970. La denominada terapia de rehidratación oral (TRO) consiste en beber un litro de agua limpia en la que previamente se haya disuelto una cucharada de sal y tres de azúcar, con el objeto de reemplazar el agua perdida por la enfermedad junto con el equilibrio correcto de sustancias disueltas.[5] Para sobrevivir al cólera no se necesitan, pues, productos farmacéuticos avanzados, sino únicamente atentos cuidados de enfermería.

Parto y atención neonatal

Sin la moderna intervención médica, el parto volverá a convertirse de nuevo en un momento peligroso tanto para la madre como para el hijo. Hoy, las complicaciones graves durante el nacimiento a menudo se resuelven con una sección cesárea: el cirujano abre la pared muscular abdominal y la matriz para sacar al bebé. Aunque actualmente se trata de un procedimiento rutinario, e incluso solicitado por algunas madres cuando no hay necesidad médica, durante siglos las cesáreas se realizaron solo como último recurso en un intento de salvar al hijo cuando la madre había muerto o ya no había esperanza para ella. Los primeros casos conocidos de mujeres que sobrevivieran a la cirugía no se produjeron hasta la década de 1790, mientras que en la de 1860 la tasa de mortalidad todavía era de más del 80 por ciento. La cesárea es aún hoy un procedimiento muy complicado y traumático, y en un primer momento no será una alternativa segura al parto natural.

A principios de la década de 1600 se desarrolló una forma no quirúrgica de ayudar al bebé en un nacimiento difícil. El fórceps obstétrico representó una profunda mejora en tocología, permitiendo a la comadrona o al médico remontar el conducto pélvico para asir, firme pero cuidadosamente, el cráneo del feto, realineando la cabeza o tirando con suavidad del bebé.* Una importante mejora

---

* La existencia del fórceps se mantuvo en estricto secreto durante más de un siglo por parte de la familia de médicos que lo inventó, puesto que la ventaja que les daba sobre otros tocólogos les permitía ganar mucho dinero. Para preservar su

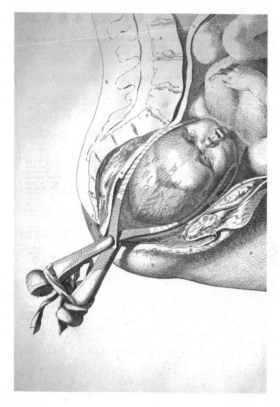

Fórceps obstétrico.

fue el desarrollo de una versión en la que los dos brazos del instrumento se desmontaban del pivote, de modo que podían deslizarse de manera independiente hasta la posición deseada, y con el tiempo el diseño del fórceps ha evolucionado gradualmente de modo que sus brazos sigan la curvatura anatómica de la pelvis materna (trabajando en conjunción con las contracciones musculares) y las pinzas de los extremos se amolden a la forma del cráneo del bebé.[6]

Los bebés prematuros o con muy bajo peso al nacer probablemente morirán si no se les mantiene calientes en una incubadora

misterio, se introducía en la sala dentro de una caja forrada, que solo se abría cuando se había echado a los observadores y vendado los ojos a la madre.

hospitalaria hasta que sean capaces de regular su propia temperatura corporal. Las incubadoras modernas son máquinas caras y sofisticadas, y, como muchas otras piezas de equipamiento médico, cuando en la actualidad se donan a hospitales de países en vías de desarrollo con frecuencia dejan de funcionar debido a subidas de tensión, a la falta de disponibilidad de piezas de recambio o a la carencia de técnicos especializados para repararlas; algunos estudios han revelado que hasta un 95 por ciento del equipamiento médico donado a algunos hospitales deja de estar operativo durante los cinco primeros años. Una empresa llamada Design that Matters está intentando abordar esta cuestión, y su ingeniosa solución constituye un gran ejemplo del tipo apropiado de tecnología que habrá de surgir en un escenario postapocalíptico. Su diseño de incubadora emplea piezas de automóvil estándar, entre otras: se utilizan faros corrientes como elementos calefactores, un ventilador de salpicadero hace circular aire filtrado, un timbre de puerta sirve de avisador, y una batería de motocicleta proporciona el suministro eléctrico de reserva durante los cortes de corriente o cuando se transporta la incubadora.[7] Todos estos materiales serán fáciles de encontrar en el período inmediatamente posterior al apocalipsis, y pueden repararse con los conocimientos de los mecánicos locales.

Examen y diagnóstico médicos

La aptitud clave de un médico es su capacidad de diagnóstico: saber identificar la enfermedad o afección que sufre un paciente y determinar así el tratamiento o procedimiento quirúrgico apropiados. El médico le pide al paciente que le describa los detalles del inicio y el contexto de los síntomas que experimenta. Luego esta información se combina con los signos descubiertos durante el examen físico, ayudando al médico a determinar las probables causas de la dolencia y qué pruebas ulteriores solicitar, como análisis de sangre, el examen microscópico de muestras extraídas del cuerpo, o técnicas de obtención de imágenes internas como rayos X o escáneres. Los resultados de estos procesos exploratorios proporcionan las pistas para llegar a un diagnóstico.

En el apocalipsis no solo perderá el equipamiento de exploración y pruebas avanzadas, sino también gran parte de la propia experiencia médica. La medicina y la cirugía, más que muchas de las otras áreas tratadas en este libro, se basan sobremanera en un conocimiento implícito o tácito, algo que usted habrá aprendido a hacer, pero que le resultará sumamente difícil trasladar de manera satisfactoria a cualquier otra persona empleando solo palabras o dibujos. En Gran Bretaña, por ejemplo, se necesitan diez años de facultad de medicina y aprendizaje práctico hospitalario para llegar a ser médico especialista, todo ello acompañado de formación y demostraciones prácticas impartidas por alguien ya experto. Si este ciclo de transferencia de conocimiento se rompe con el desplome de la civilización, le resultará imposible aprender las habilidades prácticas y la destreza interpretativa necesarias empleando solo manuales. Vamos a examinar, pues, los propios fundamentos de la medicina y la cirugía: si todo el conocimiento especializado y el equipamiento han desaparecido, ¿cómo puede recuperar el conocimiento y las habilidades esenciales?

El diagnóstico informado se basa en una serie de exploraciones, pero hasta comienzos del siglo XIX el estamento médico no contaba con un solo instrumento que permitiera a los doctores evaluar el estado interno del cuerpo; tenían que depender de signos externos visibles, palpando con las yemas de los dedos en busca de posibles órganos o masas hipertrofiados, o dando golpecitos en el abdomen y el tórax para detectar los distintos sonidos del aire o el fluido subyacentes. (Esta técnica de percusión la inventó el hijo de un posadero, que la utilizaba para determinar el nivel de vino que quedaba en un barril.)

El instrumento que vino a transformar el diagnóstico médico es asombrosamente simple. Un estetoscopio puede ser un simple tubo de madera hueco pegado al oído y apoyado sobre el cuerpo del paciente, o incluso un fajo de papeles enrollados, que fue como se inventó el instrumento en 1816. René Laennec se sintió incómodo al tener que apoyar el oído y la mejilla sobre el pecho de una mujer de busto especialmente generoso, de modo que improvisó, y se dio cuenta de que el improvisado tubo era perfectamente adecuado para transmitir los sonidos del corazón, y hasta servía para amplificarlos. Un estetoscopio puede revelar los sonidos internos del cuerpo: desde las anomalías en los latidos del corazón hasta el ruido sibilante o crepitante indicativo de una enfermedad pulmonar, el silencio en el punto de un intestino obstruido, o el tenue latido cardíaco de un feto.

Antes de finales del siglo xix, no solo el estetoscopio, sino también los termómetros compactos para medir la temperatura corporal y los manguitos hinchables unidos a un indicador para medir la tensión arterial ya eran objetos corrientes en el maletín de un doctor. El termómetro clínico puede revelar una fiebre indicativa de infección, y la pauta mostrada por una serie de lecturas regulares reflejadas en un gráfico de temperaturas incluso puede sugerir la presencia de ciertas enfermedades. Pero el estetoscopio seguirá siendo su instrumento clave para evaluar la situación interna del cuerpo humano hasta que la civilización postapocalíptica haya aprendido de nuevo a generar una forma de luz de muy alta energía. He aquí cómo.

En las últimas décadas del siglo xix se descubrieron dos curiosas emisiones. La primera de ellas se comprobó que emanaba del electrodo negativo cuando se aplicaba un elevado voltaje entre dos placas metálicas. Estas emisiones recibieron el nombre de rayos catódicos, y hoy los identificamos como electrones: los agentes de la corriente eléctrica en un cable, que se ven acelerados hacia fuera del pronunciado campo eléctrico creado por el voltaje. Estos electrones volantes son absorbidos rápidamente hasta por una materia tan tenue como el aire, de modo que los rayos catódicos solo pueden recorrer una distancia apreciable dentro de un contenedor en el que con antelación se haya hecho el vacío. En consecuencia, los rayos catódicos solo pudieron detectarse cuando los científicos fueron capaces de producir bombas de vacío eficaces para absorber prácticamente todo el aire en frascos de cristal herméticos.

La pequeña cantidad de gas que quedaba en aquellos primeros tubos de vacío producía un misterioso resplandor cuando era alcan-

174

zada por los electrones en su rápido movimiento (un efecto explotado en las lámparas de neón). El físico alemán Wilhelm Roentgen quería eliminar esa luz para poder estudiar los rayos catódicos al penetrar en la pared del tubo de vacío, de modo que envolvió el tubo en cartulina negra. En ese momento observó que una pantalla fluorescente situada en el otro extremo del banco de laboratorio resplandecía con una débil luz verde. Esta se hallaba demasiado lejos para que los rayos catódicos pudieran alcanzarla, de modo que Roentgen bautizó aquella nueva e invisible radiación con el nombre de rayos X, por su naturaleza misteriosa. Hoy sabemos que esos rayos X son ondas electromagnéticas de energía ultraalta emitidas cuando los electrones acelerados se estrellan contra el electrodo positivo en el tubo de vacío.[8]

Para su asombro, Roentgen se dio cuenta de que los rayos X le permitían ver objetos sólidos a través de otros, como el contenido de cajas de madera cerradas; pero lo más misterioso de todo fue que en 1895 logró utilizar los rayos X para tomar una fotografía de los huesos de la mano de su esposa. Dado que los rayos X son absorbidos más fácilmente por las estructuras internas densas como los huesos que por los tejidos blandos, la imagen mostraba básicamente la sombra de sus huesos como si estuvieran alumbrados por una enérgica luz que brillara directamente a través de su cuerpo. Los rayos X son peligrosos, puesto que contienen la suficiente energía para desencadenar mutaciones y provocar cáncer, de modo que solo se debería exponer a los pacientes a una breve ráfaga para captar una imagen en película fotográfica, mientras los médicos se protegen tras una pantalla de plomo. Por más que se aprecien esos riesgos para la salud, la oportunidad que ofrece una radiografía para asomarse al interior de un cuerpo vivo, para examinar los órganos vitales, evaluar fracturas óseas o localizar tumores, proporciona una capacidad de diagnóstico infinitamente mayor que el primer instrumento mencionado, el estetoscopio.

Pero ser capaz de examinar desde fuera la situación interna del cuerpo es solo la mitad del problema que habrá que afrontar tras el apocalipsis. El examen del paciente debe hallarse vinculado asimismo a un conocimiento preciso de cómo está realmente construido nuestro cuerpo: tenemos que conocernos literalmente de pies a cabeza. Entonces, si ese conocimiento detallado de los entresijos de nuestra propia estructura interna se pierde, ¿cómo podemos redescubrirlo desde cero y, por ende, reconocer qué es lo sano y qué lo anormal?

La constitución interna de los animales nos es familiar por la carnicería, pero el cuerpo humano tiene importantes diferencias estructurales con respecto a los animales, de modo que será imprescindible volver a ponerse al día en conocimientos anatómicos, obtenidos mediante la disección humana. La anatomía y la disección *post mortem* son fundamentales para el nuevo desarrollo de la patología, la comprensión de las causas primordiales de las enfermedades. En una disección *post mortem* se correlacionan los signos y síntomas externos de enfermedad en el paciente vivo con fallos o defectos anatómicos internos que solo pueden evaluarse después de la muerte. El reconocimiento de que una determinada enfermedad suele estar causada por un problema en un órgano concreto en lugar de ser una cuestión sistémica —como sugería la creencia premoderna en el desequilibrio de los humores corporales: la sangre, la flema y la bilis negra y amarilla— es fundamental en patología, y resulta esencial que seamos conscientes de ello si pretendemos abordar la causa subyacente de una enfermedad en lugar de intentar simplemente tratar sus síntomas.

Una vez identificada la causa fundamental, el siguiente paso es la prescripción de medicación o la realización de una intervención quirúrgica.

MEDICINAS

Llegar al diagnóstico correcto de una enfermedad solo resulta útil si ya se han desarrollado una serie de preparados farmacéuticos que se sabe que son eficaces para tratar dolencias concretas. Durante una buena parte de la historia humana esto ha sido un verdadero escollo, y antes del siglo XX el botiquín del doctor era en gran medida inútil: imagínese la frustración al comprender las enfermedades que matan a sus pacientes, pero verse impotente para detenerlas.

Muchos fármacos y tratamientos modernos proceden de plantas, y las tradiciones y cultura popular del uso de las plantas medicinales son tan viejas como la propia civilización. Hace casi 2.500 años, Hipócrates —célebre por el denominado juramento hipocrático del código ético de los médicos— recomendaba mascar sauce para aliviar el dolor, mientras que la antigua fitoterapia china prescribe de manera similar la corteza de sauce para controlar la fiebre. El aceite esencial extraído de la lavanda tiene propiedades antisépticas y antiinflamatorias, y, en consecuencia, resulta útil como bálsamo externo para cortes y contusiones, mientras que el aceite del árbol del té se ha utilizado tradicionalmente por su acción antiséptica y antimicótica. La digitalina, que se extrae de la dedalera, puede reducir el ritmo cardíaco en las personas que presentan un pulso rápido e irregular, mientras que la corteza del quino contiene la quinina, una sustancia antipalúdica, que es también la que da su característico sabor amargo al agua tónica (y la responsable de la afición colonial británica a tomar gin-tonic).

Una clase de fármacos en los que nos detendremos un momento son los que se utilizan para el alivio del dolor, o analgesia. Estos productos farmacéuticos son paliativos, apuntan al síntoma antes que a la causa, y son los fármacos que se toman más habitualmente en todo el mundo para tratar desde los dolores de cabeza hasta las heridas más graves. La analgesia es un requisito previo para el nuevo desarrollo de la cirugía. Puede obtenerse un alivio limitado del dolor masticando corteza de sauce, mientras que las guindillas proporcionan una analgesia tópica, adecuada para heridas superficiales o procedimientos quirúrgicos menores como sajar forúnculos. La molécula de capsicina que da a las guindillas su ilusoria sensación de picante quemazón en la boca es conocida por sus propiedades contraestimulantes, y, al igual que ocurre con el opuesto efecto refrescante del mentol procedente de la menta, ambas sustancias pueden emplearse frotando la piel para enmascarar las señales de dolor (tanto la capsicina como el mentol se utilizan en parches de calor para la distensión muscular o en ungüentos como el Bálsamo del Tigre).

Sin embargo, es una especie emparentada con la amapola común la que proporciona el analgésico universal, utilizado desde la Antigüedad. El opio, la savia lechosa de color rosado que puede recolectarse de la adormidera cuando esta ha florecido, tiene unas considerables propiedades analgésicas. Tradicionalmente, el opio se recoge diariamente haciendo varios cortes poco profundos en el óvulo hinchado de la adormidera, del tamaño de una pelota de golf, y dejando que la savia mane y se seque formando una costra de látex negra que luego se quita raspando a la mañana siguiente. La morfina y la codeína son las principales sustancias narcóticas del opio, y la savia seca puede contener hasta un 20 por ciento de morfina. Estos opiáceos son mucho más solubles en etanol que en agua, y disolviendo opio pulverizado en alcohol se elabora una potente (pero adictiva) tintura de opio, el láudano. Otro sistema desarrollado en la década de 1930, y que requiere un uso de mano de obra mucho menos intensivo, utiliza varios lavados con agua (a menudo ligeramente ácida para mejorar la solubilidad) para extraer los opiáceos de la adormidera después de que la planta se haya segado, trillado y aventado tal como se hace con los cereales. Luego las semillas de adormidera se guardan para comer o replantar. De hecho, actualmente el 90 por ciento de los opiáceos médicos todavía se obtienen de la paja de adormidera.

No obstante, el riesgo de las decocciones o tinturas en bruto de extractos de plantas es que, sin la capacidad de realizar análisis químicos, no se conoce la concentración del ingrediente activo, y tomarlo en exceso puede resultar peligroso (especialmente si, como la digitalina, interfiere en el ritmo cardíaco). Es posible que solo exista un estrecho margen en la dosificación y haya que intentar acertar el punto justo administrando el suficiente para que resulte efectivo, pero no demasiado de modo que resulte letal.

Para la inmensa mayoría de las afecciones graves y en última instancia fatales, desde la infección generalizada y la septicemia hasta el cáncer, no se dispone de ningún tratamiento eficaz a base de simples brebajes de plantas medicinales. La tecnología posibilitadora clave que inició la extraordinaria revolución acaecida tras la Segunda Guerra Mundial fue la capacidad de la química orgánica de aislar y manipular compuestos farmacéuticos. Hoy se dispone de productos farmacéuticos en concentraciones exactamente conocidas, y o bien se han sintetizado de manera artificial, o bien se han modificado extractos de plantas utilizando la química orgánica para aumentar la potencia o disminuir los efectos secundarios del compuesto. Por ejemplo, una modificación química relativamente sencilla es la que se aplica al ingrediente activo de la corteza de sauce, el ácido salicílico, para conservar su eficacia como analgésico y antipirético al tiempo que se reduce el efecto secundario de la irritación estomacal. El resultado es la aspirina, el fármaco más ampliamente utilizado de la historia.[9]

La práctica fundamental en la medicina basada en evidencias que tendrá usted que redescubrir es realizar una prueba imparcial para ver si un determinado compuesto o tratamiento realmente funciona, o si se debería descartar junto con los inútiles aceites de serpiente, pociones de hechiceros y brebajes homeopáticos.* Lo ideal para verificar objetivamente la eficacia en una prueba clínica sería contar con un número de pacientes considerablemente grande divididos en dos grupos: uno que recibirá la presunta terapia, y otro —el grupo de control que constituye la base de comparación— al que se le dará un placebo o bien el mejor fármaco disponible en ese momento. Los dos pilares de las pruebas clínicas coronadas por el éxito son la asignación arbitraria de sujetos de prueba a los grupos, para eliminar cualquier sesgo, y el uso del llamado «doble ciego»: ni los pacientes ni los médicos saben quién ha sido asignado a qué grupo hasta que se analizan los resultados. Durante el nuevo desarrollo de la ciencia médica no habrá atajos que eviten un trabajo meticuloso y metódico, que también puede requerir prácticas desagradables tales

---

* Una de las primeras pruebas clínicas de la historia se realizó en 1747 con enfermos de escorbuto para demostrar que los cítricos ciertamente contenían un agente protector.[10]

como la experimentación con animales a fin de aliviar el sufrimiento humano.

CIRUGÍA

Para algunas afecciones, la mejor opción es la cirugía: corregir o eliminar físicamente el componente defectuoso o problemático de la maquinaria corporal. Pero antes de que pueda usted pensar siquiera en intentar una cirugía (con una posibilidad fiable de supervivencia del paciente) —creando intencionadamente una herida para abrir el cuerpo, echar un vistazo dentro, y trastear con el mecanismo como un mecánico de coches—, hay varios requisitos previos que una sociedad postapocalíptica habrá de desarrollar. Se trata de las tres «A»: anatomía, asepsia y anestesia.[11]

Ya hemos visto que hay que saber cómo está construido el cuerpo humano para distinguir un órgano enfermo de uno sano. Y sin una detallada comprensión de la anatomía, los cirujanos estarían literalmente hurgando a ciegas. Necesitarán tener un mapa exhaustivo de la composición interna del cuerpo, las formas y estructuras normales de cada uno de sus componentes; tendrán que entender su función y conocer las trayectorias de los principales vasos sanguíneos y nervios para no cortarlos accidentalmente.

La asepsia es el principio consistente en evitar que entren microbios en el cuerpo durante la cirugía, en lugar de intentar limpiar la herida más tarde con antisépticos como una solución de yodo o etanol (los antisépticos son su única opción en el caso de una herida accidental, es decir, sucia). Para mantener unas condiciones asépticas, limpie escrupulosamente el quirófano y filtre el suministro de aire. Puede limpiarse el lugar de la operación con una solución de etanol al 70 por ciento antes de la incisión, y luego cubrirse el cuerpo del paciente con una tela estéril. Los cirujanos deben llevar batas quirúrgicas limpias y máscaras faciales, lavarse bien las manos y los antebrazos, y operar con instrumentos quirúrgicos esterilizados por calor.

El tercer elemento crucial es la anestesia. Los anestésicos son fármacos que no curan la enfermedad, pero hacen algo igual de valioso: detienen temporalmente toda sensibilidad al dolor, o incluso inducen una total inconsciencia.[12] Sin ellos, la cirugía se convierte en una experiencia terriblemente traumática que solo debería intentarse como último recurso. El cirujano tiene que trabajar con rapidez, abriéndose paso entre la tensión muscular y los espasmos mientras el paciente se retuerce de agonía, y solo pueden considerarse procedimientos simples: la extracción de una piedra del riñón o la brutal amputación de un miembro gangrenoso con una sierra de carnicero. Con un paciente insensible, en cambio, los cirujanos pueden permitirse trabajar de forma mucho más lenta y cuidadosa, y arriesgarse a realizar operaciones invasivas en el pecho y el abdomen, además de cirugía exploratoria para ver cuáles podrían ser las causas subyacentes de una dolencia.

El primer gas reconocido por sus propiedades anestésicas fue el óxido nitroso o «gas de la risa»: cuando se inhala a dosis lo bastante elevadas, la sensación estimulante que produce puede inducir una auténtica inconsciencia, lo cual resulta conveniente para la cirugía o los trabajos dentales.[13] El óxido nitroso se genera por la descomposición del nitrato de amonio al calentarse; pero tenga cuidado, ya que el compuesto es inestable y puede explotar si se calienta mucho más allá de los 240 °C. Luego el gas anestésico se enfría y se limpia de otras impurezas haciéndolo borbotear en agua. El propio nitrato de amonio se puede producir haciendo reaccionar amoníaco y ácido nítrico (véase el capítulo 11). El óxido nitroso solo es bueno para atenuar la sensación de dolor, pero no resulta muy potente como anestésico. Sin embargo, si se administra junto con otros anestésicos, como el éter etílico (a menudo abreviado simplemente como éter), actúa potenciándolos e incrementando su eficacia. Se puede producir éter mezclando etanol con un ácido fuerte, como el ácido sulfúrico; luego se extrae el éter por destilación de la mezcla obtenida en la reacción. Se trata de un anestésico inhalatorio fiable, y aunque actúa con relativa lentitud y puede producir náuseas, resulta médicamente seguro (aunque como gas es explosivo). La ventaja del éter es que no solo induce la inconsciencia, sino que también actúa relajando los músculos durante la cirugía y alivia el dolor.

Microbiología

Pero ¿y si, varias generaciones después del apocalipsis, la sociedad ha retrocedido tanto que el vital conocimiento de la teoría germinal se ha perdido, y la peste vuelve a atribuirse de nuevo al mal aire (*mala aria*) o a unos dioses irritables? ¿Cómo podría redescubrir la civilización la existencia de criaturas inimaginablemente diminutas e invisibles al ojo humano que causan el deterioro de los alimentos, la supuración de las heridas, la putrefacción de los cadáveres y las enfermedades infecciosas?

En realidad, las bacterias y otros parásitos unicelulares pueden verse con cierto equipamiento de cautivadora simplicidad. Construir un microscopio rudimentario desde cero resulta sorprendentemente fácil. Para empezar necesitará un vidrio claro de buena calidad. Caliente y estire el vidrio hasta convertirlo en un fino hilo, y luego funda la punta en una llama muy caliente de forma que gotee. El glóbulo así formado se enfría al caer, y con suerte producirá varias cuentas muy diminutas de vidrio perfectamente esféricas. Utilice una tira fina de metal o cartulina con un agujero en medio para montar su lente esférica, y luego sosténgala sobre la muestra que quiere examinar.[14] Este sencillo microscopio funciona porque la diminuta bola de vidrio tiene una curvatura esférica muy cerrada, y, en consecuencia, ejerce un potente efecto de enfoque sobre las ondas luminosas que la atraviesan. No obstante, eso significa asimismo que la longitud focal es muy corta, de modo que tendrá que colocar la lente y su globo ocular muy cerca del objetivo.*

---

* Utilizando este diseño, en 1681 Antonie van Leeuwenhoek se convirtió en la primera persona en la historia que pudo ver un microbio.[15] Leeuwenhoek padecía una descomposición y se había sentido obligado a examinar sus propios desechos acuosos bajo su nuevo microscopio. Según su informe, vio unos «animálculos

La conciencia que nacerá de sus sentidos ahora potenciados por el instrumento será la de que hay todo un hormigueante universo de organismos invisiblemente pequeños ahí abajo, variedades asombrosamente diversas de nueva fauna que los micronaturalistas postapocalípticos habrán de identificar y clasificar en familias y grupos interrelacionados. Con el necesario rigor de la prueba científica, podrá usted demostrar no solo que los microbios están presentes en las heridas infectadas o la leche agria, sino que el alimento se conserva cuando no hay microbios presentes. Si sella un nutritivo caldo o la corruptible carne en un tarro hermético y lo calienta a fin de inactivar cualesquiera microbios que ya estén presentes, no se producirá descomposición alguna: la comida no se estropea espontáneamente. Pueden construirse mejores microscopios, de manera similar al telescopio, mediante combinaciones de lentes, y con el tiempo llegará a vincular la presencia de microorganismos concretos a determinadas enfermedades infecciosas.*

Incluso puede usted criar y estudiar esos microorganismos en cautividad, cultivándolos en frascos de caldo líquido o como colo-

---

moviéndose muy graciosamente», «algo más largos que anchos, con el vientre [...] provisto de varias patitas». Lo que él vio es lo que hoy identificaríamos como un protozoo llamado *Giardia*, una causa común de diarrea. No pasó mucho tiempo sin que Leeuwenhoek llegara a observar microbios en gotitas de agua, y nubes de bacterias en heces y dientes cariados. Examinando su propio semen, descubrió el vigoroso serpenteo de los espermatozoides responsables de la reproducción sexual de todos los animales (aunque él insistió en que no había obtenido sus propias muestras por «ninguna artimaña pecaminosa» y que estas eran el «excedente que me proporcionó la naturaleza en mis relaciones conyugales»).

* Mucho antes de que se inventara el primer microscopio ya se especulaba con la posibilidad de que existieran pequeños organismos invisibles. En 36 a.C., el autor romano Marco Terencio Varrón expresaba su creencia de que «se crían ciertas criaturas diminutas que los ojos no pueden ver, que flotan en el aire y entran en el cuerpo por la boca y la nariz y allí causan graves enfermedades».[16] La historia podría haberse desarrollado de manera ciertamente muy distinta si Varrón hubiera sabido cómo fabricar un rudimentario microscopio con un glóbulo de vidrio para confirmar su presentimiento. Imagine la pestilencia y el sufrimiento que podrían haberse evitado de haberse desarrollado la teoría germinal antes del nacimiento de Cristo.

nias en la superficie de un nutriente sólido. Se pueden moldear placas de Petri de vidrio, llenarlas de agar enriquecido con nutrientes —vertiéndolo y dejándolo endurecer—, y luego cerrarlas con una tapa bien ajustada para evitar la contaminación. El agar es una sustancia gelatinosa que se obtiene hirviendo algas rojas y otras especies de algas (y que es común en la cocina asiática), similar a la gelatina derivada de los huesos del ganado, pero indigerible para la mayoría de los microbios.

En capítulos anteriores hemos visto que esta microbiología fundamental es necesaria para la optimización de procesos como la confección de pan leudado, la elaboración de cerveza, la conservación de alimentos y la producción de acetona. Pero un aspecto quizá más importante para mejorar la condición humana en un primer momento tras el apocalipsis es el hecho de que la microbiología proporciona el conocimiento básico necesario para descubrir métodos más específicos que el uso de perniciosas sustancias químicas antisépticas para matar las bacterias y curar la infección.

En 1928, Alexander Fleming había estado trabajando en cultivos bacterianos de fluidos infectados, como mucosidad nasal y abscesos cutáneos, antes de tomarse unas vacaciones. A su regreso, empezó a limpiar su banco de laboratorio y a lavar viejas placas de Petri. Al coger una al azar de encima de una pila del fregadero, la cual todavía no se había tratado con desinfectante, observó una pequeña mancha de moho rodeada por un anillo libre de bacterias en una placa por lo demás infestada de ellas. Parecía que alguna sustancia secretada por el moho, más tarde identificado como una especie de *Penicillium*, había inhibido el crecimiento bacteriano. La penicilina, el compuesto secretado, junto con otros muchos antibióticos descubiertos o sintetizados desde entonces, resultan sumamente eficaces en el tratamiento de las infecciones microbianas y salvan millones de vidas cada año.

«La frase más emocionante que se puede oír en ciencia, la que anuncia nuevos descubrimientos —afirmaba el autor de ciencia ficción Isaac Asimov—, no es "¡Eureka!" (¡Lo encontré!), sino más bien "¡Hummm!... ¡qué curioso!...".» Esto vale sin duda para el afortunado hallazgo de Fleming, así como para muchos otros descubrimientos fruto de una casualidad favorable, pero únicamente si se saben comprender las consecuencias.[17] De hecho, cincuenta años antes otros microbiólogos habían observado que el *Penicillium* impedía el crecimiento bacteriano, pero no habían dado el salto conceptual de pasar de esa observación a buscar sus ramificaciones para la medicina.

Sin embargo, retrospectivamente, y conociendo la existencia de tales efectos, ¿podría una sociedad en fase de reinicio reproducir una serie similar de experimentos para buscar mohos eficaces y, de esa forma, redescubrir con rapidez los antibióticos? La microbiología básica es sencilla. Llene varias placas de Petri con un lecho nutritivo de extracto de carne de vacuno endurecido con agar extraído de algas, cúbralas de bacterias del tipo estafilococo sacadas de su nariz, y exponga las diversas placas de agar a la máxima cantidad de fuentes de esporas fúngicas que pueda, tales como filtros de aire, muestras de suelo, o frutas y hortalizas podridas. Al cabo de una semana o dos, busque detenidamente la presencia de mohos (o también de otras colonias bacterianas: muchos antibióticos los producen bacterias atrapadas en una mutua carrera armamentística evolutiva) que hayan inhibido el crecimiento bacteriano a su alrededor. Recójalos para aislarlos e intentar cultivarlos en caldo líquido a fin de hacer más accesible el antibiótico secretado. Utilizando esta técnica hoy hemos encontrado numerosos compuestos antibióticos derivados de hongos y bacterias, aunque los hongos *Penicillium* son tan comunes en el medio ambiente que probablemente se contarán entre los primeros que volverán a aislarse tras el apocalipsis. Estos son una de las principales causas de que se estropee la comida: de hecho, la cepa de *Penicillium* responsable de la mayor parte de la penicilina que hoy en día se produce en todo el mundo fue aislada a partir de un melón cantalupo mohoso en un mercado de Illinois.

Sin embargo, incluso para una rudimentaria terapia postapocalíptica, uno no puede limitarse simplemente a inyectarle a alguien el «jugo de moho» que contiene el antibiótico, puesto que, si no se refina, sus impurezas provocarán un shock anafiláctico en el paciente. El proceso químico desarrollado por el grupo de investigación de Howard Florey a finales de la década de 1930 para purificar la penicilina a partir del fluido de crecimiento explota el hecho de que la molécula antibiótica es más soluble en solventes orgánicos que en agua. Cuele el cultivo de crecimiento para eliminar los restos de moho y detritos, añada un poco de ácido al líquido ya filtrado, y luego mézclelo con éter y agítelo (ya hemos visto antes en este mismo capítulo cómo elaborar este versátil solvente). Gran parte de la penicilina pasará del fluido de crecimiento diluido al éter. Ahora hay que separarlos para que la penicilina pueda subir a la superficie. Extraiga la capa diluida del fondo, y luego mezcle y agite el éter con un poco de agua alcalina para conseguir que el compuesto antibiótico pase de nuevo a la solución acuosa, ahora limpia de gran parte de las impurezas del fluido de crecimiento.

La dosis diaria de penicilina actualmente prescrita para una sola persona requiere el procesado de hasta 2.000 litros de jugo de moho, de manera que la producción postapocalíptica de antibióticos exigirá un alto nivel de esfuerzo organizado. A finales de 1941 el equipo de Florey había aumentado la producción a fin de elaborar la suficiente penicilina para realizar pruebas clínicas, pero la escasez de equipamiento debida a la guerra le obligó a improvisar. Se hicieron cultivos de moho en hileras de cuñas de hospital y se construyó un improvisado equipamiento de extracción utilizando una vieja bañera, cubos de basura, lecheras, y tuberías de cobre y timbres de puerta reciclados, todo ello asegurado en un marco hecho con una librería de roble desechada por la biblioteca de la universidad; quizá una buena inspiración para el reciclado y la improvisación necesarios tras el apocalipsis.

Así pues, aunque a menudo se retrata el descubrimiento de la penicilina como un hecho accidental y que casi no requirió esfuerzo, la observación de Fleming fue solo el primer paso de un largo camino de investigación y desarrollo, experimentación y optimización, para extraer y purificar la penicilina del «jugo de moho» a fin de crear un producto farmacéutico seguro y fiable. Al final, Estados Unidos puso las instalaciones de fermentación a gran escala necesarias a fin de asegurar un suministro suficiente para un tratamiento generalizado.[18] Del mismo modo, aun conociendo la ciencia necesaria, una civilización postapocalíptica tendrá que recuperar cierto nivel de sofisticación antes de poder producir el suficiente antibiótico para ejercer impacto en la población.

8

Energía para todos

El fogonazo blanco se redujo a una bola roja en el sudeste. Todos sabían lo que era. Era Orlando, o la Base MacCoy, o ambas. Era el suministro eléctrico del condado de Timucuan. Así se apagaron las luces, y en ese momento la civilización de Fort Repose retrocedió cien años. De ese modo terminó el Día.

PAT FRANK, *Ay, Babilonia*[1]

Tras repasar las facturas de gas y electricidad de mi piso del norte de Londres, calculé que mi consumo total de energía durante el año pasado fue de algo menos de 14.000 kWh (kilovatios hora). Si, por falta de acceso a los combustibles fósiles, toda esta energía hubiera de obtenerse por medio de una silvicultura gestionada, yo tendría que quemar cada año casi tres toneladas de madera seca (o 1,7 toneladas de carbón vegetal, más condensado), lo que requeriría alrededor de un cuarto de hectárea de zona forestal de rotación corta. Eso suponiendo que fuera posible convertir el 100 por ciento de la energía contenida en un tronco en electricidad que fluya de mis tomas de corriente. De hecho, el proceso —de múltiples etapas— de quemar combustible para generar electricidad es intrínsecamente ineficiente, y hasta las modernas centrales eléctricas solo pueden convertir en electricidad alrededor del 30-50 por ciento de la energía almacenada en su combustible.

Y obviamente, eso es solo contando la energía que yo utilizo directamente entre mis cuatro paredes, para la calefacción, la luz y el funcionamiento de los electrodomésticos. Pero no tiene en cuenta todo lo que se gasta en mantener mi parte de la civilización industrializada en la que vivo: la energía utilizada en la construcción de carreteras y la edificación, los procesos industriales necesarios para proveerme de papel de escribir y detergente en polvo, la energía requerida para fabricar y transportar mi ropa o mi sofá, y para sintetizar el fertilizante y arar los campos que me alimentan, y el combustible que quema el tren que cojo para ir a trabajar. Cuando se divide el consumo energético nacional entre la población total, se descubre que, por ejemplo, en Estados Unidos cada individuo gasta realmente casi 90.000 kWh de energía al año, mientras que en Europa la cifra se reduce a poco más de 40.000 kWh.

Antes de la revolución mecánica de la Edad Media que anunció el uso generalizado de ruedas hidráulicas y molinos de viento, y, más tarde, la industrialización basada en la explotación de combustibles fósiles, el esfuerzo necesario para la agricultura, la fabricación y el transporte lo proporcionaba únicamente la fuerza muscular. Para poner en perspectiva el actual consumo de energía, los 90.000 kWh del caso de Estados Unidos equivaldrían a que cada ciudadano estadounidense tuviera 14 caballos, o más de 100 humanos, trabajando para él a todo gas las veinticuatro horas del día los siete días de la semana.

Con la caída de la civilización industrializada y la desintegración de esta provisión energética, la sociedad en recuperación tendrá que reaprender a satisfacer sus demandas de energía. El avance de la civilización se basa en la capacidad de reunir unos recursos energéticos cada vez mayores, y especialmente en aprender a convertir unos en otros los diferentes tipos de energía, por ejemplo, adquiriendo la capacidad de transformar calor en energía mecánica.

ENERGÍA MECÁNICA

La civilización no solo requiere energía térmica, como hemos visto en el capítulo 5, sino también el aprovechamiento de la potencia

caz de traída

piedras de molino

engranaje en escuadra

caz de salida

Rueda hidráulica de corriente alta. El engranaje en escuadra convierte el movimiento vertical en la rotación horizontal necesaria para impulsar las piedras de molino que molerán la harina.

mecánica, a fin de liberarla de las restricciones impuestas por el uso exclusivo de la fuerza muscular.

Una innovación romana fundamental fue el desarrollo de la rueda hidráulica vertical equipada con engranajes: la parte inferior de una gran rueda con paletas se sumerge en un arroyo o río y se hace girar por la fuerza de la corriente.[2] En la Antigüedad, esta energía hidráulica se aplicó principalmente a hacer girar una muela para moler harina, y el mecanismo crucial que permitió esta tecnología fue la invención del engranaje en escuadra (hacia 270 a.C.), que transformaba la dirección del movimiento de giro vertical de la rueda hidráulica en rotación horizontal de la piedra de moler. Esto puede lograrse de manera más sencilla con una gran corona dentada (dotada de clavijas que sobresalgan de la cara plana del engranaje) montada sobre el eje motor de la rueda hidráulica, y acoplada a un cilindro de barrotes, conocido como linterna, que está unido a la piedra de molino. Alterar los tamaños relativos de la corona dentada y la linterna permite adaptar la velocidad requerida para la molienda a la de la corriente de los distintos ríos. Estos molinos de agua o aceñas constituyen la primera aplicación conocida del uso de engranajes para transferir energía, y, por lo tanto, representan las raíces más antiguas de la mecanización.

Aunque se puede sumergir en la corriente desde prácticamente cualquier orilla, o incluso montada en un molino flotante anclado en la corriente, este tipo de rueda, denominada de corriente baja, resulta tremendamente ineficiente, y en su forma más sencilla presenta problemas con las variaciones del nivel de agua del río. Por fortuna, no se requieren demasiados conocimientos técnicos para construir una rueda hidráulica mucho más capaz y potente. La llamada rueda de corriente alta pasó a ser ampliamente explotada en toda Europa durante la supuestamente ignorante y estancada Alta Edad Media tras la caída del Imperio romano, y, pese a las semejanzas respecto a su aspecto general, funciona en base a un principio del todo distinto del de la primitiva rueda impulsada por debajo.[3]

En lugar de sumergirse en la corriente, la parte inferior de esta rueda queda separada del caz de salida, mientras que el agua se precipita sobre su parte superior desde un canal de vertido o caz de traída. La rueda de corriente alta no extrae su momento de giro del impacto de una corriente, sino de la energía liberada por el agua al caer. Este diseño es mucho más eficiente, y puede aprovechar hasta las tres cuartas partes de la energía contenida en la presión del agua. Instale una compuerta en el caz de traída para controlar el caudal de agua que cae sobre la rueda; y, si se represa el agua creando una presada, se puede acumular una reserva de energía disponible hasta que se necesite (algo que no se intentó hasta el siglo VI de nuestra era, medio milenio después de que se utilizaran las primeras ruedas hidráulicas verticales, pero a lo que se podría saltar directamente durante un reinicio).

Aprovechar el viento resulta técnicamente mucho más difícil que hacer lo propio con la fuerza hidráulica, y, por consiguiente, esta tecnología llegó mucho más tarde en la historia de nuestro desarrollo (aunque los barcos dotados de velas para propulsarse por el vien-

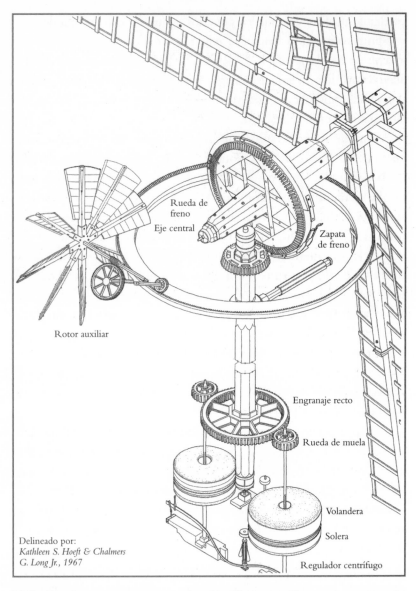

Rueda de freno

Eje central

Zapata de freno

Rotor auxiliar

Engranaje recto

Rueda de muela

Volandera

Solera

Delineado por:
*Kathleen S. Hoeft & Chalmers
G. Long Jr., 1967*

Regulador centrífugo

Molino de viento con torreta autoorientable. El rotor auxiliar mantiene orientadas las aspas principales en la dirección del viento, mientras que el eje central impulsa a la vez dos juegos de muelas.

to se remontan a 3000 a.C.). El agua es un medio mucho más denso que el aire, de modo que hasta una corriente suave lleva una gran cantidad de energía, lo que la convierte en un recurso fácil de explotar incluso con elementos imperfectamente diseñados e ineficaces engranajes de madera. Una compuerta puede regular el caudal de agua, pero uno no tiene ningún control sobre la fuerza del viento, de modo que si empieza a soplar con demasiada fuerza las aspas del molino o su mecanismo de accionamiento pueden resultar dañados. En consecuencia, los molinos de viento necesitan un sistema de frenado y un método para controlar la eficiencia de las aspas, como, por ejemplo, arrizarlas cuando son de lona. Sin embargo, el reto más importante es el que representa el constante cambio de la dirección del viento, de modo que un molino de viento tiene que poderse reorientar con rapidez.[4]

Se puede construir un molino rudimentario sobre un poste y girar manualmente toda la estructura en la dirección del viento, pero para fabricar molinos de viento fijos más grandes y potentes hay que montar las aspas sobre una torreta superior que pueda girar automáticamente sobre el eje motor central para encararse al viento. El mecanismo empleado aquí es ingeniosamente simple: se monta un pequeño rotor situado detrás de las aspas principales y perpendicular a ellas, engranado a un carril dentado que discurre en torno al borde superior de la torre, de modo que, cada vez que el viento cambia y sopla a través de ese rotor auxiliar, su movimiento hace girar la torreta hasta que esta queda de nuevo perfectamente orientada en la dirección del viento.*[5]

---

* A finales del siglo XIX, cuando los molinos de viento alcanzaron un impresionante grado de sofisticación, pasaron a estar controlados por un regulador centrífugo —dos pesadas bolas que giran pendientes de sendos brazos—, que regulaba automáticamente el espaciado entre las muelas para adaptarse a las variaciones de la velocidad del viento. Hoy asociamos instantáneamente este sistema de control a la máquina de vapor, donde actúa cerrando la válvula de estrangulación que admite el vapor a alta presión en el émbolo cuando este empieza a girar con demasiada rapidez, pero en realidad James Watt tomó prestada la idea de la tecnología del molino de viento.

Todo esto exige un grado de sofisticación mecánica mucho mayor que hasta la más grande de las ruedas hidráulicas. Pero una vez que llegue usted a dominar la energía del viento ya no se verá limitado a los cursos de agua, y podrá establecer sus instalaciones de producción incluso en paisajes llanos (como los Países Bajos), o en zonas sin unos recursos hídricos excesivamente abundantes (como España) o que a menudo estén heladas (como Escandinavia).

La domesticación de la fuerza salvaje tanto del viento como del agua, junto con el uso cada vez más eficiente de animales de tiro (volveremos a ello en el capítulo 9), tuvieron un profundo impacto en nuestra sociedad, y durante el reinicio tendrá que alcanzar el mismo nivel lo más rápidamente posible. La Europa medieval se convirtió en la primera civilización de la historia humana que no basó su productividad en la fuerza muscular humana —el trabajo de culíes o esclavos—, sino en la explotación de fuentes de energía naturales. Esta revolución mecánica, que adquirió un creciente ímpetu entre los siglos XI y XIII, fue mucho más allá del uso de un molino para pulverizar el grano cosechado y convertirlo en harina. El potente momento de giro de la rueda hidráulica y el molino de viento se convirtieron en una fuente de energía ubicua para una gama asombrosamente diversa de aplicaciones: prensar aceituna, linaza o semilla de colza para hacer aceite; impulsar taladros para perforar madera; pulir el vidrio; hilar seda o algodón, e impulsar rodillos metálicos para aplastar y dar forma a barras de hierro.[6] Un componente mecánico elemental como es el brazo de manivela vino a transformar el movimiento rotatorio en un impulso alternativo adecuado para aserraderos, pozos de extracción, o para bombear agua de minas o tierras bajas inundadas (como hicieron, con grandes resultados, los holandeses). Pero quizá su función más versátil fuera la de hacer girar una leva para levantar y dejar caer repetidamente un martinete, perfecto para triturar mineral metálico, trabajar el hierro dulce, desmenuzar piedra caliza para obtener cal agrícola o mortero, golpear lana de oveja sucia para abatanarla (limpiarla y apelmazarla), y machacar templa para hacer cerveza, pulpa para hacer papel, corteza para curtir y hojas de glasto para obtener tintura azul.[7]

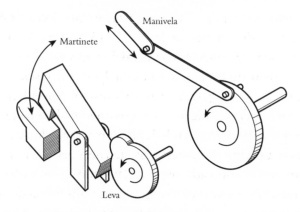

Mecanismos fundamentales: la manivela (*derecha*) transforma la rotación en un movimiento hacia atrás y hacia delante idóneo para múltiples funciones y la leva (*izquierda*) levanta y deja caer repetidamente un martinete.

El mecanismo de leva se utilizó para levantar y bajar martinetes durante siete siglos antes de que fuera sustituido por versiones impulsadas por vapor en la revolución industrial, pero todavía sobrevive hoy bajo el capó de nuestros coches y camiones, abriendo y cerrando las válvulas del motor en la secuencia correcta (véase el capítulo 9).

Así pues, con el apropiado mecanismo interno para convertir la rotación principal en la acción deseada, puede decirse que los molinos de agua y de viento medievales son las primeras herramientas mecánicas. Es posible que el mundo medieval no fuera industrial, pero, desde luego, era industrioso. Y si nuestra civilización se desploma de forma catastrófica, hay esperanzas de que pueda emplearse de nuevo esta tecnología para alcanzar rápidamente un nivel básico de productividad.

Toda civilización ha de poder disponer satisfactoriamente tanto de energía térmica como mecánica. Pero ¿cómo convertir una forma en otra? Transformar la energía mecánica en calor es trivial —piense en frotarse las manos en un día frío—, y, de hecho, tratar de minimizar la fricción y la pérdida de energía útil en forma de calor es la razón de ser de los lubricantes de motor y los cojinetes de bolas.

Pero resultaría muy útil poder realizar la conversión inversa. La energía térmica puede suministrarse a petición, quemando cualquiera de una serie de combustibles, y la capacidad de transformar ese calor en energía mecánica le liberaría de tener que depender de los caprichos del viento o el agua y le ofrecería asimismo una central de energía para el transporte mecánico. La primera máquina en la historia capaz de efectuar esta transformación —convertir el calor en un movimiento útil— fue la máquina de vapor.

El concepto central que subyace en la máquina de vapor se remonta al ancestral misterio, bien conocido por Galileo a finales de la década de 1500, de que una bomba de succión no puede hacer subir agua por un tubo a una altura superior a unos 10 metros.[8] La explicación es que el propio aire ejerce una presión, una fuerza que aplasta todo lo que hay en la superficie de la Tierra, incluida la columna de agua. Y la consecuencia es que podemos hacer que la propia atmósfera nos haga el trabajo. Lo único que necesitamos es crear un vacío dentro de un cilindro perforado con paredes lisas y con un émbolo que se mueva libremente, y la presión atmosférica exterior forzará al émbolo a descender. Esta acción puede acoplarse a una maquinaria para obtener un trabajo sin esfuerzo. La pregunta es: ¿cómo generar repetidamente un vacío dentro del cilindro? Y la respuesta: utilizando vapor.

Libere el vapor de una caldera en el cilindro y luego deje que se enfríe; al condensarse el vapor en agua líquida, la presión que ejerce se reduce de golpe y deja de contrarrestar la de la atmósfera. El émbolo cae por la fuerza del aire exterior, haciendo el trabajo por usted; entonces puede repetir el ciclo abriendo una válvula para permitir que el émbolo vuelva a su posición inicial, y luego inyectando un nuevo chorro de vapor. Este es el principio operativo básico de las primeras «bombas de incendios» del siglo XVIII, sobre el que usted puede hacer ciertas mejoras de eficiencia como agregar un condensador independiente de modo que no tenga que enfriar y recalentar repetidamente el cilindro. Pero si es capaz de construir cilindros y calderas más sólidos, quizá con materiales reciclados o desarrollando de nuevo habilidades metalúrgicas, podrá obtener mucho mejores resultados. En lugar de utilizar el efecto de succión del vapor al condensarse en el cilindro, incremente el vapor para alcanzar una presión más elevada y utilice la fuerza expansiva del gas caliente —similar a la de una cafetera exprés— para impulsar el émbolo primero en una dirección dentro del cilindro, y luego en dirección inversa desde el otro lado.

El principal resultado de una máquina de vapor (al igual que de cualquier máquina térmica de émbolo, como el motor de coche que veremos en el capítulo 9) es el movimiento de vaivén del pistón. Esto resulta excelente para bombear agua de minas, pero para la mayoría de las aplicaciones habrá que transformar este movimiento alternativo en una rotación continua.[9] Será la manivela la que realice esta conversión, tal como hemos visto en el caso de los molinos de viento, produciendo una acción adecuada para hacer funcionar maquinaria o mover las ruedas de un vehículo.

Usted podría pensar que las máquinas de vapor representan exactamente el tipo de nivel tecnológico de transición que uno aspiraría a saltarse, pasando directamente a los motores de combustión interna o las turbinas de vapor que más adelante examinaremos en detalle. Pero las máquinas de vapor ofrecen dos grandes ventajas frente a otras alternativas más avanzadas, así que es posible que tenga que repetir esta fase de desarrollo. En primer lugar, son motores de combustión externa que además no necesitan gasolina, gasoil o gas refinados para funcionar: son mucho menos exigentes, y su caldera se puede alimentar con casi cualquier cosa que arda, incluidos los trozos de madera o desechos agrícolas. En segundo lugar, se puede construir una sencilla máquina de vapor con máquinas herramientas y materiales mucho más rudimentarios, y con unas tolerancias de fabricación mucho más indulgentes, que otro mecanismo más complejo. Volveremos en breve a la energía mecánica, pero de momento echemos un vistazo a cómo reiniciar uno de los elementos capitales del mundo moderno: la electricidad.

ELECTRICIDAD

La electricidad, o, para ser más exactos, todo el conjunto de fenómenos englobados en el electromagnetismo, es una tecnología puente tan importante que en una situación de reinicio habría que intentar ir directamente hacia ella. El descubrimiento del electromagnetismo constituye un gran ejemplo histórico de cómo, a raíz de tropezar con un campo completamente nuevo de la ciencia, este puede ofrecer toda una serie de fenómenos relacionados y posibilidades explotables. Estos nuevos fenómenos se aprovecharon para aplicaciones tecnológicas, que, a su vez, abrieron nuevos caminos de investigación científica fundamental.

Inicialmente, la electricidad se produjo en forma de un flujo estable y sostenido, adecuado para su explotación con fines prácticos, por medio de la pila.* Construir una pila es asombrosamente simple. Lo único que necesita para crear una corriente eléctrica constante son dos clases distintas de metales, ambos sumergidos en una pasta o fluido conductor denominado electrolito.** Todos los metales tienen una particular afinidad por las partículas denominadas electrones, y si se juntan dos metales disímiles uno de los dos le cederá electrones al otro, el más hambriento de ellos, generando una corriente eléctrica a lo largo del cable que los conecta. Todas las pilas, sean de un teléfono móvil, de una linterna o de un marcapasos, encierran una reac-

---

* A diferencia del inglés *battery*, el uso del español distingue entre «batería» (o «acumulador») y «pila» en función de si el dispositivo es, respectivamente, recargable o no. El Diccionario de la RAE, por ejemplo, define la batería eléctrica o acumulador simplemente como una «pila reversible». Siguiendo este criterio, aquí utilizaremos pila como término genérico para designar ambas clases de dispositivos. *(N. del T.)*

** Si lleva usted alguno de los antiguos empastes dentales puede demostrar esto en su propia boca. Masticar un trozo de papel de aluminio introduce un segundo metal que reacciona con el empaste de mercurio-plata de su muela, mientras que su propia saliva actúa como electrolito. Pero ¡tenga cuidado al intentarlo, ya que la corriente eléctrica producida se liberará directamente en las terminaciones nerviosas de sus muelas empastadas!

ción química que ha sido domeñada para funcionar solo cuando la conexión se completa y el flujo de electrones se canaliza a lo largo de una intricada trayectoria de cables con el objetivo de que trabaje para nosotros. La diferencia de reactividad entre los dos metales determina el potencial eléctrico, o voltaje, producido.

Se puede producir un voltaje razonable emparejando plata o cobre con metales de mayor reactividad como el hierro o el zinc. La primera pila, denominada pila de Volta por el físico del mismo nombre, se construyó en 1800 «apilando» (de ahí el término) discos alternos de plata y zinc, separados por láminas de cartón empapadas de agua salada.[10] La plata, el cobre y el hierro se conocían desde hacía milenios antes de la invención de la pila voltaica, y aunque el zinc resulta más difícil de aislar, está presente en la antigua aleación de bronce y pasó a estar disponible en forma pura desde mediados de la década de 1700. Los cables pueden hacerse simplemente enrollando o estirando cobre, que es muy maleable. No parece, pues, que haya habido ningún obstáculo insuperable que impidiera que la electricidad se hubiera descubierto ya en la época clásica.

De hecho, es posible que sí se descubriera.

En la década de 1930, en una excavación arqueológica cerca de Bagdad, se desenterraron varios objetos curiosos. Todos ellos son jarrones de arcilla, de unos 12 centímetros de alto, y datados en el período de los partos (200 a.C. - 200 d.C.). Pero es el contenido de las vasijas lo que resulta tan extraordinario. Dentro de cada jarrón hay una barra de hierro rodeada por una lámina de cobre arrollada en forma cilíndrica, y el jarrón muestra signos de haber contenido un fluido ácido como el vinagre. Los dos trozos de metal están dispuestos de manera que no se toquen entre sí, y la boca del jarrón está sellada, con betún natural como aislante. Una hipótesis es que esta antigua reliquia constituye una célula electroquímica, quizá empleada para galvanizar oro para joyería, o tal vez se creía que el hormigueo producido por la corriente tenía propiedades medicinales. Las réplicas que se han construido de la llamada «pila de Bagdad» generan de hecho una corriente de alrededor de medio voltio, pero lo cierto es que las evidencias de elementos galvanizados son débiles y la interpretación de estas misteriosas vasijas sigue siendo contro-vertida.[11] Sin embargo, si realmente se hicieron con el propósito de generar electricidad, lo que sin duda es posible, se habrían adelanta-do a la pila voltaica en bastante más de un milenio.

Si resulta que la reacción química consistente en arrancar elec-trones del terminal negativo y pasarlos al electrodo positivo es rever-sible, entonces tenemos los ingredientes de algo particularmente útil: una pila recargable o batería. La batería que resulta más fácil de construir desde cero es la de plomo-ácido, hoy común en los auto-móviles. Se utiliza una lámina de plomo para cada electrodo, que se baña en un electrolito de ácido sulfúrico. Ambos electrodos reaccio-narán con el ácido formando sulfato de plomo, pero durante la carga el positivo se convierte en óxido de plomo (herrumbre de plomo) y el negativo en metal de plomo, que es perfectamente reversible cuando la batería se descarga. Cada una de estas células electroquí-micas producirá algo más de 2 voltios, de modo que 6 de ellas inter-conectadas en serie le darán los 12 voltios de una batería de coche.*

No obstante, el problema de las baterías es que, aunque ofrezcan una fuente de energía increíblemente transportable gracias a la cual funcionan nuestros ordenadores portátiles, teléfonos inteligentes y otros artilugios modernos, lo que hace es simplemente aprovechar la energía química ya contenida en los metales disímiles (del mismo modo que quemar un tronco de madera solo libera la energía quí-mica del carbón al reaccionar con el oxígeno). Tendrá usted que dedicar mucha energía a refinar los metales reactivos ya de entrada, o cargar hasta arriba la batería utilizando electricidad procedente de otra parte. Las pilas son un almacén, no una fuente de energía.

Las características de la electricidad de las que tanto dependemos en la vida moderna son un conjunto interrelacionado de fenó-menos que se descubrieron casualmente a partir de la década de 1820. Coloque una brújula junto a un cable por el que pase una

---

* El uso del término «batería» para designar una serie interconectada de cé-lulas electroquímicas individuales proviene de la jerga militar: un emplazamiento de varias armas pesadas es una batería de artillería.

corriente de una pila, y observará que la aguja se desvía. El cable genera un campo magnético que a escala local anula el campo global de la Tierra, y debido a ello la aguja de la brújula se reorienta. Puede maximizar este efecto arrollando el cable en una apretada bobina en torno a un núcleo formado por una barra de hierro: los pequeños campos magnéticos del cable se combinan creando un potente electroimán que puede activar y desactivar con el rápido movimiento de un interruptor, y utilizarlo para imantar permanentemente otras piezas de hierro.

Entonces, si la electricidad puede crear magnetismo, ¿también ocurre lo contrario: un imán puede generar una corriente en un cable? Desde luego que puede. Un imán que se mueva de un lado a otro, o que se haga girar, o hasta un electroimán que se encienda y se apague, inducirá una corriente en una bobina cercana. Cuanto más deprisa se mueva el campo magnético a través del cable, mayor será la corriente inducida. De modo que la electricidad y el magnetismo son energías simétricas inseparablemente entrelazadas: dos caras de la misma moneda electromagnética.

Esta sencilla observación de que el magnetismo induce corriente abre una rica variedad de posibilidades de tecnología moderna: utilizando un imán, se puede convertir el propio movimiento en energía eléctrica. Ahora ya no está usted limitado a pilas que requieren metales caros y se descargan: puede generar tanta electricidad como quiera haciendo girar un imán dentro de una bobina, o viceversa. Y lo contrario también es cierto: el electromagnetismo puede generar movimiento.[12] Si coloca un potente imán junto a un cable, notará que este último experimenta una sacudida cuando se conecta la corriente a través de él. Se trata del denominado efecto motor, y con un poco de experimentación podrá determinar cómo disponer los cables portadores de corriente y los imanes (o incluso electroimanes) para obtener un rápido movimiento de rotación. Hoy, el motor eléctrico impulsa maquinaria industrial, sierra madera y muele harina, y en su casa tiene decenas de ellos: haciendo funcionar el aspirador, rotar las aspas del extractor del cuarto de baño, o girar el DVD en el reproductor. Hoy nuestra vida es más fácil gracias a esta miniaturización del trabajo, al motor eléctrico ahora ubicuo y prácticamente invisible.

Empleando el principio de que el electromagnetismo genera movimiento, puede construir instrumentos para medir con precisión los atributos fundamentales de la electricidad: cuánta corriente fluye, y de qué voltaje (los primeros electricistas trataban de medirla nada menos que evaluando el dolor que producía una descarga en la lengua). Como veremos en el capítulo 13, ser capaz de cuantificar de manera fiable un nuevo fenómeno es la primera etapa esencial para llegar a entenderlo y, por ende, poder explotarlo para los propios usos tecnológicos.

También la luz eléctrica desempeña un importante papel en nuestras vidas, proporcionando una iluminación a la carta que ha cambiado de manera fundamental nuestras pautas de sueño y nuestras vidas laborales; ahora nuestros edificios y calles resplandecen con mil millones de diminutos soles. La forma más sencilla de iluminación eléctrica es la lámpara de arco o arco voltaico. Se inventó a principios de la década de 1800, alimentada por pilas voltaicas, y básicamente no es más que una chispa continua —un relámpago artificial— mantenida entre dos electrodos de carbono. El problema del arco voltaico es que es insoportablemente intenso, de modo que no resulta conveniente para la iluminación interior. Aunque utilizar electricidad para generar luz es sencillo, usarla para crear un resplandor que sea práctico resulta endiabladamente difícil.

Los fenómenos físicos que explota el diseño de la bombilla eléctrica son bastante simples. Se pueden utilizar las propiedades materiales de la resistencia eléctrica para calentar un delgado filamento haciendo pasar una corriente eléctrica a través de él. Cuando los materiales se calientan empiezan a brillar con su propia luz; es la incandescencia: una barra de hierro arrojada al fuego se volverá de color rojo cereza, luego anaranjado, amarillo y, finalmente, de un blanco brillante. Pero no hay que perder de vista los detalles. Si un filamento de metal o hilo carbonizado se pone incandescente al aire, de inmediato reacciona con el oxígeno y se consume. Podría meter el filamento en una esfera de vidrio sellada y extraer todo el aire con una bomba de vacío, pero los materiales calientes se evaporan fácilmente en el vacío. Llenar la bombilla con un gas inerte como el nitrógeno o el argón a baja presión funciona bien, pero aun así todavía necesitará un poco de I+D a base de ensayo y error con hilos de diferentes materiales carbonizados o finos cables metálicos para determinar cuáles funcionan como filamentos fiables.

GENERACIÓN Y DISTRIBUCIÓN

Hemos visto cómo un generador convierte el movimiento en electricidad, pero ¿cómo crear esa rotación de entrada? La solución inmediata es simplemente instalar el generador en el rudimentario molino de viento o rueda hidráulica que ha construido. Los generadores funcionan mejor cuando giran a muchos cientos de revoluciones por minuto, de modo que necesitará un sistema de engranajes, o poleas y correas, para multiplicar la rotación, lenta pero con un elevado momento de giro, del eje motor. Una civilización en fase de reinicio bien podría parecer una mezcolanza de tecnologías incongruentes propia del género de ciencia ficción conocido como steampunk (véase la introducción al presente volumen), con molinos de viento de cuatro aspas o ruedas hidráulicas tradicionales que no aprovechan las fuerzas naturales para moler grano y hacer harina o para impulsar martinetes, sino para generar la electricidad necesaria a fin de abastecer redes eléctricas locales.

Un estudio de viabilidad realizado en 2005 calculaba que reconstruir en versión moderna un solo molino de viento tradicional de cuatro aspas con una caja de transmisión y un generador en lugar de muelas podría producir más de 50.000 kWh de electricidad al año, la suficiente para abastecer cuatro veces mi piso.[13] Pero quizá el ejemplo más estimulante de lo que podría lograrse con medios rudimentarios es el que ofreciera el inventor estadounidense Charles Francis Brush.[14] En 1887 construyó una torre en su propiedad que sostenía un «abanico» de 17 metros de diámetro, formado por 144 palas giratorias de fina madera de cedro retorcida. Generaba más de

Molino de viento de 17 metros de diámetro construido en 1887 por Charles Brush para generar electricidad.

un kilovatio de electricidad, que él empleaba en alimentar las aproximadamente cien bombillas incandescentes —en sí mismas, una tecnología de vanguardia en aquella época— que tenía repartidas por su mansión, almacenando cualquier excedente en más de 400 baterías que guardaba en el sótano.

El problema de tales diseños es que el extenso sistema de engranajes necesario para multiplicar el lento movimiento de giro derrocha una gran parte de la energía. La solución en el caso de los molinos de viento consiste fundamentalmente en modificar su diseño. En lugar de desplegar anchas aspas que atrapan grandes cantidades de viento a su paso, pero que también generan muchas turbulencias y una gran resistencia, y, por lo tanto, nunca pueden llegar a girar demasiado rápido, los modernos aerogeneradores cuentan con un trío de aspas largas y delgadas. Estas se basan en las lecciones de aerodinámica aprendidas al desarrollar los propulsores de los aviones, y aunque el tamaño mucho menor de su superficie implica que con velocidades de viento lentas les cuesta moverse, con una brisa más fuerte pueden girar increíblemente deprisa y convertir una parte mucho mayor de la intensa energía en electricidad.

También la producción energética de una rueda hidráulica resulta limitada. La cantidad de energía disponible en una corriente de agua viene determinada por el caudal y la presión. El caudal es la tasa o velocidad de flujo, mientras que la presión del agua, cabezal o carga hidráulica es la altura total que esta desciende; en el caso de una rueda hidráulica de corriente alta, la altura entre el caz de traída y el caz de salida. Las ruedas hidráulicas tienen una importante limitación por el hecho de que la máxima carga que pueden admitir se ve restringida por el diámetro de la rueda, y no se puede construir una rueda mucho mayor de 20 metros de diámetro sin que al girar resulte demasiado pesada e ineficiente.

Las turbinas hidráulicas, en cambio, no tienen esa limitación.[15] La presa de las Tres Gargantas del río Yangtsé, la central hidroeléctrica más potente del mundo, proporciona una carga de 80 metros entre la parte superior de la represa y las turbinas situadas en su base, de modo que puede liberar cantidades ingentes de energía.

Entre las turbinas que podría usted construir, la que resulta mejor para explotar una corriente de agua de mucha carga y poco caudal (o, lo que es lo mismo, una tubería estrecha que produzca un chorro de agua a alta presión) es la turbina Pelton, que consiste en un anillo de paletas curvas o álabes fijos montados en el borde externo de una rueda central (un diseño que haría pensar vagamente en un expositor circular de cucharas). La clave está en que el chorro de agua no se detenga en cada álabe, sino que debe cambiar rápidamente de dirección y volver a salir despedido de frente. Cada álabe está diseñado como una especie de cubo suavemente curvado dividido en dos mitades, con una protuberancia de separación en medio, de modo que el chorro de agua que incide frontalmente en el álabe se divide limpiamente en dos por la acción de dicha protuberancia central, gira siguiendo la curvatura de las dos mitades y vuelve a salir

Turbina Pelton.

proyectado frontalmente en dirección opuesta. Es esta inversión de dirección la que ejerce una considerable fuerza en el álabe y hace girar la turbina, de modo que el chorro va incidiendo sucesivamente en cada uno de los álabes a medida que gira la rueda.

Para la situación inversa, cuando la corriente de agua de la que disponga tenga poca carga pero un elevado caudal, resulta más adecuada la turbina de flujo transversal. Aquí se dirige el agua a través de la parte superior de una rueda con álabes cortos dispuestos de forma radial, en los que el flujo incide lateralmente, para volver a incidir de nuevo cuando el agua sale por la parte inferior. A primera vista, la turbina de flujo transversal se parece a una rueda hidráulica tradicional, pero hay una diferencia muy importante: lo que la hace girar no es el peso del agua que cae al ser recogida en cubos, sino la acción del flujo de agua al incidir en la parte trasera de sus paletas curvas.

Tanto la turbina Pelton como la de flujo transversal son fáciles de construir con herramientas de metalistería rudimentarias, y actualmente se recomiendan como tecnologías apropiadas para su fabricación local en los países en desarrollo. Constituyen exactamente la clase de tecnología que podría ayudar a una sociedad postapocalíptica en fase de reinicio.

Pese a la eficiencia de los aerogeneradores y las turbinas hidráulicas y su capacidad de aprovechar energía renovable, actualmente la mayor parte de nuestra electricidad no se genera por dichos medios. De hecho, la edad del vapor aún no ha terminado realmente. Ya no utilizamos máquinas de vapor como principales elementos impulsores de maquinaria o de vehículos, pero más del 80 por ciento de la electricidad empleada en todo el mundo se genera utilizando vapor: alimentando una caldera con el calor liberado al quemar carbón o gas, o por la desintegración de átomos pesados inestables en un reactor de fisión nuclear.

Como hemos visto, producir calor es sencillo, pero transformar energía térmica en movimiento resulta más difícil. Una máquina de vapor le hará el trabajo, pero el lento impulso del émbolo no puede convertirse eficientemente en la clase de rotación rápida adecuada para un generador eléctrico.

La solución es la turbina de vapor, basada en diseños de turbina hidráulica ya probados, pero optimizada para vapor a alta presión. Puede extraerse energía del chorro de vapor o bien haciendo incidir el flujo en la cara trasera de las paletas para que el impulso las haga mover (como en una turbina hidráulica Pelton o de flujo transversal), o bien desviándolo sobre una superficie curva para que esta se vea impulsada hacia delante por la fuerza de reacción, como en un ala de avión. La principal diferencia con respecto al agua es que el vapor se expande, moviéndose más deprisa, pero con menor presión; de modo que la mayoría de las turbinas de vapor combinan una fase de reacción para el vapor a alta presión con unos rotores de impulso situados más allá en el eje para cuando el vapor ya se ha expandido. Este diseño de turbina de vapor multifásica permitió generar ingentes cantidades de electricidad con una eficiencia muy elevada, marcando el inicio de la moderna era eléctrica.

Sin embargo, para que cualquier turbina resulte útil hay que ser capaz de distribuir la electricidad generada allí donde se necesite.

Aunque puede usted improvisar un generador que proporcione una corriente continua estable (como en una batería), resulta más fácil construir uno que produzca una corriente alterna de ciclos rápidos correspondientes a los giros del rotor. El voltaje generado en la bobina oscila de positivo a negativo, y viceversa, de modo que la corriente que induce también cambia repetidamente de dirección, moviéndose de un lado a otro en el cable como si fuera una rápida marea. La corriente alterna tiene una enorme ventaja sobre la continua: presenta una elegante solución al problema de transportar la electricidad desde donde se genera, la central eléctrica, hasta donde se necesita, los complejos industriales o las ciudades.

Apenas empiece usted a tratar de enviar electrones a través de una red de distribución de cables metálicos, se topará con un problema esencial. La cantidad de potencia proporcionada por la electricidad es el producto de la intensidad de la corriente multiplicada por el voltaje. Si utiliza una corriente intensa, la inevitable resistencia eléctrica de los cables hará que estos se calienten y malgasten la inmensa mayoría de la preciosa energía que había generado. (Por el contrario, la resistencia eléctrica es el principio que se maximiza deliberadamente en el elemento calefactor de un hervidor de agua, una tostadora o un secador, y si puede obtener un delgado filamento lo bastante caliente para empezar a brillar sin quemarse, habrá descifrado el fundamento básico de la bombilla, como ya hemos visto.) La única alternativa para suministrar niveles altos de potencia es mantener baja la intensidad y aumentar el voltaje. El problema de esto es que los voltajes elevados son extremadamente peligrosos: puede que resulten aceptables para cables colgados a gran altura entre torres que se extienden a través del campo, pero, sin duda, no le gustaría tenerlos conectados a su casa. Lo bueno de la corriente alterna es que esta le permite subir y bajar fácilmente el voltaje por medio de transformadores.

Básicamente, un transformador no es más que un par de grandes bobinas de cable colocadas una junto a otra en torno a un mismo núcleo de hierro en forma de hebilla, de modo que el campo magnético producido por la primera bobina se absorbe a través de la segunda. Siguiendo los principios de inducción que ya hemos visto antes en este mismo capítulo, la corriente alterna que circula por la bobina primaria crea un campo electromagnético en rápida fluctuación —se expande y se contrae más de cien veces por segundo—, el cual, a su vez, induce una corriente alterna en la bobina secundaria. Pero aquí viene la parte ingeniosa. Si se arrolla la bobina secundaria con más vueltas que la primera, el voltaje aumenta y la intensidad disminuye: un transformador es, pues, como una oficina de cambio eléctrica, donde se realiza una interconversión entre intensidad y voltaje. De modo que puede usted utilizar transformadores para cambiar el voltaje en distintas etapas de su red de distribución a fin de minimizar tanto la ineficiente resistencia de las intensidades elevadas como los riesgos para la seguridad del alto voltaje.

Lo bueno de la electricidad es que ya no tendrá que emplazar toda su industria en lo alto de colinas expuestas al viento, a orillas de ríos de curso rápido, o en un radio de distancia que facilite el transporte desde bosques o yacimientos de carbón, como tuvieron que hacer nuestros antepasados hasta el siglo xix. Solo tendrá que instalar generadores eléctricos en esos sitios, y luego enviar a toda velocidad la energía eléctrica a través de cables a cualquier lugar donde se necesite. Esto es algo que hemos llegado a dar por sentado, pero hace solo un siglo toda la energía que necesitaba una familia había de transportarse físicamente: aceite para lámparas, carbón vegetal o mineral para cocinar y calentarse, y en los climas fríos las casas grandes necesitaban una carbonera exterior del tamaño de una habitación pequeña a fin de almacenar el suficiente combustible para mantenerse calientes durante todo el invierno. Hoy en día, en cambio, la electricidad se canaliza directamente a través del hogar, suministrando energía allí donde se necesita; limpia y silenciosamente, y sin requerir almacenamiento alguno.

En el momento de ayudar a que la sociedad se recupere inmediatamente después de un cataclismo, la corriente continua ofrece una opción adecuada para hacer circular electricidad en distancias cortas o para almacenarla en bancos de acumuladores, como en el caso de una red local de pequeño tamaño de viviendas y molinos de viento. Pero si desea usted beneficiarse de economías de escala y disfrutar de centrales eléctricas grandes y centralizadas en la medida en que su civilización postapocalíptica se vaya recuperando, tendrá que desarrollar una red de distribución de corriente alterna. Y en un mundo donde la sociedad probablemente sufrirá una disponibilidad de energía mucho menor, tendrá que hacer el mayor uso posible del calor derivado de la quema de combustible. Las denominadas plantas de cogeneración de energía eléctrica y térmica abordan el absurdo de que las centrales eléctricas se limiten a desechar inmensas cantidades de calor a través de sus torres de refrigeración, mientras que todos los edificios de las poblaciones circundantes queman aún más combustible para calentarse. Suecia y Dinamarca son líderes mundiales en el uso de plantas de cogeneración, empleando turbinas para generar electricidad, pero utilizando luego el vapor para otros fines, como la calefacción de edificios en el área local. Las turbinas funcionan quemando gas natural además de biocombustibles como residuos de madera, leña de bosques sostenibles o desechos agrícolas, y se acercan a un 90 por ciento de eficiencia en la generación conjunta de electricidad y calor.

Una visión familiar durante el reinicio podría ser la circulación de carros de tracción animal, o incluso camiones adaptados para funcionar con gasógeno, transportando cargamentos de leña de gestión forestal sostenible y desechos agrícolas de la campiña circundante a plantas de cogeneración, las cuales aprovecharán hasta el último ápice de la energía así reunida para generar a la vez electricidad y calor para la comunidad y las industrias cercanas. Echemos un vistazo a esas tecnologías de transporte.

9

Transporte

Un motor de gasolina es pura magia. Imagínate poder coger mil trocitos distintos de metal [...] y si los encajas todos juntos de una determinada manera [...] y si luego les echas un poco de aceite y de gasolina [...] y si aprietas un pequeño interruptor [...] de repente todos esos trocitos de metal cobrarán vida [...] y ronronearán y zumbarán y rugirán [...] harán girar como una bala las ruedas de un automóvil a velocidades fantásticas.

ROALD DAHL, *Danny el campeón del mundo*[1]

Mantener la red de carreteras de un país resulta enormemente costoso y requiere mucho tiempo, y en el mundo postapocalíptico las carreteras se deteriorarán con sorprendente rapidez pese a que habrán dejado de sufrir el martilleo del tráfico pesado. En las regiones templadas, el implacable ciclo de congelación-descongelación irá ensanchando regularmente las pequeñas hendiduras e intersticios, y las semillas arrastradas por el viento a tales grietas no tardarán en convertirse en resistentes arbustos y árboles, cuyas raíces desmenuzarán aún más la fina capa de pavimento de la superficie.

De hecho, aunque una autopista resulte maravillosamente lisa para ir disparado a más de 120 kilómetros por hora, nuestras modernas carreteras asfaltadas tienen una superficie menos duradera que las antiguas calzadas romanas, de construcción especialmente resistente. Muchas *viae publicae*, coronadas por una gruesa capa de duros adoquines, todavía eran transitables un milenio después de la destrucción de la civilización que las creó. No podrá decirse lo mismo de nuestra actual red de transporte. Antes de que pase mucho tiempo, incluso las principales carreteras, las arterias de la vieja civilización, se harán casi intransitables. Se necesitarán resistentes vehículos todoterreno hasta para explorar las ciudades muertas: por primera vez, estos vehículos pensados para las zonas rurales se harán necesarios para moverse por las áreas urbanizadas.

Los sólidos raíles de acero de las líneas férreas son mucho más resistentes que las carreteras, pero a la larga sucumbirán al cáncer de la herrumbre. Aun así, en las primeras décadas tras el apocalipsis probablemente resultará más fácil mantener el comercio terrestre de larga distancia a través de las viejas vías férreas, a condición de que se mantengan libres de vegetación.

El mecanismo que subyace en una gran parte del transporte moderno es el motor de combustión interna: es este el que impulsa el coche familiar, así como los trenes y las avionetas. Pero los vehículos mecanizados también desempeñan algunos de los más importantes papeles de cara al sustento de la sociedad, como es el caso, por ejemplo, del tractor, la cosechadora, el barco de pesca y el camión de reparto. De modo que le interesará mantenerlos en funcionamiento el mayor tiempo posible. Echemos primero un vistazo a cómo proporcionar los consumibles básicos necesarios para los vehículos mecanizados —combustible y caucho— antes de pasar a examinar cuáles podrían ser las opciones alternativas si la sociedad no fuera capaz de mantener la mecanización y retrocediera todavía más.

CÓMO MANTENER LOS VEHÍCULOS EN FUNCIONAMIENTO

Dentro de poco volveremos a los modos de funcionamiento ligeramente distintos de los motores de gasolina y de gasoil, pero por el momento bastará saber que requieren diferentes combustibles líquidos. Tanto la gasolina como el gasoil son mezclas líquidas de hidrocarburos, moléculas similares a los aceites vegetales descritos en el capítulo 5. La gasolina es una mezcla de hidrocarburos en su mayor parte con un eje central con una longitud de 5-10 átomos de carbono, mientras que el gasoil es un combustible algo más pesado y viscoso formado por compuestos más largos de entre 10 y 20 carbonos. Como ya hemos visto, tras el colapso quedarán sustanciales reservas de estos combustibles líquidos, en las gasolineras, los tanques de almacenamiento o los depósitos de vehículos abandonados. Pero al cabo de poco los supervivientes tendrán que empezar a producir su propio suministro a fin de mantener la agricultura mecanizada o el transporte.

Hoy estos combustibles se elaboran mediante el procesado de petróleo crudo. Los métodos necesarios para tratar el crudo a fin de obtener gasolina y gasoil son relativamente sencillos, y podrían realizarse a pequeña escala. Para separar los componentes líquidos se utiliza la destilación fraccionada, que se basa en el mismo principio básico empleado para destilar el alcohol del agua tras la fermentación. Las fracciones más grandes de hidrocarburo pueden «craquearse» para dividirlas en combustibles de moléculas más pequeñas, que resultan más útiles, calentándolas con un catalizador de alúmina (como, por ejemplo, piedra pómez triturada).

El problema a la hora de mantener un suministro de combustibles no estará tanto en la dificultad del procesamiento químico como en la obtención de petróleo crudo de las entrañas de la Tierra sin disponer de un equipo de perforación sofisticado o de plataformas petrolíferas marítimas. No obstante, es posible fabricar combustible de automóvil sin usar petróleo como materia prima, y una sociedad postapocalíptica podría aprender mucho del actual movimiento ecologista. Como señalara el propio Rudolf Diesel a comienzos de la década de 1900: «Puede obtenerse energía del calor del Sol, que siempre está disponible para los fines agrícolas, incluso cuando todas las reservas naturales de combustibles sólidos y líquidos se han agotado».[2]

Un sustituto viable de los vehículos impulsados por gasolina es el etanol (que, como hemos visto en el capítulo 4, puede obtenerse por fermentación).[3] Brasil es el líder mundial en vehículos alimentados por alcohol: todos los coches que circulan por sus carreteras funcionan con un combustible a base de etanol, en proporciones que varían desde un 20 por ciento de etanol mezclado con gasolina hasta un 100 por ciento de este. Incluso en Estados Unidos, muchos estados exigen que toda la gasolina contenga hasta un 10 por ciento de alcohol, una proporción que puede utilizarse sin modificar el motor. De hecho, el primer coche fabricado en serie, el Ford modelo T, se diseñó para funcionar tanto con gasolina de combustible fósil como con alcohol, y varias destilerías estadounidenses convirtieron sus cosechas en combustible de automóvil hasta que la Prohibición eliminó tal práctica.

El problema de la producción de etanol a gran escala para abastecer un sistema de transporte es obtener el suficiente azúcar refinado para alimentar a los microbios responsables de la fermentación. Las plantas como la caña de azúcar, que sustenta la economía de biocombustibles sostenibles de Brasil, no pueden cultivarse fuera de los trópicos. Y aunque los azúcares están presentes en toda la vegetación, conformando las hebras de celulosa que las plantas utilizan como soporte estructural, la celulosa es tan resistente y químicamente estable que los vitales azúcares quedan por completo encerrados e inaccesibles. Así, en lugar de intentar procesar este tipo de biomasa para convertirla en un combustible refinado adecuado para motores de coche, puede resultar mucho más viable dejarla descomponer en un biodigestor para producir gas metano (véase el capítulo 3), o simplemente quemarla para alimentar una caldera en una central eléctrica estática.

Por otra parte, en el período inmediatamente posterior al apocalipsis es casi seguro que todavía se oirá el rugido de los motores diésel. El motor diésel es bastante versátil y puede funcionar con aceite vegetal procesado para convertirlo en biodiésel; esto se consigue haciendo reaccionar el aceite con el más sencillo de los alcoholes, el metanol, en condiciones alcalinas (agregando una lejía —hidróxido de sodio o de potasio—, tal como hemos visto en el capítulo 5).[4] El metanol, también llamado alcohol de madera, puede producirse por la destilación seca de esta (véase asimismo el capítulo 5); pero igualmente se puede utilizar etanol de fermentación. Cualquier resto de metanol o lejía, así como otros dos subproductos no deseados, el glicerol y el jabón, pueden limpiarse disolviéndolos en agua que se hará borbotear a través del biodiésel; finalmente este deberá secarse por completo, calentándolo para expulsar el agua antes de usarlo.

Prácticamente puede emplearse cualquier aceite vegetal. En Gran Bretaña, por ejemplo, la colza es una buena alternativa, ya que esta proporciona una gran cantidad de aceite por hectárea (más que otras fuentes de aceite como los girasoles o la soja): dicho aceite se obtiene fácilmente prensando las semillas, y los tallos que quedan constituyen un nutritivo forraje. En caso necesario también se pueden utilizar grasas animales. Puede obtenerse sebo hirviendo a fuego lento trozos de carne o huesos de aves de corral para derretir la grasa, que entonces se separa y flota, y luego se puede quitar raspándola una vez enfriada la mezcla. El procesado del sebo para convertirlo en biodiésel se realiza exactamente igual que con los aceites vegetales, pero la presencia de hidrocarburos más largos significa que existe la posibilidad de que cuando el tiempo es más frío se coagule en el depósito de combustible.

El problema de estos biocombustibles es que se basan en la transformación de cultivos en carburante, y mantener un solo coche pequeño en la carretera consumiría la producción agrícola de alrededor de un cuarto de hectárea. Según las circunstancias de la recuperación, podría ocurrir muy bien que escaseara el alimento para la población superviviente. En ese caso, ¿podrían propulsarse los vehículos a partir de fuentes no comestibles?

En realidad, todos los motores de combustión interna funcionan con gas, y no con combustibles líquidos. Para ello se crea una fina nube de gasolina o gasoil, que se vaporiza antes de quemarse en el cilindro. De modo que otra opción para mantener en funcionamiento el transporte mecanizado es inyectar directamente combustible gaseoso en el motor desde una bombona de gas presurizado. Así es como funcionan los modernos vehículos de gas natural comprimido (GNC: metano) o gas licuado del petróleo (GLP: una mezcla de propano y butano).

Una alternativa de baja tecnología adecuada para un primer momento, cuando introducir gases en bombonas a una presión de

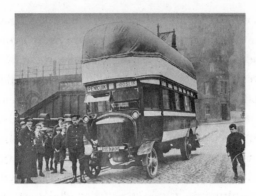

Un autobús londinense propulsado por una bolsa de gas durante la Primera Guerra Mundial.

cientos de atmósferas podría resultar demasiado difícil, sería instalar en los vehículos bolsas de almacenamiento de gas.[5] Este tipo de bolsas, comunes durante los períodos de escasez de combustible de la Primera y la Segunda Guerra Mundial, contienen gas de hulla o metano en globos de tejido con juntas de caucho; unos 2-3 metros cúbicos de ese gas equivalen a un litro de gasolina.

Una opción algo menos aparatosa consiste en generar el combustible gaseoso a medida que uno conduce, esto es, construir un coche con un motor de gasógeno.

El principio fundamental de este sistema se conoce como gasificación. Para entenderlo, encienda una cerilla y obsérvela con atención. Notará que la luminosa llama amarilla oscila sin tocar el palito de madera mientras este se ennegrece, separada por un espacio determinado. En realidad, lo que alimenta predominantemente la llama no es la propia varilla de madera, sino los gases combustibles producidos al descomponerse las complejas moléculas orgánicas de esta por el calor, que prenden generando una viva llama solo al contacto con el oxígeno del aire. Este es el proceso de pirólisis que hemos visto en el contexto de la destilación seca de la madera y la condensación de los vapores en diversos fluidos útiles (véase el capítulo 5), pero para alimentar un motor hemos de maximizar la conversión a «gases pobres» inflamables y separar la madera pirolizada de la llama a mayor distancia que en el caso de la cerilla. Hay que evitar que dichos gases prendan hasta que se hayan introducido en el motor y se les permita finalmente mezclarse con oxígeno y explotar de forma útil en los cilindros.[6]

Durante la Segunda Guerra Mundial, casi un millón de vehículos alimentados por gasógeno mantuvieron en funcionamiento el transporte civil esencial en toda Europa. Alemania produjo una versión del Volkswagen «Escarabajo» con todo el equipamiento de gasificación instalado elegantemente dentro de la carrocería, con un agujero en el capó para cargar leña como única pista de su extraordinaria fuente de alimentación; y en 1944 el ejército alemán incluso desplegó más de 50 tanques Tiger propulsados por gasógeno.[7]

Un gasógeno es básicamente una columna hermética con una tapa encima, y puede construirse con materiales reciclados; por ejemplo, un cubo de basura galvanizado sobre un bidón de acero y una serie de piezas de fontanería comunes. La madera se apila en la parte superior, y, a medida que va descendiendo progresivamente, primero se seca, luego se piroliza por el calor contenido, y por último se quema parcialmente gracias a la cantidad limitada de oxígeno a fin de generar la temperatura de funcionamiento necesaria. Pero lo más importante es que en el fondo de la columna se forma un lecho de carbón que reacciona con los vapores y gases emitidos por la pirólisis para completar su conversión química. Entonces se extrae el gas pobre resultante del fondo, rico en hidrógeno, metano y monóxido de carbono, todos ellos inflamables —este último es también venenoso, de modo que asegúrese de trabajar exclusivamente en un área bien ventilada—, junto con hasta un 60 por ciento del nitrógeno, que es inerte. Enfríe el gas pobre a fin de condensar cualesquiera vapores que, de lo contrario, podrían obstruir el motor, y luego inyéctelo en los cilindros.

Alrededor de 3 kilos de madera (dependiendo de su densidad y sequedad) equivalen a un litro de gasolina, de modo que en los coches propulsados por gas pobre el consumo de combustible no se mide en kilómetros por litro, sino en kilómetros por kilogramo; durante la guerra, los vehículos de gasógeno alcanzaban aproximadamente los 2,5 kilómetros por kilogramo.

Vehículo propulsado por gasógeno de leña.

El carburante no es el único consumible necesario para mantener un automóvil en marcha. También hace falta caucho para fabricar los neumáticos, que sufren un desgaste constante con la conducción, así como las cámaras interiores, que se inflan como globos en forma de donut para hacer más suave el trayecto.

Para que el caucho en bruto pueda tener un uso práctico, hay que alterar sus propiedades materiales por medio de la vulcanización: se funde el caucho con un poquito de azufre, y luego se vierte en un molde y se deja endurecer. En este proceso, las cadenas moleculares arrolladas del caucho se entrelazan entre sí formando una malla dura y resistente gracias a la formación de «puentes» de azufre. Esto produce una sustancia casi indestructible, más elástica que el látex natural, que no se vuelve pegajosa al calentarse ni quebradiza al enfriarse.

El problema es que, una vez vulcanizado, el caucho simplemente no puede volver a fundirse y reconfigurarse en nuevos productos.

218

TRANSPORTE

Para proporcionar un suministro adecuado de neumáticos con bandas de rodadura bien definidas, además de cubrir todos los otros usos del caucho como válvulas y tubos, la sociedad postapocalíptica no estará en condiciones de reciclar material sobrante: habrá de encontrar una nueva fuente de aprovisionamiento de caucho.

Tradicionalmente, el caucho se ha producido a partir del látex extraído del llamado árbol del caucho o hevea, que solo crece en el húmedo clima tropical, en una estrecha franja en torno al ecuador. Asimismo, los tallos, ramas y raíces del guayule proporcionan una fuente de caucho alternativa.[8] A diferencia del hevea, este pequeño arbusto es originario de las mesetas semiáridas de Texas y México. El guayule adquirió relevancia durante la Segunda Guerra Mundial, cuando los Aliados perdieron el 90 por ciento de sus reservas de caucho tras la invasión japonesa del Sudeste Asiático. Los procesos químicos subyacentes en la fabricación del caucho sintético resultarán endiabladamente difíciles en las primeras fases de la recuperación, de modo que, una vez deterioradas las reservas de caucho preexistentes tras el período de gracia, una de sus principales prioridades será restablecer el comercio de larga distancia si no vive cerca de una fuente de aprovisionamiento natural.

Aunque pueda abastecer a sus propias demandas de combustible y de caucho, no logrará mantener los vehículos en funcionamiento de manera indefinida. Los componentes de cualquier maquinaria que haya podido quedar se desgastarán y deteriorarán inexorablemente, y aunque durante cierto tiempo podrá desmontar y aprovechar piezas de recambio, a la larga tendrá que empezar a fabricar las suyas. Fabricar recambios para motores modernos exigirá un alto nivel de conocimientos metalúrgicos para fundir las aleaciones apropiadas y máquinas herramientas capaces de crear piezas con rigurosos márgenes de tolerancia, cuestiones que ya hemos visto en el capítulo 6. Y si no se recuperan estas capacidades antes de que el último motor en funcionamiento se agarrote y falle, la sociedad perderá la mecanización y retrocederá aún más. En tal situación, ¿de qué alternativas se dispone para mantener en marcha las funciones vitales del transporte y la agricultura?

219

¿Y SI SE PIERDE LA MECANIZACIÓN?

Si la mecanización se desmorona, habrá que recuperar la tracción animal. Las primeras bestias utilizadas en la historia como animales de tiro, para arrastrar carros, carretas, arados, gradas y sembradoras, fueron los bueyes —toros castrados—, y podría recurrirse de nuevo a ellos cuando los tractores mecanizados dejen de funcionar. Los caballos de tiro, como el Shire, descienden de animales que se criaron para llevar a caballeros cubiertos con armaduras de pies a cabeza a través de los campos de batalla de la Europa medieval, y son más rápidos, más fuertes y se cansan mucho menos que los bueyes. Pero si quiere sustituir a los bueyes por caballos, primero tendrá que reinventar el aparejo o arreos correctos, un accesorio esencial que escapó a las civilizaciones antiguas y clásicas.

Una pareja de bueyes se puede uncir de forma bastante sencilla con una viga de madera apoyada de través en el pescuezo de ambos y unas duelas colocadas a cada lado del pescuezo para mantenerla en su sitio, o bien con un yugo frontal colocado delante de los cuernos.[9] El cuerpo de los caballos, en cambio, debe aparejarse con un conjunto de correas. El sistema más sencillo es el que se conoce como «aparejo de garganta y cincha», que se compone de una correa que pasa por encima de los hombros y alrededor del grueso cuello del caballo, y otra que va por debajo del vientre, con el punto de enganche de carga situado en la parte media del lomo.[10] Este tipo de aparejo fue ampliamente utilizado en la Antigüedad, y sirvió para los carros de asirios, egipcios, griegos y romanos durante siglos. Pese a ello, resulta del todo inapropiado para la estructura anatómica del caballo, y simplemente no funciona para las labores duras de tiro como arrastrar un arado. El problema es que la correa delantera presiona la vena yugular y la tráquea del caballo, de modo que el animal prácticamente se estrangula si tira con demasiada fuerza. La solución estriba en rediseñar el aparejo para cambiar el punto en el que el animal aplica su fuerza.

El aparejo de collera consiste en un anillo bien acolchado de madera o metal (collera) que se ajusta perfectamente alrededor del cuello, con los puntos de enganche del tiro situados no detrás de este, sino más abajo, a ambos lados del cuerpo, a fin de distribuir de manera uniforme la carga en torno al pecho y los hombros del caballo. Esta collera, anatómicamente bien fundada —una temprana aplicación del diseño ergonómico—, se desarrolló en China en el siglo V d.C., aunque en Europa no se adoptó de forma generalizada hasta la década de 1100. Permite al caballo ejercer plenamente su fuerza —el animal puede generar el triple de fuerza de tracción que con el antiguo e inapropiado aparejo—, y, gracias a ello, los arados tirados por caballos se convirtieron en un elemento esencial en la revolución de la agricultura medieval.

La combinación de la fuerza de tracción animal con restos de vehículos producirá algunas visiones extrañas. Así, por ejemplo, se puede reciclar el mecanismo formado por el eje y las ruedas traseros de un coche o camión ya en desuso y readaptarlo para formar el armazón de un carro con paredes de madera. Todavía sería más sencillo cortar un coche por la mitad, tirar la parte delantera con el motor ya inutilizable, y quedarse con el conjunto del asiento y las ruedas de atrás. Luego pueden añadirse un par de tubos de andamio que actúen como brazos para enganchar un burro o un buey como propulsión. Tales carretones improvisados pueden convertirse en algo común con la pérdida de la mecanización.

Sin embargo, volver a la tracción animal exigiría redirigir parte de la producción agrícola para alimentar al ganado en lugar de a la gente. Durante el momento de mayor uso de animales en la agricultura en Gran Bretaña y Estados Unidos, que sorprendentemente se produjo en una fecha muy tardía, en torno a 1915 (a pesar de que hacía cincuenta años que existían máquinas de vapor móviles y ya se disponía de tractores de gasolina), nada menos que una tercera parte de toda la tierra cultivada se destinaba a sustentar a los caballos.*[11]

---

* Hay un precedente reciente de esta misma clase de regresión tecnológica tras el colapso de la mecanización junto con un reinicio de emergencia de la fuerza de tracción animal. Desde comienzos de la década de 1960, el sistema agrario de Cuba, tras la revolución de Fidel Castro y la incorporación de la isla caribeña al

Carretones de tracción animal improvisados como este pueden llegar a ser comunes si se pierde la mecanización.

Además de proporcionar energía para el arrastre de herramientas agrícolas y el transporte terrestre, recuperar los mares será otra importante prioridad para restablecer la pesca y el comercio, y si se pierde la capacidad de mantener la mecanización, habrá que depender de barcos de vela.[12]

El modelo más básico de vela resulta fácilmente intuitivo para cualquiera que haya observado unas sábanas secándose al aire libre

---

ámbito soviético como Estado cliente, se transformó gracias a la maquinaria agraria y los suministros proporcionados por la Unión Soviética y los países de la Europa del Este. Sin embargo, con el desplome del bloque soviético en 1989, la Cuba comunista se vio bruscamente desprovista de su abastecimiento importado de combustibles fósiles y equipamiento, y hubo de afrontar un colapso a escala nacional del transporte, la agricultura mecanizada y la capacidad de producir fertilizantes o pesticidas. La nación se vio obligada a desarrollar de nuevo una cantidad sustancial de tracción animal para reemplazar a 40.000 tractores, y se puso en marcha un programa de cría y adiestramiento de emergencia. En menos de una década, Cuba había incrementado sus rebaños de bueyes a casi 400.000, al tiempo que recuperaba su población de caballos, para seguir trabajando sus campos.[13]

en un tendedero y ondeando al viento. Plante un poste vertical en medio de su barco a modo de mástil, y en la parte superior cuelgue una viga horizontal y perpendicular a la longitud del casco, que será la verga. Luego cuelgue una gran pieza de lona de la verga, asegúrela con cuerdas en la parte de abajo, y tendrá la sencilla nave de vela cuadrada que ha sido inventada de forma independiente por numerosas culturas a lo largo de toda la historia. La vela actúa atrapando el aire que sopla desde atrás, y hasta los barcos primitivos pueden avanzar con rapidez impulsados por el viento. Pero con este aparejo nunca podrá navegar más cerca de unos 60° de la dirección del viento, de modo que estará en gran medida a merced de los caprichos de la brisa.

Una estructura más sofisticada es la de la vela de cuchillo. En lugar de sostenerse perpendicularmente a la longitud del barco, esta se orienta a lo largo de la línea del casco, suspendida en diagonal de una verga inclinada o una soga atada a un extremo del mástil. Los barcos con esta clase de aparejo resultan mucho más maniobrables, y también pueden dar bordadas y barloventear mucho más cerca del viento —los yates modernos pueden cortar el viento a solo 20°— que una nave de aparejo cuadrado, aunque los barcos más grandes utilizan una combinación de ambas clases de velas. El aparejo de cuchillo se remonta a la navegación romana del Mediterráneo, pero en realidad adquirió su merecida fama durante la era de los descubrimientos iniciada en el siglo xv, para impulsar los grandes barcos de exploración europeos, capitaneados por portugueses y españoles, que recorrieron los océanos del mundo para encontrar nuevas y remotas tierras, y establecer rutas comerciales de largo alcance.

Cuando se expone una vela de cuchillo oblicuamente al viento, entra en juego un efecto completamente nuevo. Al llenar la vela, el viento la hace abombarse hacia fuera y comportarse como un plano aerodinámico: el flujo de aire que se precipita sobre la superficie curva es desviado y crea una región de baja presión delante de la vela. A diferencia del impulso sobre el agua debido a la resistencia al viento creada por una vela cuadrada, la vela de cuchillo es aspirada hacia delante por esa fuerza de sustentación aerodinámica. Así, aun sin entender del todo la física involucrada en ello, en 1522 la expedición de Fernando de Magallanes fue la primera en circunnavegar la Tierra utilizando la misma aerodinámica que subyace también en el ala de un avión y la turbina de reacción.

No obstante, emplear un aparejo de cuchillo para captar el viento que sopla de través en el barco crea un problema de estabilidad, y la nave corre el riesgo de volcar de inmediato y zozobrar. La solución es cargar lastre en la parte inferior del barco a fin de que este tienda a enderezarse por sí solo, y montar una quilla debajo del casco —a menudo con la forma de una aleta de tiburón invertida— para contrarrestar la tendencia a inclinarse generada por las velas. Pero si usted es capaz de controlar todas esas fuerzas opuestas y ajustar cuidadosamente el aparejo para orientar las velas de cuchillo en la curvatura óptima, la asombrosa consecuencia de la física subyacente en su efecto aerodinámico es que, de hecho, estas son capaces de navegar más deprisa que el viento que sopla sobre ellas.

Si no puede reciclar ningún casco utilizable, tendrá que construirse el suyo propio. La carpintería de ribera tradicional implica fijar tablones longitudinalmente en un armazón y luego impermeabilizar las junturas tapándolas con fibras vegetales calafateadas con brea de pino; o bien, si recicla o funde las suficientes planchas de hierro forjado o acero, puede unirlas por medio de remaches. Las velas son básicamente grandes piezas de tela, una aplicación de la tecnología de tejeduría que hemos visto en el capítulo 4. Cuando fabrique una vela utilice un tejido sencillo, y tenga en cuenta que cualquier tela es más fuerte cuando se estira en la dirección de la trama, puesto que sus hilos son ya más rectos que los de la urdimbre, mientras que el material se deforma fácilmente e incluso puede dañarse si se estira en diagonal (pruébelo ahora mismo con una pequeña porción de su camisa). Asimismo, las cuerdas que lo mantienen todo unido se fabrican primero hilando fibras; luego, mediante torcido, esos hilos forman cordeles, los cordeles forman cabos, y, en caso necesario, los cabos forman cables. Las poleas y motones necesarios para controlar las velas son idénticos a los utilizados para levantar cargas pesadas en los andamios o grúas de las obras.

Cabe esperar que, antes de que transcurra demasiado tiempo, la civilización en recuperación empiece a dominar de nuevo la metalistería y las máquinas herramientas. Una forma de transporte mecánicamente simple para el desplazamiento personal en un mundo sin motores que funcionen sería la bicicleta. El corazón de la bicicleta de pedales es una manivela que convierte el empuje de arriba abajo de las piernas en un movimiento rotatorio aplicable a las ruedas. Pero aquí sigue habiendo un importante problema de ingeniería por resolver: no puede acoplar este movimiento de pedaleo directamente a la rueda, con unos pedales fijados al eje como en los triciclos infantiles, ya que, para obtener una velocidad mínimamente significativa, tendría que mover las piernas como un poseso.

El planteamiento más sencillo consiste entonces en montar una gran rueda delantera, de modo que, aun con una modesta rotación, su enorme circunferencia confiera una velocidad decente; esa fue la idea subyacente en el absurdo biciclo o velocípedo y su rueda de más de un metro de diámetro.[14] Una solución mejor —que hoy nos parece obvia, pero que no se le ocurrió a un fabricante de bicicletas hasta 1885— es la de utilizar engranajes, un antiguo sistema mecánico, unidos por una cadena. Dos piñones de distintos tamaños, que permiten a la rueda motriz girar mucho más deprisa que los pedales, se unen mecánicamente por medio de una cadena de rodillos (en sí misma muy similar a un diseño bosquejado por Leonardo da Vinci en el siglo XVI). Otro principio de funcionamiento esencial es que la horquilla frontal, que une el cubo de la rueda con el manillar, debe inclinarse ligeramente hacia atrás para que la rueda principal pueda realizar de forma natural cualquier basculamiento lateral a fin de dotar de una estabilidad intrínseca a la bicicleta.*

---

* Contrariamente a la creencia popular, la estabilidad de una bicicleta tiene poco que ver con el efecto giroscópico de sus ruedas al girar, especialmente a velocidades lentas.

Reinventando el transporte motorizado[15]

En algún momento, la civilización en recuperación alcanzará la sofisticación en metalurgia e ingeniería necesaria para contemplar la posibilidad de construir motores. Si la sociedad hubiera retrocedido al estadio de tener que depender de animales de tiro y de velas, ¿cómo podría reinventar ahora el motor de combustión interna sin disponer de ejemplares conservados como referencia? ¿Cuál es la anatomía del corazón que palpita bajo el capó de nuestros vehículos?

El motor de combustión interna es un gran ejemplo de cómo una maquinaria compleja no es más que un ensamblaje de componentes mecánicos básicos, con orígenes muy distintos y dispuestos en una nueva configuración para solucionar el problema concreto que se tiene entre manos. Si pudiera usted quitarle la piel metálica a su coche familiar y diseccionarlo como si fuera un organismo, encontraría en su interior un sinfín de submecanismos interactuando entre sí como los diversos órganos y tejidos del cuerpo humano.

Entonces, ¿cuáles son los principios básicos que subyacen en el funcionamiento del automóvil, y cómo podría diseñar uno desde cero?[16]

En el capítulo 8 se ha examinado el principio operativo de un motor de combustión externa: la máquina de vapor funciona quemando combustible para calentar una caldera y forzar el paso de vapor a un cilindro. Un uso mucho más eficiente de la energía química encerrada en el combustible consiste en saltarse pasos intermedios y utilizar directamente la presión del gas caliente producido por la propia combustión para impulsar una maquinaria. Si se introduce una minúscula cantidad de combustible en un espacio limitado para luego provocar su ignición, la expansión explosiva de los gases calientes resultantes puede desviarse a un pistón de modo que realice un trabajo para nosotros. Hágase esto varias veces por segundo y se obtendrá un medio regular y fiable de liberar energía. Para reposicionar el cilindro de cara a una nueva explosión, abra un agujero y empuje el pistón hacia abajo a fin de expulsar a chorro los gases de escape como en una jeringa, y luego vuelva a tirar de él hacia arriba para que aspire aire rico en oxígeno mezclado con una nueva dosis de combustible a través de una segunda válvula. Empiece a comprimir esta mezcla para hacerla densa y caliente, antes de provocar de nuevo su ignición. Este ciclo de cuatro tiempos constituye el veloz latido del corazón que mueve la mayor parte de los motores de combustión interna del planeta.

Hay dos opciones para provocar la combustión del carburante una vez que se halla en el cilindro, y estas son las que marcan la diferencia entre los modernos motores de gasolina y diésel. Los fluidos volátiles como el etanol (o la gasolina) pueden vaporizarse mezclándolos con aire en el carburador antes de introducirlos en el cilindro y provocar su ignición con una bujía eléctrica. En cambio, las mezclas de moléculas hidrocarbonadas más pesadas como el gasoil pueden atomizarse en el cilindro como una fina nube al final de la fase de compresión para que se vaporicen y prendan espontáneamente a consecuencia del aumento de temperatura derivado de la presurización extrema del aire (cualquiera que haya tocado la boquilla de una bomba de pie después de haber inflado a tope sus neumáticos habrá notado hasta qué punto puede calentarse debido a la compresión del aire). O bien, como hemos visto al principio de este mismo capítulo, podría alimentar su motor con gas canalizado directamente a los cilindros.

Para impulsar un vehículo, el siguiente reto es convertir el movimiento alternativo de vaivén de los pistones en una rotación uniforme que pueda utilizarse para hacer girar unas ruedas o una hélice. El dispositivo que realiza esta traslación fundamental del movimiento es nuevamente la manivela, como hemos visto en el caso de la bicicleta. En maquinaria, la manivela suele utilizarse en conjunción con una biela pivotante que une el componente que realiza el movimiento alternativo con el eje de rotación (en una bicicleta, es la pierna del ciclista la que forma la biela junto con el pedal). El ejemplo más antiguo conocido de este mecanismo tan crucial se instaló en una rueda hidráulica romana del siglo III d.C., donde convertía la rotación impulsada por la corriente del río en el movimiento de vaivén de unas largas sierras de madera.

En los motores modernos, que reúnen la energía de múltiples pistones funcionando a la vez, se emplea una ligera modificación de

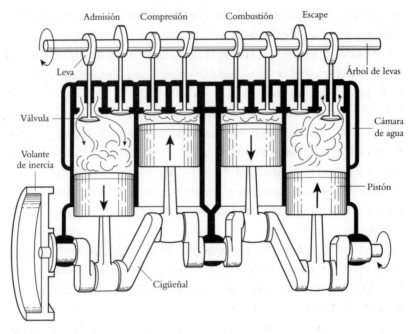

El motor de combustión interna de cuatro tiempos, compuesto de cilindros y pistones, un cigüeñal para transmitir la energía al volante de inercia, y un árbol de levas para coordinar la apertura y cierre de las válvulas.

la manivela conocida como cigüeñal, que tiene una serie de codos parecidos a manijas espaciados a lo largo de toda su longitud a fin de permitir que toda una hilera de pistones impulsen la rotación de un mismo eje. Aun con varios cilindros funcionando en una secuencia escalonada, los impulsos explosivos que hacen girar el eje son bruscos y entrecortados, de modo que se necesita una forma de hacer que la rotación resulte uniforme. Esta vez la solución la proporciona la antigua tecnología de la cerámica: se monta un volante de inercia al final del cigüeñal, y este funciona exactamente igual que la piedra pesada redonda del torno del alfarero, almacenando momento de inercia rotacional y haciendo el giro uniforme.

Hace falta aún otro antiguo componente mecánico para coordinar la apertura y el cierre de las válvulas que admiten el combustible y expulsan los gases de escape del cilindro durante el ciclo de potencia. La leva tiene una forma alargada y excéntrica que permite que, al girar en un eje, pueda utilizarse para levantar rítmicamente una palanca o empujar una varilla conocida como «seguidor». En el pasado se utilizaban levas en los martinetes, en los que se aprovechaba la fuerza de una rueda hidráulica para levantar repetidamente un pesado martillo y luego dejarlo caer de golpe al pasar el saliente de la leva y liberarlo. Las levas ya se conocían entre los antiguos griegos, y en el siglo XIV reaparecieron en la maquinaria medieval. En el motor de combustión moderno, un conjunto o árbol de levas, impulsadas por el cigüeñal, permite que el funcionamiento de las válvulas de admisión y escape se sincronice perfectamente con el ciclo del pistón.

Si tiene la intención de utilizar su motor para impulsar vehículos terrestres, en lugar de limitarse a hacer girar la hélice de un barco, hay unos cuantos retos técnicos más que deberá resolver. Una vez resuelto el diseño esencial del motor, el siguiente problema mecánico es transmitir esa fuerza motriz a las ruedas. Una de las partes intuitivamente más fáciles de comprender de un motor de automóvil es la transmisión: en esencia, esta no es más que una caja que nos permite cambiar, entre un conjunto de engranajes posibles, qué pares queremos engranar, y funciona siguiendo el mismo principio básico que las cadenas de engranaje, cuyo origen se remonta al siglo III a.C. El motor de combustión interna gira a una velocidad (o número de revoluciones) muy elevada, de modo que se utilizan marchas cortas, mediante las cuales el eje o árbol de transmisión se engrana con un engranaje más pequeño que el del eje principal, cuando se desea sacrificar velocidad de giro para obtener a cambio fuerza de torsión. Este mayor par de torsión resulta especialmente necesario para acelerar o para subir pendientes.

Una pieza de equipamiento complementaria que facilita los cambios de marcha es el embrague. En muchos automóviles, este ensamblaje transmite la potencia del motor a través de un disco de superficie áspera en firme contacto con el volante de inercia; irónicamente, es la fricción así producida la que permite el funcionamiento uniforme del motor. El disco y el volante pueden separarse para desconectar el motor del eje de transmisión. En las primeras máquinas herramientas de carpintería como el torno se utilizaron sistemas similares para permitir desconectar el mecanismo de su fuente propulsora.

Dado que los primeros coches calcaban la tecnología de la bicicleta, impulsaban el eje trasero por medio de una cadena y una rueda dentada. Un método más eficiente de transferir la potencia del motor es un eje de transmisión giratorio, pero este debe tener un cierto grado de flexibilidad a fin de impedir que se rompa con las sacudidas de la conducción. ¿Cómo permitir, pues, que una barra rígida se doble o flexione en cualquier dirección y al mismo tiempo siga siendo capaz de transmitir potencia? La solución estriba en colocar dos juntas cardán a lo largo de su extensión. Cada una de ellas está formada por un par de goznes conectados, un concepto que se describió por primera vez en 1545.

Una vez que tenga su vehículo corriendo a toda velocidad, la siguiente cuestión apremiante será idear un medio para gobernar convenientemente las ruedas desde el asiento del conductor. Los primeros coches utilizaban una caña de timón, un elemento que tomaron prestado directamente de la tecnología marítima empleada para gobernar el timón de un barco. Pero pensando un poco más se encontró una solución mucho mejor, esta vez basándose en una tecnología originada en los antiguos relojes de agua, cuyo origen se remonta aproximadamente a 270 a.C. El denominado engranaje de piñón y cremallera es un mecanismo formado por un piñón o rueda dentada y un largo riel o cremallera cuyos dientes se acoplan a los del piñón. El volante del habitáculo está unido a un eje que hace girar el piñón, el cual desplaza lateralmente la cremallera a izquierda o derecha orientando así las ruedas delanteras.

Aún hay un último problema de ingeniería, que surge cuando tenemos dos ruedas fijas en un mismo eje. Cuando el coche dobla una esquina, la rueda exterior tiene que girar un poco más deprisa que la interior, pero si se hallan rotacionalmente unidas ambas pueden acabar patinando o derrapando, lo que dificulta la conducción y daña los neumáticos. Un sistema conocido como diferencial, un ensamblaje de no más de cuatro engranajes, permite que ambas ruedas sean impulsadas por el motor al tiempo que giran a velocidades distintas. Este ingenioso dispositivo se aplicó en diversos mecanismos europeos desde 1720, y posiblemente tiene su origen en China, en una fecha tan antigua como el año 1000 a.C.

Así pues, si le quita usted la piel a un nuevo y flamante coche deportivo, un aparato que podría considerar que representa la cúspide de la tecnología moderna, lo que encontrará es una mezcolanza de componentes asimilados de diversos mecanismos cuyo origen se remonta muy atrás en el tiempo: tornos de alfarero, aserraderos romanos, martinetes, tornos de carpintero y relojes de agua.

El motor de combustión interna es un mecanismo milagroso, capaz de transformar la energía química latente en el combustible en un movimiento fluido, y constituye la base de una gran parte del transporte actual (junto con el motor de reacción en los aviones rápidos y la turbina de vapor en los grandes buques). Hemos visto diversas formas de producir combustibles gaseosos o líquidos para alimentar estos motores, y un depósito de combustible lleno ofrece una reserva de energía tan fabulosamente compacta para recorrer grandes distancias antes de tener que repostar que, sin duda, la combustión volverá a desempeñar un papel en el transporte terrestre, o marítimo, de largo alcance en una sociedad postapocalíptica cuando su recuperación alcance una fase de madurez. El problema, no obstante, es que, sin unas reservas de petróleo crudo fácilmente accesibles, la civilización que siga a la nuestra podría muy bien verse limitada en sus fuentes de combustible: la proliferación de vehículos de motor a partir de la década de 1920 fue posible gracias a la disponibilidad de gasolina barata procedente de refinerías de petróleo. Entonces, ¿cuál podría ser una vía de desarrollo alternativa para crear una infraestructura de transporte en una sociedad reconstruida desde cero?

En lugar de cultivar plantas y seleccionar solo una parte de estas para obtener biodiésel por prensado o etanol por fermentación, podría resultar más sencillo quemar la cosecha entera. Calentar calderas para impulsar turbinas de vapor y generar electricidad representa un uso mucho más eficiente de la energía total de la luz del Sol captada por los cultivos de biomasa de crecimiento rápido como el *Panicum virgatum* o el *Miscanthus*, o los bosques de silvicultura sostenible. El suministro de electricidad generado de manera sostenible a partir de biocombustibles, además de la energía eólica e hidráulica, puede derivarse a catenarias para impulsar trenes y tranvías a lo largo de rutas fijas, o bien emplearse para recargar baterías de vehículos más pequeños. Un coche eléctrico puede recorrer mayor distancia con el equivalente a una hectárea de cultivo que un motor de combustión interna lleno de biocombustible procedente de ese mismo cultivo, y, lo que es más, se puede encender una caldera que impulse una turbina de vapor con materia vegetal de mucha menor calidad de la requerida para la síntesis de biocombustible. Y si esa electricidad se produce en una planta de cogeneración de energía eléctrica y térmica, se puede utilizar el calor sobrante para calentar edificios en la vecindad. Una sociedad con restricciones de energía tendrá que utilizar un pensamiento coordinado para maximizar la eficiencia de su consumo de combustible, y parece probable que en una civilización postapocalíptica el transporte urbano sea predominantemente eléctrico.

De hecho, los vehículos eléctricos fueron comunes en un tiempo. En los primeros años del siglo XX había tres tecnologías automotrices fundamentalmente distintas luchando por la supremacía, y los coches eléctricos se defendían bien frente a la competencia de las alternativas impulsadas por vapor y por gasolina, puesto que mecánicamente resultan mucho más sencillos y fiables, además de ser silenciosos y no producir humos. En Chicago incluso dominaban el mercado del automóvil. En 1912, en el apogeo de la producción de vehículos eléctricos, 30.000 de ellos se deslizaban silenciosamente por las calles de Estados Unidos, y otros 4.000 por las de toda Europa; en 1918, una quinta parte de los taxis a motor de Berlín eran eléctricos.[17]

La desventaja de los coches eléctricos cargados con sus propias baterías (a diferencia de los trenes o los tranvías, que disponen de una alimentación continua mediante un tendido eléctrico o catenaria situada encima de la vía) es que ni siquiera un equipamiento grande y pesado puede almacenar una gran cantidad de energía, y que, una vez agotada, la batería necesita mucho tiempo para recargarse. La autonomía máxima de aquellos primeros vehículos eléctricos rondaba los 150 kilómetros,* pero eso es mucho más que la de un caballo, y en un entorno urbano resulta más que suficiente. La solución está en que, en lugar de esperar a que la batería se recargue, uno pueda simplemente detenerse en una estación de servicio a cambiar las baterías vacías por otras llenas; en 1900 operaba satisfactoriamente en Manhattan una flota de taxis eléctricos, con una estación central donde se cambiaban con rapidez las baterías agotadas por un nuevo juego de baterías cargadas.

Así, con una combinación de motores de combustión interna alimentados por biocombustible, por una parte, y vehículos eléctricos, por otra, una sociedad postapocalíptica en progreso podrá satisfacer sus exigencias de transporte aun sin el abundante petróleo del que nos hemos beneficiado en nuestro desarrollo. Ahora ha llegado el momento de pasar del transporte de personas y materiales a la transmisión de ideas: en el capítulo siguiente examinaremos las tecnologías de la comunicación.

---

* Irónicamente, esos 150 kilómetros siguen representando la autonomía máxima de los coches eléctricos modernos: las mejoras tecnológicas en el almacenamiento de las baterías y los motores eléctricos se han visto justamente contrarrestadas por un incremento en el tamaño y el peso de los coches, y los conductores de vehículos eléctricos sufren la denominada «ansiedad de carga».

10

Comunicación

Conocí a un viajero de una antigua tierra
que me dijo: «Dos enormes piernas de piedra se yerguen
sin su tronco en el desierto. Junto a ellas,
semihundido en la arena, yace un rostro destrozado;
su ceño fruncido, la mueca de sus labios y su desdén de frío
    dominio
revelan que su escultor comprendió bien esas pasiones
que todavía sobreviven, grabadas en la materia inerte,
a la mano que se mofó de ellas y al corazón que las alimentó.
Y en el pedestal se leen estas palabras:
"Mi nombre es Ozymandias, rey de reyes:
¡Contemplad mis obras, vosotros los poderosos, y desesperad!".
No queda nada más. En torno a la decadencia
de aquellos colosales restos, infinitas y desnudas,
las solitarias y llanas arenas se extienden hasta el horizonte».

PERCY BYSSHE SHELLEY, «Ozymandias»[1]

Hoy en día, con internet, las ubicuas redes inalámbricas y los portátiles teléfonos inteligentes, la comunicación en todo el mundo resulta tan fácil como instantánea. Nos mantenemos en contacto a través del correo electrónico, Skype y Twitter; las páginas web difunden noticias e información, y podemos acceder a la rica variedad del conocimiento humano desde la palma de la mano. Pero en un mundo postapocalíptico habrá que volver a otras tecnologías de comunicación más tradicionales.

Escritura

Antes de la invención de la escritura, el conocimiento circulaba solo entre las mentes de los vivos, transportado únicamente a través de la palabra hablada. Pero la cantidad de datos que puede almacenar la historia oral es limitada, y el peligro es que, cuando la gente muere, las ideas se pierdan para siempre. Pero una vez plasmados en un medio físico, los pensamientos pueden almacenarse de manera fidedigna, volverse a consultar años después y acrecentarse con el tiempo. Una cultura que ha desarrollado la escritura puede acumular mucho más conocimiento del que podría atesorarse nunca en la memoria colectiva de su población.

La escritura es una de las tecnologías posibilitadoras fundamentales de la civilización, e implica el salto conceptual de transformar las palabras habladas en secuencias de formas dibujadas: o bien letras arbitrarias que representan los sonidos individuales de la lengua (como los fonemas del inglés), o bien caracteres que simbolizan objetos o conceptos concretos (como los morfemas del chino). En un nivel básico, esto posibilita registrar de forma permanente los términos convenidos del comercio, un arriendo de tierras o un código de leyes. Pero es la acumulación de conocimiento la que permite a una sociedad crecer cultural, científica y tecnológicamente.

En el mundo moderno hemos pasado a dar por sentados elementos básicos de la civilización tales como la pluma y el papel, y solo nos damos cuenta de lo vitales que resultan cuando sencillamente no podemos echar mano del dorso de un sobre para anotar la lista de la compra, o cuando nos quejamos de la desconcertante desaparición del bolígrafo que acabábamos de dejar hace solo dos minutos. Aunque nuestra civilización dejará una abundante cantidad de papel, este es un material especialmente perecedero y se quemará fácilmente en los incendios que devastarán las ciudades desiertas o se descompondrá a causa de la humedad y las inundaciones. ¿Cómo puede fabricar papel en serie por sí mismo y de una forma fácil, saltándose la producción de otros materiales intermedios empleados en el pasado, como el papiro y el pergamino, que requiere una gran cantidad de tiempo?

El papel lo inventaron los chinos en torno al año 100 de nuestra era, aunque tardaría más de un milenio en llegar a Europa.[2] No obstante, el papel fabricado a base de pulpa de árbol es una innovación sorprendentemente moderna. Hasta finales de siglo XIX, el papel se fabricaba sobre todo reciclando jirones de lino. El lino es un tejido hecho con las fibras de la planta del mismo nombre (véase el capítulo 4), y en principio cualquier planta fibrosa puede convertirse en papel: el cáñamo, la ortiga, el junco u otras herbáceas resistentes. Pero cuando creció la demanda, espoleada, como veremos, por la plétora de libros y periódicos producidos en masa por las imprentas, se buscaron intensamente otras fibras adecuadas. La madera es una fabulosa fuente de fibras de buena calidad para la fabricación de papel, pero ¿cómo reducir un grueso y sólido tronco de árbol a una espesa pasta de suaves y cortas hebras sin deslomarse en el intento?

Las fibras que hacen el papel tan ligero pero a la vez tan fuerte están formadas de celulosa. Químicamente, este es un compuesto de cadena larga que actúa en todas las plantas como la principal molécula estructural que conecta sus células, especialmente en el tallo y en los vástagos laterales; son las hebras medulares de celulosa las que se nos meten entre los dientes cuando masticamos apio. No obstante, en los fuertes troncos de los árboles y arbustos las fibras de celulosa se ven reforzadas por otra molécula estructural llamada lignina, que mantiene unidas las hebras de celulosa formando la madera. Esto proporciona al árbol la materia ideal para tener una columna central fuerte y capaz de soportar peso, y una amplia extensión de ramas que le permita desplegar sus hojas al sol, pero hace que las fibras de celulosa nos resulten lamentablemente inaccesibles.

Tradicionalmente, las fibras vegetales se separaban prensando primero los tallos, luego enriándolos —metiéndolos durante varias semanas en agua estancada para que los microorganismos empiecen a descomponer su estructura—, y a continuación machacando violentamente los tallos así ablandados para liberar las fibras de celulosa por la fuerza bruta. La buena noticia es que puede usted ahorrar mucho tiempo y esfuerzo pasando directamente a un sistema mucho más eficaz.

Los enlaces que unen la celulosa y la lignina en los árboles son vulnerables al proceso de separación química conocido como hidrólisis. Se trata de la misma operación molecular que se emplea en la saponificación durante la fabricación de jabón, y se obtiene exactamente por los mismos medios: reclutando álcalis para la causa. Las mejores partes a utilizar de la planta o el árbol son respectivamente el tallo o tronco y las ramas, ya que las raíces y hojas no contienen muchas de las fibras de celulosa requeridas. Córtelos en trozos pequeños para exponer la mayor superficie posible a la acción de la solución, y luego métalos en una tina con la solución alcalina hirviendo durante varias horas. Esto rompe los enlaces químicos que mantienen unidos los polímeros, haciendo que la estructura de la planta se ablande y se deshaga. La solución cáustica ataca tanto la celulosa como la lignina, pero la hidrólisis de esta última es más rápida, permitiéndole liberar las preciosas fibras necesarias para la fabricación de papel sin dañarlas mientras la lignina se degrada y disuelve. Las fibras cortas y blancas de la celulosa flotarán en la superficie del turbio caldo teñido de marrón por la lignina.[3]

Cualquiera de los álcalis que hemos visto en el capítulo 5 —potasa, sosa, cal— servirá, aunque la opción preferida durante la mayor parte de la historia ha sido utilizar cal apagada (hidróxido de calcio), ya que esta puede obtenerse en grandes cantidades cociendo piedra caliza, mientras que producir potasa empapando cenizas de madera requiere bastante trabajo. Sin embargo, una vez que haya logrado dominar la síntesis artificial de sosa (lo veremos en el capítulo 11), la mejor opción con mucho para la obtención de pulpa por procesos químicos es utilizar sosa cáustica (hidróxido de sodio), que favorece la hidrólisis. Esta se genera directamente en la tina de obtención de pulpa mezclando sosa y cal apagada.

Recoja las fibras de celulosa recuperadas en un tamiz y luego aclárelas varias veces hasta que pierdan el color mugriento de la lignina. A fin de aclarar el tono del papel terminado hasta obtener un blanco limpio, en este punto puede remojar la pulpa en un blanqueador. Tanto el hipoclorito de calcio como el de sodio son eficaces agentes blanqueadores, y pueden obtenerse haciendo reaccionar cloro gaseoso (producido por electrólisis a partir de agua de mar, como veremos en el capítulo 11) respectivamente con cal apagada o sosa cáustica. La química subyacente en este efecto de blanqueo es la oxidación: los enlaces de los compuestos de color se rompen, destruyendo la molécula o convirtiéndola en una forma incolora. El blanqueo es un proceso crucial no solo en la fabricación de papel, sino también en la producción textil, de modo que probablemente será una fuerza impulsora indispensable en la expansión de la industria química durante una fase de reinicio.[4]

Vierta una cucharada de esta sopa aguada de celulosa a través de un cedazo de tela metálica fina o de paño delimitado por un marco, de modo que las fibras acaben formando una capa enmarañada al eliminar el agua. Presione sobre esta para escurrir el agua que aún pueda quedar y asegurarse de obtener hojas de papel planas y lisas, y déjela secar.

Encontrará mucho más fácil la producción de papel a pequeña escala si logra rescatar unos cuantos objetos de la civilización caída. Una astilladora de madera o incluso una licuadora de cocina de gran tamaño, alimentada por un generador, hará más ligero el trabajo de triturar la materia vegetal hasta convertirla en una espesa sopa; pero también puede utilizar molinos de viento o de agua a fin de generar la fuerza mecánica necesaria para impulsar martinetes que machaquen el material.

Sin embargo, crear un papel limpio y liso es solo el paso intermedio para poder utilizar la escritura de cara a la comunicación y al archivo de unas reservas permanentes de conocimiento. La otra tarea crucial, una vez que todos los bolígrafos se hayan secado o hayan desaparecido, es fabricar una tinta fiable con la que dar forma a la palabra escrita.

En principio, cualquier cosa que manche irritantemente su camisa de algodón si se salpica de manera accidental con ella también puede utilizarse como improvisada tinta. Así, por ejemplo, puede coger un puñado de bayas maduras de color intenso y prensarlas para que suelten su jugo, luego filtrar este para quitar la masa de la pulpa triturada, y disolverlo con un poco de sal para que actúe como conservante.[5] El principal problema de la mayoría de las tintas derivadas de extractos de plantas, no obstante, es su carácter efímero. Para preservar de manera indefinida sus palabras y el conocimiento recién acumulado de la sociedad en recuperación, lo que de verdad le interesará es tener una tinta que no se corra con el agua o se disipe con la luz del Sol. La solución que surgió en la Europa medieval es la que se conoce como tinta ferrogálica.[6] De hecho, la propia historia de la civilización occidental se escribió con dicha tinta: Leonardo da Vinci escribió sus cuadernos con ella; Bach compuso sus conciertos y suites con ella; Van Gogh y Rembrandt hicieron sus bosquejos con ella; la Constitución de Estados Unidos pasó a la posteridad con ella. Y todavía hoy se utiliza ampliamente en Gran Bretaña una formulación muy similar a la tinta ferrogálica original: la llamada *registrar's ink* («tinta del secretario»), de uso obligatorio en documentos legales como los certificados de nacimiento, muerte y matrimonio, que utiliza exactamente la misma formulación química medieval.

Como su propio nombre sugiere, la receta para la tinta ferrogálica contiene dos ingredientes principales: un compuesto de hierro y un extracto de agallas de plantas. Las denominadas agallas aparecen en las ramas de algunos árboles como el roble cuando avispas parásitas depositan sus huevos en la yema produciendo una irritación en el árbol, que entonces forma una excrecencia alrededor. Son ricas en ácidos gálico y tánico, que reaccionan con el sulfato de hierro, obtenido previamente disolviendo hierro en ácido sulfúrico. La tinta ferrogálica es prácticamente incolora cuando se mezcla inicialmente, de modo que resulta difícil ver dónde se escribe a menos que se añada otro tinte vegetal. Pero con la exposición al aire el componente de hierro se oxida, dando a la tinta seca un intenso y duradero color negro.

También puede hacerse una pluma rudimentaria a la manera tradicional. Sumerja en agua caliente una pluma de ave (históricamente, las preferidas han sido el ganso o el pato) y extraiga el material del interior del cañón. Afile la punta cortándola por cada lado, y luego rebaje la cara inferior en una suave curva para crear la forma clásica de una plumilla. Una ligera hendidura hacia atrás en el extremo afilado permitirá a la plumilla albergar un diminuto depósito de tinta mientras se escribe entre dos sucesivas recargas mojándola en el tintero.

Imprenta

Si la escritura constituye el principal avance para permitir el almacenamiento y la acumulación permanente de ideas, la imprenta es la máquina que permite la rápida reproducción y la amplia difusión del pensamiento humano. Hoy el mundo desarrollado ostenta un nivel de alfabetización casi universal, y se calcula que cada día se imprimen unos 45 billones de páginas: libros, periódicos, revistas y folletos.[7]

Sin la imprenta, si uno quisiera reproducir un documento necesitaría un equipo dedicado de escribas que lo copiaran arduamente a mano durante semanas. Solo los ricos y poderosos podrían permitirse tal proyecto, lo que significa que solo se producirían textos autorizados o respaldados por ellos. Pero con el desarrollo de la imprenta el conocimiento se democratiza. No solo el saber pasa a estar a disposición de todos los miembros de la sociedad, sino que cualquiera puede difundir rápidamente sus propias ideas, desde nuevas teorías científicas hasta ideologías políticas radicales, alentando el debate y promoviendo el cambio.[8]

El principio básico de la imprenta es recrear una página de texto como una serie de hileras de tipos —bloques cuboides, cada uno de ellos con una letra grabada en relieve en su cara superior— dispuestas dentro de un marco rectangular que corresponde a una página. Los tipos se entintan, y luego se estampan sobre una hoja. Una vez compuesto el marco entero, esa misma página de texto puede reproducirse una y otra vez con gran rapidez, y una vez finalizado el trabajo basta reorganizar las letras para formar una nueva página de texto. Hasta una imprenta rudimentaria puede reproducir un documento cientos de veces más rápido que un escriba.

Hay tres grandes retos que deberá resolver para resucitar la imprenta de tipos móviles que inventara Johannes Gutenberg en la Alemania del siglo xv.* Tendrá que encontrar una manera fácil de producir un gran número de tipos de tamaños precisamente definidos. También deberá idear un mecanismo que ejerza una presión constante pero firme para aplicar la impresión a la página. Y en tercer lugar, habrá de inventar una nueva clase de tinta, no que fluya sin dificultad de una plumilla, sino que se agarre bien al intrincado detalle del metal.

La primera cuestión es: ¿qué material utilizar para fabricar los tipos? La madera puede tallarse con facilidad, pero requeriría el minucioso trabajo de un artesano experto para elaborar a mano individualmente todos los tipos —alrededor de ochenta letras (tanto minúsculas como mayúsculas), números, signos de puntuación y otros símbolos comunes—, y luego producir múltiples copias idénticas de cada uno de ellos. Y todo ese duro trabajo para hacer un solo juego de tipos, con solo un tamaño y un estilo de letra.

Así pues, para producir en serie libros impresos, primero deberá producir en serie los instrumentos de impresión. Esto puede hacerse mediante la fundición tipográfica: la elaboración de bloques de letras idénticos con metal fundido. Gutenberg comprendió que la solución para crear tipos con lados rectos y lisos y bordes rectangulares exactos, que encajen perfectamente unos junto a otros en hileras, es fundir los tipos en un molde metálico con un hueco interior cuboi-

---

* Entonces, ¿cómo es que los chinos inventaron el papel nada menos que un milenio antes de que se hiciera común en Europa, y también publicaran textos utilizando la impresión con bloques de madera, pero nunca dieron el salto a la impresión con tipos móviles que sí dio Gutenberg? Las razones probablemente se remontan a una diferencia fundamental entre la naturaleza de la escritura europea y los alfabetos orientales. La escritura occidental está compuesta de un pequeño conjunto de letras reordenadas en distintas combinaciones para representar el sonido de diferentes palabras, mientras que el chino escrito está formado por un número infinitamente mayor de complejos caracteres compuestos, cada uno de los cuales simboliza un objeto o concepto concreto. Esta sencilla reordenación de las letras occidentales se presta fácilmente a la impresión con tipos móviles.

de. De manera ingeniosa, se puede formar el relieve preciso de cada letra concreta en el extremo del bloque colocando una matriz intercambiable en la parte inferior del molde. Dichas matrices pueden hacerse de un metal blando como el cobre, y en cada una de ellas se puede estampar la forma exacta de la letra de manera muy sencilla prensándola contra un troquel de acero duro. Ahora lo único que hay que hacer es grabar cada letra, número o símbolo solo una vez en diferentes troqueles, y a partir de ahí se podrán producir en serie sin esfuerzo incontables piezas del mismo tipo.

Hay un último problema derivado de la propia naturaleza de las letras del alfabeto occidental, que es la gran variabilidad de su contorno: compárese la esbelta «i» o la delgada «l» con la redondez de la «O» o la corpulencia de la «W». Para que puedan leerse con facilidad, las letras deberían apretarse unas junto a otras dentro de cada palabra sin que queden espacios a uno y otro lado de las más finas, y lo mismo en el caso de los números. En consecuencia, tendrá que saber fundir tipos cuboides que tengan todos exactamente la misma altura, a fin de que se impriman de manera uniforme en la página, pero cada uno de ellos con una anchura distinta.

La solución constituye la última chispa de inspiración de Gutenberg en su diseño de un sistema elegante para producir en serie los elementos básicos de la impresión. Crear el molde en dos mitades especulares: dos partes en forma de «L» que, al colocarlas una frente a otra invirtiendo una de ellas, forman un espacio cuboide entre ambas. Basta simplemente deslizar las paredes de esta cavidad acercándolas o alejándolas entre sí para ajustar suavemente la anchura del molde, sin cambiar la profundidad ni la altura (haga la prueba con los dedos índice y pulgar para ver cómo funciona este ingenioso sistema). Ahora fundir un tipo perfectamente formado es tan sencillo como colocar la pertinente matriz estampada en el fondo del molde, ajustar la anchura, verter el metal fundido, y luego extraer la pieza terminada una vez que se haya solidificado separando de nuevo las dos mitades en forma de «L».

Tras componer una página de texto, los caracteres tipográficos se entintan y se transfieren a una hoja en blanco formando una im-

Molde de fundición tipográfica. La matriz, que lleva grabada la impronta de la letra, se halla en el fondo de la cavidad central.

presión nítidamente detallada. Hay toda una serie de dispositivos mecánicos que permiten la aplicación de fuerza incrementada, incluyendo la sencilla palanca o un sistema de poleas, dos sistemas utilizados a lo largo de la historia para eliminar el exceso de humedad en la producción de papel. Gutenberg creció en una región vinícola de Alemania, y ello le permitió adaptar otro antiguo dispositivo a su innovador invento. La prensa de husillo es una pieza de la tecnología romana que data del siglo I de nuestra era, y era ampliamente utilizada para prensar la uva o la aceituna. También proporciona el mecanismo compacto ideal para aplicar una presión firme pero uniforme sobre dos planchas, presionando los tipos entintados

243

sobre la página. Este componente básico de la imprenta sobrevive aún hoy bajo la forma del nombre colectivo con el que nos referimos a los periódicos y, por extensión, a los periodistas que informan a través de ellos: la prensa.*

La disponibilidad de papel no es un requisito previo para la imprenta, ya que la técnica funciona también con pergamino hecho de piel de becerro (aunque no con las frágiles hojas de papiro). Pero sin la fabricación de papel en serie jamás se podrían haber producido libros impresos lo bastante baratos para la población en general y, con ello, tampoco se habría materializado su potencial social-revolucionario. Si el libro que ahora tiene usted en las manos se hubiera publicado en páginas de pergamino en el mismo formato tipográfico que la primera Biblia de Gutenberg, cada ejemplar requeriría el pellejo completo de unos 48 terneros.

Sin embargo, el éxito de la impresión depende de la utilización de una tinta adecuada. Las tintas fluidas de base acuosa desarrolladas para la escritura manual, como la ferrogálica, resultan totalmente inapropiadas para la imprenta. Para imprimir caracteres nítidos necesita una tinta viscosa que se adhiera bien a los detallados rasgos metálicos de cada tipo y luego se transfiera limpiamente al papel sin emborronarlo, correrse o difuminarse. Gutenberg resolvió este reto tomando prestada una moda que por entonces apenas se había iniciado entre los artistas renacentistas: el uso de pinturas al óleo.

Tanto los antiguos egipcios como los chinos desarrollaron una tinta negra basada en hollín más o menos en la misma época, hace

---

* Si prevé que va a querer hacer nuevas impresiones del mismo cuerpo de texto en el futuro, como, por ejemplo, posteriores tiradas de un tratado importante, puede ahorrarse la molestia de tener que componer de nuevo miles de letras individuales guardando la configuración de la página. Los propios tipos son demasiado valiosos para dejarlos ordenados en el marco, pero puede sacar una impresión de la composición del texto en yeso y utilizarla como molde para fundir una plancha metálica de la página entera. Este es el significado original del término «estereotipo», mientras que el término familiar con el que se designa una plancha de estereotipia es el de «cliché», aparentemente derivado del sonido producido durante su fundición, y, por lo tanto, utilizar un cliché es refundir un bloque de texto comúnmente impreso.

unos 4.500 años. Las diminutas partículas de carbono del hollín actúan como un pigmento perfectamente negro cuando se mezclan con agua y un aglutinante, como la goma arábiga o la gelatina (cola de origen animal; véase el capítulo 5). Esta es la composición de la tinta china, que, como su propio nombre indica, se desarrolló inicialmente en China, y todavía hoy sigue siendo popular entre los artistas. Una suspensión similar de partículas de pigmento negro de carbono también constituye la base del tóner de fotocopiadoras e impresoras láser. Pueden obtenerse partículas de hollín de la llama humeante de aceites en combustión —el denominado negro de humo—, así como chamuscando materiales orgánicos como la madera, el hueso o el alquitrán.

Aunque los pigmentos negros de carbono tienen una larga historia, la tinta china aglutinada con cola o goma no resulta adecuada para la imprenta: se necesita una tinta con una viscosidad y un comportamiento al secarse muy distintos. Fue aquí donde Gutenberg tomó prestada la pintura al óleo renacentista en sus mismos principios. El negro de humo mezclado con aceite de linaza o de nogal se seca bien, y se adhiere a los tipos metálicos mucho mejor que una tinta muy líquida de base acuosa (no obstante, el aceite de linaza hay que procesarlo antes de poder utilizarlo: hiérvalo y quítele el mucílago espeso y pegajoso que se forma en la superficie). Puede controlar la crucial viscosidad de la tinta con otros dos ingredientes, la trementina y la resina. La trementina es un disolvente que se emplea para diluir pinturas de base oleosa, y se produce por destilación de la resina de los pinos u otras coníferas (véase el capítulo 5). Por otra parte, la dura resina solidificada que queda una vez retirados los compuestos volátiles durante la destilación servirá para espesar la solución. Jugando con el equilibrio entre estos dos elementos opuestos puede afinar la viscosidad de la tinta, y asimismo controlar su comportamiento al secarse variando la proporción de los aceites de nogal y de linaza.

Así pues, la imprenta puede reproducir rápidamente el conocimiento en una civilización en recuperación, y enviando mensajes escritos se puede lograr una comunicación a larga distancia. Pero

¿cómo se podría utilizar la electricidad para comunicarse a través de distancias muy grandes sin tener que tomarse todas las molestias que conlleva transportar físicamente el mensaje?

COMUNICACIONES ELECTROTÉCNICAS

La electricidad es algo maravilloso: sale disparada a través de un cable dispuesto a tal efecto prácticamente de manera instantánea, y produce un efecto perceptible lejos de donde se ha accionado el interruptor; por ejemplo, encendiendo una bombilla en otra habitación. Pero para comunicarse entre edificios, ciudades o incluso continentes no le bastará con extender un circuito que alimente una bombilla y hacerla destellar para transmitirse mensajes mutuamente. Aquí su enemigo es la merma de energía debida a la resistencia, puesto que no habrá suficiente voltaje para encender una bombilla a una distancia significativa. Sin embargo, un buen electroimán, construido como hemos visto en el capítulo 8, generará un campo magnético apreciable incluso a partir de una corriente débil. Añada una palanca metálica ligeramente contrapesada en el extremo, y podrá utilizarla como un interruptor de exquisita sensibilidad que se cerrará haciendo sonar un timbre cada vez que se active el electroimán. Un timbre controlado por un relé en ambos extremos de un largo cable telegráfico permitirá saber a unos operadores remotos cuándo la otra persona está enviando corriente.

Pueden transmitirse mensajes letra a letra representando cada una de ellas como una combinación de ráfagas cortas o largas de corriente: puntos y rayas. Lo único que tiene que hacer primero es acordar con el tipo del otro extremo del cable telegráfico cómo representarán cada letra del alfabeto, y luego enviar su primer correo electrónico postapocalíptico a través del cable. La forma exacta en que organice esto realmente no importa, pero con un poquito de previsión acerca de cómo garantizar que el sistema de codificación sea a la vez rápido y fiable probablemente reinventará algo parecido al alfabeto Morse. En este sistema, basado en el idioma inglés, las letras más comúnmente utilizadas en dicha lengua se representan con las formas más simples: la «E» es un solo punto; la «T», una sola raya; la «A», un punto y una raya, y la «I», dos puntos.

Diversas estaciones repetidoras distribuidas de manera regular reforzarán la corriente a lo largo de la siguiente sección de cable, y, con ello, permitirán unas comunicaciones telegráficas de alcance global. Pero el trazado y mantenimiento de los cables tendidos a través de los continentes y fondos marinos resulta difícil. Entonces, ¿hay otra forma mejor? ¿Puede comunicarse utilizando la electricidad, pero sin los fastidiosos cables necesarios para transportar la corriente?

Examinemos con más atención la relación de yin-yang que existe entre la electricidad y el magnetismo. Si un campo eléctrico cambiante puede generar un campo magnético, y un campo magnético cambiante, a su vez, puede inducir un campo eléctrico, entonces se debería poder crear una ondulación de energías que se refuercen mutuamente. De hecho, tales ondas electromagnéticas se propagan incluso a través de un vacío perfecto sin materia alguna presente para transmitir la perturbación (a diferencia de las ondas sonoras o acuáticas): la electricidad y el magnetismo se combinan para viajar como fantasmas a través del universo.

La dorada luz del Sol que entra por mi ventana no es más que el resultado de una fusión de campos eléctricos y magnéticos. Toda una serie de aparatos, desde los aparatos de rayos X hasta las camillas de bronceado ultravioleta, pasando por las cámaras infrarrojas de visión nocturna, los hornos de microondas, el radar, las emisiones de radio y televisión, y —la expresión última de la vida moderna— la red Wi-Fi gratuita a la que me he conectado con mi ordenador portátil, se basan en diferentes formas de luz. El espectro electromagnético es una amplia franja de ondas con diferentes frecuencias de vibración de los campos eléctricos y magnéticos combinados, que se extienden desde la peligrosamente enérgica radiación gamma hasta la radio de onda larga, pero todas las cuales se propagan a la velocidad de la luz.

Sin embargo, aquí lo que nos interesa son las ondas de radio. No solo resultan relativamente fáciles de emitir y de captar, sino que se puede grabar en ellas información para transportarla a enormes distancias. Es esta tecnología del transmisor y el receptor de radio la que le interesará recuperar como medio de comunicación de largo alcance.

Empecemos por la tarea, algo más sencilla, de construir un radiorreceptor. Cuelgue un trozo largo de cable de un árbol, con el extremo inferior despojado de cualquier aislamiento y enterrado en el suelo para conectarlo a tierra. Esta será su antena, y las rápidas fluctuaciones de los campos electromagnéticos de cualesquiera ondas de radio que pasen por allí harán que los electrones del metal se desplacen arriba y abajo a lo largo del cable: se trata de una corriente alterna inducida. Pero para poder hacer funcionar unos auriculares y escuchar algo necesita encontrar algún modo de mantener o la parte negativa o la positiva de la onda y desechar la otra mitad.[9]

Cualquier material que permita que la electricidad fluya a través de él en una sola dirección, bloqueando el flujo inverso, logrará este resultado, «rectificando» una corriente alterna en una serie de impulsos de corriente continua. Por fortuna, resulta que muchos tipos de cristal muestran esta propiedad maravillosamente útil. La pirita o disulfuro de hierro, conocida como «el oro de los tontos» por su engañoso aspecto, funciona bien y es fácil de encontrar. Otro mineral, la galena (sulfuro de plomo), también se utiliza normalmente en el montaje de aparatos de radio cristalinos. La galena, que es el principal mineral de plomo, se encuentra en grandes depósitos en todo el mundo, y a lo largo de la historia se ha extraído para fabricar, entre otras cosas, tubos, tejados de iglesias, balas de mosquete y baterías de plomo-ácido.

Conecte el cristal a su circuito de antena-auricular colocándolo en un soporte metálico y haga un segundo contacto con él utilizando un alambre fino, lo que se conoce como «bigote de gato». La rectificación se produce en la conexión entre el cristal y el punto de contacto, pero el efecto es muy esquivo, y encontrar un punto de contacto que funcione mediante ensayo y error requiere paciencia. Sin embargo, incluso en ausencia de emisiones humanas, esta rudimentaria estructura puede permitirle captar emisiones de radio de fuentes naturales como las tormentas eléctricas. De hecho, hay una rudimentaria versión de transmisor de radio —el generador de distancia disruptiva o explosor— que funciona creando una rápida serie de relámpagos artificiales.

Los explosores dejan un pequeño hueco en un circuito eléctrico de alto voltaje para que salte repetidamente una chispa a través de él. Cada chispa libera una oleada de electrones a lo largo de la antena y emite una breve ráfaga de ondas de radio. Si el circuito transmisor genera las chispas miles de veces por segundo, liberando una rápida serie de impulsos de radio, se escuchará un zumbido en los auriculares de un receptor. Inserte un interruptor en la parte de bajo voltaje del transformador que alimenta el explosor para controlar cuándo se activa el circuito y se transmiten ondas de radio, y, una vez más, codifique su mensaje en puntos y rayas.

En condiciones ideales lo que le interesará será poder transmitir sonido mediante las ondas de radio, permitiendo mantener conversaciones entre operadores de radio individuales o difundir noticias a una audiencia ampliamente dispersa. El alfabeto Morse implica algo tan tosco como limitarse a encender o apagar por completo las ondas de radio, pero transmitir sonido requiere una manipulación más refinada, conocida como modulación de la onda portadora. La variante más sencilla es la denominada modulación de amplitud (o AM por sus siglas en inglés), por la que la intensidad de la onda portadora varía de forma más homogénea entre esos dos extremos, grabando los suaves contornos de la onda sonora sobre las frenéticas fluctuaciones de la onda de radio. Por fortuna, el detector cristalino de bigote de gato también funciona admirablemente «demodulando» la señal en el receptor. El comportamiento unidireccional del empalme de cristal junto con el efecto homogeneizador de un condensador elimina la onda portadora de alta frecuencia, dejando solo la voz del locutor o la música.

A menos que solo tenga cerca un único transmisor de alta potencia, la señal que oirá con este básico receptor de radio será un confuso batiburrillo de emisoras: la antena recogerá una serie de transmisiones en distintas frecuencias de onda portadora y las pasará todas ellas a sus auriculares. Añadir unos cuantos componentes adicionales a sus máquinas electrónicas le permitirá sintonizar esos receptores de radio. La sintonización hace que un transmisor de radio resulte más eficiente al empaquetar la energía emitida en una estrecha gama de radiofrecuencias, mientras que un receptor sintonizado selecciona solo aquella frecuencia de transmisión en la que uno está interesado de entre el confuso ruido del espectro de radio.

Como ya hemos visto, una onda de radio es fundamentalmente una oscilación, y los campos magnéticos y eléctricos que la componen se alternan con un ritmo o frecuencia concretos, igual que el oscilante péndulo de un reloj. De modo que, para sintonizar un transmisor o receptor de radio, tendrá que incluir un circuito que oscile eléctricamente con un determinado ritmo a la par que oponga resistencia a otras frecuencias en estrecha concordancia con él. Para ello tiene que explotar el poder de la resonancia.

Piense en ello de este modo. Un niño en un columpio oscilará hacia delante y hacia atrás con una determinada frecuencia, igual que cualquier péndulo. Si le da usted una serie de pequeños empujones en los momentos adecuados, el niño oscilará a una altura cada vez mayor. Pero empujarlo con un ritmo distinto de esta frecuencia de resonancia no le llevará a ningún lado.

La construcción de un circuito oscilador básico que pulse con un ritmo fijo utiliza una combinación gratamente elegante de condensador e inductor. Un condensador está compuesto de dos placas metálicas situadas una frente a otra, entre las que se halla una capa de aislante. Cualquier voltaje que pase a través del dispositivo conduce los electrones a una de las placas hasta que esta se halla tan cargada negativamente que se resiste a recibir más. El condensador actúa como un almacén de carga eléctrica, que puede liberar en un repentino chorro, como en el flash de una cámara fotográfica. Una bobina inductora es básicamente un electroimán, pero el inductor hace mucho más que limitarse a atraer objetos metálicos. Mientras que la resistencia se opone al paso de corriente, la inductancia se opone a cualquier cambio en el flujo de esta. De modo que tanto el condensador como el inductor actúan ambos como almacenes recargables de energía eléctrica: el condensador en la forma de un campo eléctrico entre sus placas metálicas enfrentadas, y el inductor como un campo magnético en torno a la bobina. Conecte estos dos componentes a los extremos opuestos de un cable, y milagrosamente cobrará vida el sencillo circuito en bucle.

Cuando la placa cargada de electrones del condensador vierte su carga almacenada, impulsa una corriente a lo largo del circuito y a través del inductor creando un campo magnético, que dura hasta que las placas del condensador se hayan equilibrado. Entonces el campo magnético en torno al inductor empieza a contraerse, pero, al hacerlo, las menguantes líneas del campo pasan sobre la bobina induciendo una corriente en el cable (el efecto generador), que a su vez envía electrones a la otra placa del condensador; curiosamente, el campo magnético en contracción puede sostener por algún tiempo la misma corriente eléctrica que lo había creado de entrada. Cuando el campo del inductor se ha reducido a nada, la placa opuesta del condensador está completamente cargada y ahora vuelve a impulsar la corriente en sentido contrario, circulando de nuevo a través de la bobina.

De ese modo, la energía fluye arriba y abajo entre el condensador y el inductor, experimentando repetidas conversiones entre campos eléctricos y magnéticos, como un péndulo que oscilara de un lado a otro miles de veces por segundo; es decir, a frecuencias de radio.

Lo bueno de este circuito oscilante tan tremendamente simple es que solo pulsa a su propia frecuencia natural, mientras que opone resistencia a otras frecuencias. Se puede variar la frecuencia de resonancia de este circuito, y, en consecuencia, resintonizar su transmisor o receptor, cambiando la propiedad de uno de los dos componentes. El condensador es el más fácil de ajustar: girando unas placas metálicas en forma de «D» situadas unas sobre otras se altera su grado de superposición y, por ende, la carga que pueden almacenar. Así, el sintonizador de los viejos aparatos de radio a menudo estaba conectado a un condensador variable en el circuito oscilante. Los transmisores y receptores modernos pueden sintonizarse con tal precisión que el espectro de radiofrecuencia acaba siendo finamente cortado como delgadas lonchas de jamón en el mostrador de la charcutería y compartido entre una miríada de aplicaciones: emisoras comerciales de radio y televisión, señales GPS, comunicaciones de servicios de emergencia, control del tráfico aéreo, telefonía móvil, Wi-Fi y Bluetooth de corto alcance, juguetes teledirigidos, etcétera. De hecho, en la actualidad los transmisores de distancia disruptiva son ilegales por constituir fuentes de transmisión poco refinadas, filtrando toscamente emisiones a través de todo el espectro de radiofrecuencia que invaden amplias regiones de las bandas de radio vecinas.

Los otros elementos cruciales para las emisiones de audio son, obviamente, un micrófono, para convertir las ondas sonoras en variaciones de voltaje en el circuito del transmisor, y auriculares o altavoces para transformar las señales eléctricas recibidas de nuevo en sonido. De hecho, los micrófonos y auriculares son básicamente el mismo dispositivo. Ambos contienen un diafragma que vibra libremente o bien para crear o bien para responder a las ondas sonoras, fijado a una bobina de cable que se mueve sobre un imán, de modo que ambos explotan los mismos efectos electromagnéticos reversibles que los motores y generadores.

Se puede construir una versión más sensible utilizando un cristal piezoeléctrico, que tiene la curiosa propiedad de generar un voltaje eléctrico cuando se dobla. Hace falta la sensibilidad de este auricular cristalino para oír la tenue y menguante señal de un detector de radio de bigote de gato. El tartrato mixto de potasio y sodio (o «sal de la Rochelle», por la ciudad natal del boticario del siglo XVII que lo descubrió) funciona muy bien en este sentido. Puede prepararse esta sal mezclando soluciones calientes de carbonato de sodio y bitartrato de potasio (ampliamente conocido como crémor tártaro), que se encuentra en los cristales que se forman dentro de los barriles donde fermenta el vino.

Podemos confiar en que una civilización en fase de reinicio sea capaz de recuperar rápidamente las comunicaciones de radio a partir de lo más básico, incluso sin deducir las complejas ecuaciones electromagnéticas o sin tener la capacidad de fabricar componentes electrónicos de precisión. De hecho, eso es algo que ya ha sucedido en la historia reciente.

Durante la Segunda Guerra Mundial, tanto los soldados atrincherados en el frente como los que estaban encerrados en los campos de prisioneros construyeron improvisados receptores de radio para oír música o recibir noticias del curso de la guerra.[10] Esos ingeniosos artilugios revelan la variedad de materiales rescatados que pueden reciclarse para crear una radio que funcione. Los cables que hacían de antena se colgaban de los árboles, o se disfrazaban de tendederos, y a veces hasta las propias cercas de alambre de espino resultaban apropiadas para la tarea. Asimismo, se obtenía una buena toma de tierra para el circuito conectándolo a las tuberías de agua fría de las cabañas de los campos de prisioneros. Los inductores se construían arrollando bobinas en torno al cartón de los rollos de papel higiénico, mientras que el cable desnudo que podía rescatarse se aislaba con cera de vela, o, en los campos de prisioneros japoneses, aplicando una pasta de aceite de palma y harina. Los condensadores para el circuito del sintonizador se improvisaban a base de capas de papel de estaño o del papel interior de los paquetes de cigarrillos, alternadas con hojas de periódico como aislante; luego el dispositivo, que tenía una forma ancha y plana, se enrollaba como un brazo de gitano para formar una pieza más compacta.

El auricular es un elemento que resulta más difícil de improvisar, de modo que con frecuencia se rescataba de vehículos inservibles. También se construían alternativas rudimentarias arrollando cable en torno a un núcleo de clavos de hierro, pegando un imán en un extremo, y colocando con delicadeza la tapa de una lata sobre la bobina para que vibrara débilmente al recibir la señal.

Sin embargo, quizá la improvisación más ingeniosa de todas fue la empleada para crear el importantísimo rectificador, necesario para demodular la señal de audio de la onda portadora. Los cristales minerales como la pirita de hierro o la galena eran imposibles de obtener en el campo de batalla, pero se descubrió que las hojas de afeitar oxidadas y las monedas de cobre corroídas funcionaban igual de bien. Se fijaba la hoja a un trozo de madera junto con un imperdible endere-

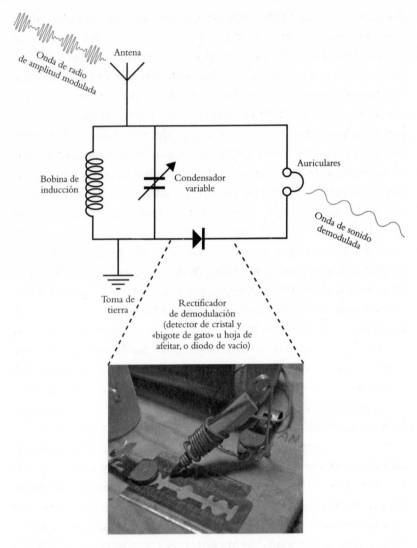

Diagrama eléctrico de un sencillo receptor de radio (*arriba*), y rectificador de hoja de afeitar, común en las radios de los prisioneros de guerra (*abajo*).

zado. Luego se sujetaba firmemente un lápiz de grafito afilado al extremo del imperdible (a menudo enrollando fuertemente parte de este alrededor del lápiz), y la elasticidad del brazo así obtenido era suficiente para que funcionara como un bigote de gato, permitiendo el reajuste fino del lápiz de grafito a través de la superficie del metal oxidado hasta encontrar un empalme de rectificación que funcionara. Las radios de cristal (así como los detectores a base de lápices y óxido) son hermosas en su simplicidad y no necesitan enchufarse a una fuente de corriente, puesto que obtienen la energía para funcionar de la propia onda de radio que reciben. Pero el rectificador de bigote de gato resulta poco fiable, y los aparatos de cristal solo pueden emitir un sonido de muy baja potencia. La solución a esto, y una tecnología puente para toda una serie de otras aplicaciones avanzadas, es construir un tubo de vacío, un dispositivo estrechamente relacionado con otro elemento característico de la civilización moderna: la bombilla.

Exactamente igual que una bombilla, un tubo de vacío consiste en un filamento metálico caliente dentro de una burbuja de vidrio, pero lo más importante es que también incluye una placa metálica en torno al filamento, y en el interior se ha hecho el vacío a muy baja presión. Cuando el filamento se pone incandescente, el calor desprende electrones del metal, y estos forman una nube de carga alrededor del cable. Este fenómeno, que se conoce como emisión termoiónica, es el que subyace en el funcionamiento de los aparatos de rayos X, los tubos fluorescentes, y los antiguos televisores y pantallas de ordenador. Si la placa está más cargada positivamente que el filamento, los electrones liberados son atraídos hacia ella y se genera una corriente a través del dispositivo. Pero la corriente nunca puede circular en sentido inverso, puesto que la placa metálica en ningún momento se calienta para que emita electrones, de manera que este «diodo» (es decir, dotado de dos contactos metálicos o electrodos) actúa como una válvula, permitiendo el paso de corriente en una sola dirección. Empleando unos principios físicos muy distintos, la válvula termoiónica exhibe, pues, una funcionalidad idéntica a los detectores de cristal, y se puede utilizar tal cual como rectificador en los receptores de radio. Pero la innovación crucial, que abre a nuevas posibilidades proviene de un sencillo adorno del diodo.

Si coge un diodo de vacío estándar y añade una espiral o una rejilla de alambre entre el filamento incandescente y la placa metálica, logrará algo fantástico. Este dispositivo de tres elementos se conoce como triodo, y jugando con el voltaje aplicado a la rejilla, o electrodo de control, puede influir en la corriente que circula por el tubo. Aplicando un ligero voltaje negativo al electrodo de control, este empieza a repeler los electrones desprendidos del filamento que circulan hacia la placa metálica; aumente la carga negativa, y verá que el flujo de electrones se restringe aún más: es como pellizcar una pajita de beber para controlar cuánto líquido pasa a través de ella. De manera crucial, el triodo le permite utilizar un voltaje para controlar otro. Pero la aplicación genial del dispositivo consiste en que unas variaciones minúsculas en el pequeño voltaje de la rejilla de control generan importantes variaciones en el voltaje de salida. De ese modo se ha amplificado la señal de entrada.

Esta función, que resulta inalcanzable con cristales, puede utilizarse para amplificar la débil señal recibida para alimentar unos altavoces y llenar de sonido un espacio. También permite generar una oscilación eléctrica de frecuencia pura, perfecta para una onda portadora de banda estrecha, y grabar cómodamente dicha onda portadora con modulación de sonido. Todas estas son aplicaciones esenciales para las grandes comunicaciones radiofónicas, pero, de manera igualmente práctica, los tubos de vacío se pueden utilizar como interruptor, mucho más rápido que una palanca mecánica, para controlar el flujo de corriente. Conectar una gran red de estos tubos de vacío de modo que los interruptores se controlen mutuamente le permitirá realizar cálculos matemáticos y hasta construir ordenadores electrónicos totalmente programables.*

---

* La electrónica moderna ha avanzado más allá de los tubos de vacío, siempre hambrientos de energía, y actualmente explota el dominio de las propiedades de los materiales semiconductores: los rectificadores de válvulas termoiónicas se han visto reemplazados por diodos de cuerpo sólido, y el comportamiento controlable por voltaje del triodo se reproduce ahora por medio del transistor de silicio. El monumento a la miniaturización que es el teléfono inteligente que llevo en el bolsillo contiene billones de transistores, cada uno de ellos funcionalmente idéntico a un tubo de vacío caliente y fulgurante.

11

Química avanzada

No me importaría que la cultura del consumo desapareciera de la noche a la mañana, porque entonces iríamos todos en el mismo barco y la vida no sería tan mala, entretenidos con los pollos y el feudalismo y cosas así. Pero si, cuando estábamos todos allí abajo en la tierra vestidos con harapos y criando cerdos en franquicias de Baskin-Robbins abandonadas, hubiera alzado la vista al cielo y visto un jet [...] me habría puesto hecho una furia. O volvemos todos a la Edad Media, o no vuelve nadie.

DOUGLAS COUPLAND, *Planeta Champú*[1]

A lo largo de todo el libro hemos examinado unas cuantas maneras sencillas de convertir una sustancia en otra. Aunque esas transformaciones entre sustancias con aspectos muy distintos puedan parecer de entrada cosa de magia, con un poco de esfuerzo podrá llegar a entender el comportamiento de las diferentes sustancias químicas, detectar pautas en el modo en que interactúan entre sí, predecir qué ocurrirá en una reacción, y luego, en última instancia, ejercer ese poder derivado del conocimiento para controlar lo que ocurre en una serie compleja de reacciones a fin de obtener exactamente el resultado que desea.

Más adelante en este mismo capítulo veremos cómo una civilización más avanzada, que ya haya logrado un progreso estable sobre las generaciones de la recuperación, estará en condiciones de emplear procesos industriales más complejos para satisfacer sus necesidades; los métodos rudimentarios que ya hemos visto para, por ejemplo, producir sosa solo le valdrán hasta entonces. Pero primero echemos un vistazo al modo en que se puede utilizar la electricidad para extraer diversas materias primas esenciales para una civilización en fase de reinicio y para ayudarnos a explorar el sorprendente orden que subyace en el mundo químico.

La electrólisis y la tabla periódica

Ya hemos visto que dominar la generación y distribución de electricidad ofrece una fantástica fuente de energía para muchas de las funciones de una civilización en recuperación y permite la comunicación a través de enormes distancias. Pero la primera aplicación real de la electricidad en nuestra historia, que también a usted le resultará inestimable en los primeros momentos del reinicio, es utilizarla para romper compuestos químicos a fin de liberar sus componentes: la electrólisis.[2]

Así, por ejemplo, haciendo circular una corriente por una solución salina (de cloruro de sodio) obtendrá hidrógeno gaseoso burbujeando en el electrodo negativo, derivado de la división de las moléculas de agua, y cloro gaseoso en el positivo. Este hidrógeno se puede utilizar para inflar dirigibles y es una de las materias primas del proceso de Haber-Bosch (al que volveremos más adelante en este mismo capítulo), mientras que el cloro es valioso para producir los blanqueadores necesarios en la fabricación de papel y de tejidos, como hemos visto en el capítulo 4. Y si es usted un poquito hábil con el montaje también podrá extraer el hidróxido de sodio (sosa cáustica) que se acumula en el fluido electrolítico, el cual, como hemos visto antes, es un álcali fabulosamente útil. La electrólisis de agua pura (añadiendo un poco de hidróxido de sodio para ayudar a conducir la electricidad) producirá oxígeno e hidrógeno.

La electrólisis también permite separar el aluminio de su pétreo mineral, ya que este es demasiado reactivo para fundirlo utilizando carbón vegetal o coque.[3] Este es el metal más abundante en la corteza terrestre, y un importante componente de uno de los materiales más antiguos empleados por la humanidad: la arcilla. Sin embargo, resultaba prohibitivamente caro hasta que a finales de la década de 1880 se desarrolló un método eficaz para fundir y electrolizar su mineral.*

Por fortuna, una sociedad en recuperación no tendrá una necesidad inmediata de volver a purificar el metal partiendo de cero. El aluminio es tan resistente a la corrosión que se mantiene incorrupto durante siglos, y puede reciclarse fundiéndolo a la temperatura relativamente baja de 660 °C, empleando para ello el horno rudimentario que hemos visto en el capítulo 6.

Utilizando la electrólisis, podrá sintetizar varias sustancias útiles para la civilización, saltándose otros métodos químicos menos eficaces que se emplearon durante siglos. Además, la electrólisis le ayudará asimismo en su exploración científica del mundo, ya que descompone los compuestos para recuperar los componentes básicos puros de todas las sustancias: los elementos. En 1800, por ejemplo, la electrólisis demostró de manera concluyente que el agua no era un elemento en absoluto, sino un compuesto de hidrógeno y oxígeno. Y en el plazo de ocho años se aislaron otros siete elementos gracias a la electrólisis: el potasio, el sodio, el calcio, el boro, el bario, el estroncio y el magnesio. Los tres primeros se descubrieron utilizando la electricidad para descomponer sustancias comunes que hemos empleado con frecuencia en este libro: la potasa, la sosa cáustica y la cal viva, respectivamente. Y la electrólisis no solo constituye una técnica crucial para aislar elementos previamente desconocidos, sino que este proceso demuestra asimismo que los enlaces que mantienen unidos los átomos en los compuestos son de naturaleza electromagnética.[4]

---

* En la segunda mitad del siglo XIX, el emperador francés Napoleón III celebró un banquete con cubertería de aluminio para impresionar a sus invitados más distinguidos, presentando asimismo una vajilla de aluminio en lugar de plata. Extrañamente, este era a la vez el metal más común y más precioso del planeta. Pero con el desarrollo de un fundente adecuado y el uso de la electrólisis para su producción en serie, el aluminio descendió del prestigio de las reales vajillas a la indignidad de millones de latas de bebida tiradas a la basura.

Si considera las interacciones entre los distintos elementos, cómo tienden a comportarse cuando reaccionan entre sí —sus «personalidades»—, descubrirá una clamorosa verdad fundamental: los elementos no son solitarios, sino que de forma natural se agrupan en conjuntos de elementos con comportamientos similares, como familias. El descubrimiento de esta pauta estructura el universo químico, del mismo modo que la conciencia de las semejanzas morfológicas y, por ende, de la relación entre organismos vivos ordena el mundo biológico. El sodio y el potasio, por ejemplo, son ambos metales fuertemente reactivos que forman compuestos alcalinos, como la sosa cáustica y la potasa, de las que pueden aislarse por electrólisis, mientras que el cloro, el bromo y el yodo reaccionan todos ellos con metales para formar sales. Si clasificamos entonces los elementos conocidos en una matriz, alineando los que tienen propiedades similares en una misma columna para representar la pauta repetitiva subyacente, obtendremos la tabla periódica de los elementos.[5]

La moderna tabla periódica es un colosal monumento a la capacidad humana, tan impresionante como las pirámides o cualquiera de las otras maravillas del mundo. Es mucho más que una lista exhaustiva de elementos que han identificado los químicos con los años: se trata de una forma de organizar el conocimiento que nos permite predecir detalles acerca de lo que todavía no se ha encontrado.

Así, por ejemplo, cuando el químico ruso Dmitri Mendeléiev elaboró por primera vez una tabla periódica en 1869 con los sesenta y pico elementos entonces conocidos, encontró huecos en el encasillado: posiciones correspondientes a sustancias que faltaban. Pero lo brillante de aquella estructuración es que le permitió predecir con exactitud cómo serían tales elementos hipotéticos; por ejemplo, el eka-aluminio, la pieza que faltaba en la tabla inmediatamente debajo del aluminio. Aunque nadie había visto ni tocado nunca aquella hipotética materia, basándose meramente en su posición en la matriz se podía predecir que sería un metal brillante y dúctil, con una determinada densidad, y que sería sólido a temperatura ambiente pero se fundiría a una temperatura excepcionalmente baja para ser un metal. Unos años después, un francés descubrió un nuevo elemento en un mineral al que llamó galio, por el antiguo nombre de su país. Pronto se hizo evidente que este era el eka-aluminio ausente anticipado por Mendeléiev, y que su predicción del punto de fusión había dado en el clavo: el galio pasa de sólido a líquido a una temperatura de 30 °C, es decir, que el metal se funde literalmente entre las manos.*

Esta sencilla verdad sobre las pautas intrínsecas de los elementos le ayudará a estructurar sus propias investigaciones sobre la composición de la materia y acerca de cómo explotar mejor las diferentes propiedades que ofrecen las sustancias naturales. Pasemos ahora, basándonos en las lecciones de los capítulos 5 y 6, a echar un vistazo a dos útiles aplicaciones de un nivel químico un poco más complejo: los explosivos y la fotografía.

Explosivos

Podría usted pensar que los explosivos son exactamente la clase de tecnología que habría que excluir de un manual para una civilización en fase de reinicio, a fin de prolongar una coexistencia pacífica el máximo tiempo posible. Sin duda es cierto que los explosivos pueden utilizarse con fines belicistas (o defensivos), e históricamente sus procesos químicos se han desarrollado en paralelo con la meta-

---

* Desde la década de 1930 hemos dado un paso más y llenado nuevas filas en la parte inferior de la tabla periódica con elementos que no existen en la naturaleza, sino que se han creado tecnológicamente; átomos con un núcleo tan hinchado de protones y neutrones que resultan extremadamente inestables y se desintegran de nuevo casi de inmediato en un torbellino de radiactividad. Sin embargo, a lo largo de nuestra propia historia no solo hemos ideado materiales nuevos —cerámicos como el vidrio o mezclas de metales como las aleaciones de acero— o nuevas moléculas como los polímeros orgánicos de los plásticos, sino que hemos aprendido asimismo a transmutar los propios elementos, alcanzando el sueño de los alquimistas. Y con dedicación, una civilización que siguiera nuestros pasos sería capaz de lograr lo mismo.

lurgia requerida para contener y dirigir la explosión de forma segura a fin de obtener cañones o armas de fuego fiables. Pero sus usos pacíficos posiblemente resultan mucho más cruciales para una civilización en recuperación: los explosivos son de enorme utilidad en las escopetas de caza, para fracturar paredes de roca en canteras y minas, y para excavar túneles y canales. Pero en un mundo postapocalíptico quizá sería aún más importante su uso para la demolición de edificios altos en ruinas e inseguros a fin de aprovechar sus componentes estructurales y limpiar el terreno para su reurbanización en la medida en que la civilización vuelva a extenderse a barrios largo tiempo desiertos. En cualquier caso, el conocimiento científico en sí mismo es neutro: es el fin al que se aplica el que resulta ser bueno o malo.

Para crear una explosión —un rápido impulso expansivo que hiere los tímpanos, rompe una pared de roca o derriba un edificio—, tendrá que generar de forma repentina una burbuja de aire a muy alta presión en un pequeño espacio. Y la mejor forma de lograrlo es con un frenético torbellino de reactividad química que convierta sustancias sólidas en gases calientes, que ocupan mucho más espacio y, en consecuencia, se expanden rápidamente hacia fuera desde el punto de reacción. Un rifle moderno, por ejemplo, contiene más o menos la cantidad de pólvora equivalente a un terrón de azúcar en la carga que lleva la bala detrás, pero cuando se dispara reacciona de forma extraordinariamente rápida, creando una bola de gas del tamaño aproximado de un globo de fiesta. Al tratar de expandirse de súbito dentro de los claustrofóbicos límites del estrecho cañón del rifle, se crea una fuerza lo bastante potente para lanzar la bala aproximadamente a la velocidad del sonido.

Puede adaptar combustibles sólidos como explosivos triturándolos hasta convertirlos en un polvo fino para que el aire tenga acceso a una superficie mucho mayor a fin de acelerar la combustión; el polvo de carbón y la harina arden de forma extremadamente vigorosa (e incluso pueden producirse explosiones en las fábricas de crema). Una solución aún mejor es eliminar la necesidad de tomar oxígeno del aire, y, en lugar de ello, proporcionar abundantes átomos de oxígeno en estrecha proximidad al combustible a fin de obtener una combustión rápida. A una sustancia química que suministra generosamente átomos de oxígeno —o, hablando en términos más generales, que se muestra ansiosa por aceptar electrones de otras sustancias químicas— se la denomina un agente oxidante o, sencillamente, un oxidante.

Resulta irónico que el primer explosivo desarrollado en la historia lo formularan los alquimistas chinos del siglo IX que buscaban un elixir de la inmortalidad: la pólvora negra.[6] La pólvora está compuesta de carbón vegetal —el combustible o agente reductor— y salitre (hoy llamado nitrato de potasio) —el oxidante— molidos y mezclados. Añadir un poco de azufre elemental amarillo a la mezcla cambiará los productos finales de la reacción y hará que quede mucha más energía para la violenta sacudida. La mejor receta para la pólvora es mezclar partes iguales de salitre y azufre con seis partes de combustible de carbón a fin de obtener un cóctel químico cargado de energía latente lista para estallar.

El ingrediente de nitrato de la pólvora requiere cierto grado de habilidosas manipulaciones químicas. Históricamente, la fuente de nitratos para explosivos, así como para fertilizantes, era de lo más humilde: un montón de estiércol bien madurado contiene montones de bacterias que han convertido las moléculas que contienen nitrógeno en nitratos, y estos pueden extraerse aprovechando la circunstancia de que compuestos similares presentan distinta tendencia a disolverse en agua. Es un hecho demostrado en química que todas las sales de nitrato son fácilmente solubles en agua, mientras que las sales de hidróxido suelen ser insolubles. Así pues, eche unos cuantos cubos de agua de cal (hidróxido de calcio; véase el capítulo 5) en un montón de estiércol, y la mayor parte de los minerales se quedarán atrapados dentro en forma de hidróxidos insolubles, mientras que el calcio recogerá y arrastrará los iones de nitrato. Recoja este líquido y añádale un poco de potasa. El potasio y el calcio cambiarán de compañeros, produciendo carbonato de calcio y nitrato de potasio. El carbonato de calcio no se disuelve en agua —es el compuesto que forma la piedra caliza y la creta, y es evidente que las rocas blancas de Dover no desaparecen con cada ola del mar—, pero el nitrato de potasio sí. Filtre, pues, el blanquecino precipitado calcáreo antes de eliminar el agua por ebullición para quedarse con los cristales de salitre. Una buena prueba para comprobar si ha logrado aislar este con éxito es empapar una tira de papel con un poco de solución y dejarla secar: si ha obtenido nitrato de potasio, esta se quemará con una llama vivaz y crepitante.

El proceso químico para obtener salitre es bastante sencillo; el problema será encontrar suficientes fuentes de nitratos para utilizar como materia prima cuando aumenten las demandas de su civilización en recuperación. Los depósitos minerales adecuados solo se encuentran en entornos muy áridos (el salitre es muy soluble y, por lo tanto, es fácil que el agua lo arrastre), como el desierto de Atacama en Sudamérica. Por otra parte, el guano de ave es también muy rico en nitratos. La utilidad de estos tanto para fertilizantes como para explosivos hizo que se convirtieran en una mercancía crucial a finales del siglo XIX, y se libraron guerras por la posesión de islas diminutas y yermas solo para hacerse con el excremento de pájaro incrustado en su superficie. Más adelante en este mismo capítulo echaremos un vistazo al modo de liberar a su civilización en desarrollo de las restricciones impuestas por la escasez de nitrógeno.

Aunque la pólvora soporta una combustión rápida mezclando cómodamente polvos combustibles y oxidantes, existe una forma aún mejor de garantizar una reacción más vigorosa y, por ende, una explosión más potente: combinar el combustible y el oxidante en una misma molécula. Hacer reaccionar toda una serie de moléculas orgánicas con una mezcla de ácidos nítrico y sulfúrico (véase el capítulo 5) sirve para oxidarlas, sujetando los grupos nitrato a la molécula de combustible. Así, por ejemplo, oxidar con ácido nítrico papel o algodón (en ambos casos, hojas de fibras de celulosa vegetal) produce la nitrocelulosa, un compuesto extremadamente inflamable conocido también como fulmicotón o algodón pólvora.

Otro explosivo más potente que la pólvora es la nitroglicerina. Este explosivo transparente y oleoso se produce mediante la nitración de la glicerina, un subproducto de la elaboración de jabón, tal como hemos visto en el capítulo 5; pero resulta desastrosamente inestable y susceptible de estallarnos en la cara a la menor provocación. La solución que encontró Alfred Nobel para estabilizar su potencial destructivo fue envolver la nitroglicerina, sensible a cualquier golpe, en rollos de material absorbente como el serrín o la arcilla, creando así los cartuchos de dinamita. (Fue la fortuna que ganó con este invento la que Nobel utilizaría luego para fundar los famosos premios a las grandes contribuciones a la humanidad en los ámbitos de las ciencias, la literatura y la paz.)[7]

La producción de explosivos potentes se basa, pues, en el ácido nítrico como poderoso agente oxidante, y este mismo ácido también se necesita en fotografía y, en general, para captar la luz utilizando la química de la plata.

FOTOGRAFÍA

La fotografía es una técnica maravillosa, una forma de explotar la luz para grabar una imagen, capturando un instante en el tiempo y preservándolo para la eternidad. Una foto de vacaciones puede suscitar vívidos recuerdos aun décadas más tarde y registrar el mundo con mucha mayor fidelidad de la que puede llegar a ofrecer nunca la memoria. Sin embargo, más allá de las fotos de fiestas con gente achispada, los retratos de familia o los paisajes impresionantes, el valor incomparable de la fotografía durante los últimos doscientos años ha residido en presentar lo que el ojo no puede ver.[8] Esta representa una tecnología posibilitadora clave para numerosos campos de la ciencia, y será vital a la hora de acelerar el reinicio. La fotografía permite a los investigadores registrar acontecimientos y procesos que son muy débiles o que se producen en escalas de tiempo demasiado rápidas o demasiado lentas para que los percibamos, o en longitudes de onda invisibles. Así, por ejemplo, la fotografía se puede utilizar con tiempos de exposición prolongados para captar una luz débil a lo largo de períodos mucho más largos de los que puede permitirse el ojo humano, posibilitando a los astrónomos estudiar una multitud de tenues estrellas y traducir débiles manchas en detalladas galaxias y nebulosas.* Las emulsiones fotográficas son también sensibles a los rayos X, y, gracias a ello, le permitirán crear imágenes médicas para examinar el interior del cuerpo.

La química esencial que subyace en la fotografía es bastante simple: ciertos compuestos de plata se oscurecen al exponerlos a la luz del Sol y, por lo tanto, pueden emplearse para grabar una imagen en blanco y negro.[9] El truco está en crear una forma soluble de plata que pueda extenderse de manera uniforme en una fina película, y luego convertirse en una sal insoluble que se pegue a la superficie exterior del medio fotográfico y que ya no se vaya con agua.

Para empezar, cubra una hoja de papel con claras de huevo (albumen) que contengan un poco de sal disuelta, y déjela secar. Luego disuelva un poco de plata en ácido nítrico, que oxidará el metal convirtiéndolo en nitrato de plata, que es soluble,** y extienda la

---

* También podría utilizar una cámara para demostrar, aun después de eones de tiempo, la existencia de nuestra anterior civilización tecnológicamente avanzada. Una foto del cielo nocturno tomada cerca del ecuador celeste (a 90° del polo; véase el capítulo 12) con una exposición de un minuto o dos difuminará todas las estrellas convirtiéndolas en rayas curvas debido a la rotación de la Tierra. Pero de vez en cuando descubrirá algo muy curioso: minúsculos puntos de luz que no se han difuminado en absoluto. Resulta que esos objetos en apariencia fijos en el cielo se mueven exactamente a la misma velocidad a la que gira el planeta: son objetos artificiales que se colocaron de manera deliberada alrededor de la Tierra en esa configuración concreta. Se trata de satélites geoestacionarios que rodean el ecuador a una distancia especial en la que el período orbital es exactamente de un día; tales satélites permanecen fijos sobre el mismo punto de la superficie terrestre y, en consecuencia, son unos buenos repetidores de comunicaciones. Su órbita también es estable, y mucho después de que todas nuestras ciudades y otros artefactos se hayan reducido a polvo y hayan quedado enterrados, ellos seguirán siendo monumentos a nuestra civilización tecnológica en el prístino entorno del espacio, fáciles de detectar si uno sabe cómo.

** Ya que estamos con la química de la plata, merece la pena mencionar otra capacidad esencial: la de crear un espejo, indispensable más allá de la mera vanidad como un componente crucial de los telescopios de alta potencia o del sextante para la navegación. Para ello se mezcla una solución de amoníaco alcalina (véase el capítulo 5) con el nitrato de plata y un poco de azúcar, y luego se vierte sobre la parte posterior de un trozo de vidrio limpio. El azúcar reduce de nuevo la plata a

solución sobre el papel previamente preparado. El cloruro de sodio reaccionará creando cloruro de plata, que es sensible a la luz y también insoluble, mientras que el albumen de huevo impedirá que la emulsión fotográfica empape las fibras del papel. Una sola cucharadita de plata sólida contiene suficiente cantidad del elemento puro para producir más de 1.500 copias fotográficas.

Cuando los rayos de luz inciden en el papel sensibilizado, proporcionan la energía necesaria para liberar electrones en los granos y reducir así el cloruro de plata a plata metálica. Las grandes concentraciones de plata, como en una bandeja pulida, tienen un lustre brillante, pero, en cambio, una mota de diminutos cristales metálicos dispersa la luz y, en consecuencia, presenta un aspecto oscuro. Por otra parte, las zonas de la hoja sensibilizada no expuestas a la luz mantienen el blanco del papel de debajo. El paso clave tras la exposición es poner fin a esta reacción fotoquímica y de ese modo estabilizar las sombras captadas. El tiosulfato de sodio, que es el agente fijador que se utiliza todavía hoy, resulta relativamente fácil de preparar. Insufle dióxido de azufre gaseoso (véase el capítulo 5) en una solución de sosa comercial o de sosa cáustica, luego hiérvala con azufre pulverizado y déjela secar para obtener los cristales del tiosulfato.

Si utilizamos una lente en una caja oscura para proyectar una imagen sobre papel sensible en la pared opuesta obtenemos una cámara fotográfica, pero incluso con un Sol radiante se puede tardar muchas horas en hacer una foto con este rudimentario sistema basado meramente en la química de la plata. Por fortuna, se puede incrementar enormemente la sensibilidad de la cámara con un revelador, un tratamiento químico que completa la transformación de los granos parcialmente expuestos, reduciéndolos por completo a plata metálica. El sulfato de hierro, que funciona bien en ese aspecto, se puede sintetizar bastante fácilmente disolviendo hierro en ácido sulfúrico. Y en la medida en que la habilidad química de la sociedad

---

metal puro y, al hacerlo, deposita una fina capa brillante directamente sobre la superficie del vidrio.

postapocalíptica vaya mejorando se podrá reemplazar la sal de cloro por uno de sus parientes atómicos, el yodo o el bromo, que produce emulsiones fotográficas mucho más sensibles a la luz.

Sin embargo, el hecho de que la exposición a la luz vuelva oscuros los granos fotosensibles, ahora de metal de plata, mientras que las sombras de la escena siguen siendo claras, implica que la foto sale con una inversión tonal con respecto a lo que ve nuestro ojo; es decir, que lo que obtenemos es un «negativo». No hay ninguna reacción química de acción rápida que produzca ya de entrada una imagen permanente positiva —esto es, no hay ninguna sustancia inicialmente negra que se blanquee con rapidez al exponerla a la luz del Sol—, y, en consecuencia, la fotografía se ve lastrada por este resultado negativo. El salto conceptual necesario aquí es comprender que, si en el interior de la cámara esta imagen negativa invertida se graba en un medio transparente, solo hace falta una segunda etapa consistente en imprimirla utilizando el negativo como una máscara colocada sobre papel sensibilizado, de modo que la pauta de luces y sombras vuelva a invertirse pasando a ser normal de nuevo. El denominado proceso del colodión húmedo emplea algodón pólvora disuelto en una mezcla de solventes de éter y etanol —sustancias que ya hemos examinado en este libro— para producir un fluido espeso y transparente. Es perfecto para cubrir una placa de vidrio de sustancias fotoquímicas, y luego exponer y revelar la imagen antes de que el fluido se seque y forme una dura película impermeable. Y si en lugar de ello se utiliza gelatina (obtenida hirviendo huesos de animal, tal como hemos visto en el capítulo 5), es posible crear una placa seca aún más fotosensible, que también permite tiempos de exposición mucho más largos.

La fotografía es un ejemplo fantástico de una nueva aplicación creada por la fusión de varias tecnologías preexistentes, con la utilización de materiales y sustancias relativamente simples. Construya un horno revestido de arcilla refractaria para producir su propio vidrio fundiendo arena de sílice o cuarzo con un fundente de ceniza de soda. Tome una porción para pulir una lente de enfoque y otra para aplanarla formando un cristal rectangular que hará de placa negativa, y utilice sus habilidades en la fabricación de papel para producir buenas copias. La química subyacente en la fotografía emplea los mismos ácidos y solventes de los que ya nos hemos valido repetidamente en este libro, y lo cierto es que podría usted tomar una primitiva foto utilizando materiales obtenidos de una cuchara de plata, un montón de estiércol y sal común. De hecho, si diera un salto en el tiempo y retrocediera a la década de 1500, podría obtener fácilmente todas las sustancias químicas y componentes ópticos necesarios para construir una rudimentaria cámara, de modo que, en lugar de tener que pintar un óleo, podría enseñarle a Holbein a tomar una foto del rey Enrique VIII.

Rellenar la tabla periódica de los elementos, detonar los explosivos y utilizar la fotografía como instrumento de redescubrimiento constituirán actividades importantes para una civilización que vuelva a empezar tras el apocalipsis. Pero en la medida en que la sociedad se recupere y empiece a prosperar, necesitará cada vez mayores cantidades de las sustancias básicas que hemos examinado a lo largo de este libro. Y para satisfacer esas demandas, la civilización tendrá que desarrollar los procesos más avanzados de la química industrial.

QUÍMICA INDUSTRIAL[10]

A menudo oímos hablar de que la revolución industrial y la innovación de ingeniosos artilugios mecánicos vinieron a aliviar el arduo trabajo de la humanidad, lo que, a su vez, aceleró enormemente el ritmo del progreso y transformó la sociedad del siglo XVIII. Pero la transición a una civilización avanzada le debe tanto a la invención de procesos químicos para la síntesis a gran escala de los ácidos necesarios, bases, solventes y otras sustancias cruciales para el funcionamiento de la sociedad como a la maquinaria que permitió automatizar el hilado y el tejido y construir rugientes máquinas de vapor.

Muchas de las necesidades vitales que hemos examinado en este libro requieren los mismos reactivos para realizar la transformación de las materias primas recogidas en el entorno en las mercancías o productos necesarios. Y a medida que la población vaya aumentando con el transcurso de las generaciones en la sociedad en recuperación, su capacidad para satisfacer la demanda de estas sustancias esenciales utilizando los métodos rudimentarios que hemos examinado hasta ahora se irá haciendo insuficiente, amenazando con impedir ulteriores progresos.

Aquí nos centraremos en la producción de dos sustancias que se convirtieron en gravosos obstáculos en la historia del Occidente desarrollado: la sosa a finales de la década de 1700, y el nitrato a finales de la de 1800. Asegurar un suministro adecuado de ambas también resultará inevitablemente esencial para una sociedad postapocalíptica. Entonces, ¿cómo puede una civilización en recuperación liberarse de las restricciones de tener que depender de las cenizas para obtener sosa o del estiércol para obtener nitratos? Empecemos por la síntesis de sosa a gran escala, un proceso que vino a constituir los cimientos de la química industrial en nuestra historia.[11]

Como ya hemos visto, el carbonato de sodio (denominado ceniza de soda, sosa comercial o simplemente sosa) es un compuesto de vital importancia empleado en un inmenso número de actividades en toda la sociedad. Es indispensable como fundente de la arena en la elaboración de vidrio (actualmente más de la mitad de la producción global de carbonato de sodio se utiliza para la fabricación de vidrio), y cuando se convierte en sosa cáustica (hidróxido de sodio) constituye el mejor agente para generar las reacciones químicas fundamentales en la fabricación de jabón y en la separación de las fibras vegetales necesarias para hacer papel. El vidrio, el jabón y el papel son pilares centrales de la civilización, y desde la Edad Media hemos necesitado un suministro constante y barato de álcali para los tres.

Tradicionalmente, este álcali lo proporcionaba la potasa procedente de la madera quemada, y en el siglo XVIII la extensa deforestación de gran parte de Europa supuso que la potasa tuviera que empezar a importarse de Norteamérica, Rusia y Escandinavia. Sin embargo, para numerosas aplicaciones era preferible la ceniza de soda (la sosa cáustica elaborada a partir de esta es un agente hidrolizante mucho más potente que la potasa cáustica), que se producía en España quemando la planta autóctona barrilla, y en las costas escocesa e irlandesa quemando el alga marina laminaria arrastrada a tierra por las tormentas. También se extraía carbonato de sodio de los depósitos de lechos lacustres secos del mineral natrón en Egipto. Pero en la segunda mitad del siglo XVIII, debido al crecimiento de la población y la economía occidentales, la demanda de sosa empezó a exceder el suministro derivado de estas fuentes naturales, como volverá a ocurrir inevitablemente en una sociedad en recuperación. La sal marina común y la ceniza de soda son parientes químicos;* ¿se puede convertir, entonces, una sustancia básicamente ilimitada en una materia económicamente crucial?

Una sencilla operación en dos pasos, desarrollada por el químico francés del siglo XVIII Nicolas Leblanc, consiste en hacer reaccionar la sal con ácido sulfúrico y a continuación tostar el producto con piedra caliza triturada y carbón vegetal o mineral en un horno a unos 1.000 °C, formando una sustancia negra de aspecto ceniciento. El carbonato de sodio que nos interesa es soluble en agua, de modo que puede usted sumergirlo en esta utilizando exactamente la misma técnica que se emplearía con las cenizas de algas. Sin embargo, aunque este proceso de Leblanc constituye una forma fácilmente realizable de convertir sal en sosa, liberándole de las limitaciones de tener que quemar plantas o depósitos minerales, resulta extremamente ineficiente y produce abundantes desechos nocivos.** De

---

* En la nomenclatura moderna diríamos que la sal marina común (cloruro de sodio) y la sosa o ceniza de soda (carbonato de sodio) son sales químicas de la misma base (el hidróxido de sodio, conocido tradicionalmente como sosa cáustica).

** A comienzos del siglo XIX, estos simplemente se vertían como residuos tóxicos: en los campos de alrededor de las fábricas de sosa se apilaban montones insolubles de sulfuro de calcio oscuro y de aspecto ceniciento, y de las altas chimeneas emanaban nubes de cloruro de hidrógeno, causando grandes daños a la flora circundante. En 1863, Gran Bretaña aprobó la Ley de Álcalis, que prohibía la emisión de cloruro de hidrógeno, en la que sería la primera ley moderna contra la contaminación atmosférica. La respuesta inmediata de las plantas de fabricación de sosa fue limpiar este gas soluble echando agua de arriba abajo a través del interior de sus chimeneas y luego verter el ácido clorhídrico resultante directamente en el

modo que, en condiciones ideales, a una civilización en fase de reinicio le interesará saltarse el proceso de Leblanc, fácil pero antieconómico, y pasar directamente a un sistema más eficiente.[12]

El proceso de Solvay resulta algo más complejo, pero emplea ingeniosamente amoníaco para cerrar el bucle: los reactivos que utiliza se reciclan dentro del propio sistema, minimizando los subproductos de desecho y, por ende, también la contaminación. La reacción química que constituye el núcleo del proceso de Solvay es la siguiente. Cuando se añade un compuesto conocido como bicarbonato de amonio a una solución salina concentrada, el ión bicarbonato cambia de sitio y pasa a unirse al sodio formando bicarbonato de sodio (idéntico al agente leudante empleado en la cocción al horno), que luego puede simplemente calentarse para convertirlo en ceniza de soda. El primer paso para lograr esto es pasar la solución salina concentrada a través de dos torres, en las que se le insuflará primero amoníaco gaseoso y luego dióxido de carbono a fin de que estos se disuelvan en el agua salada y se combinen produciendo el esencial bicarbonato de amonio. La reacción de intercambio se produce con la sal, dando como resultado bicarbonato de sodio, que no se disuelve y, por lo tanto, se deposita en forma de un sedimento que puede recogerse. El amoníaco es el ingrediente clave en esta fase, ya que mantiene la alcalinidad precisa de la solución salina y, con ello, asegura que el bicarbonato de sosa no pueda disolverse, separando netamente las dos sales.

El dióxido de carbono necesario para este paso inicial se obtiene cociendo piedra caliza en un horno (exactamente de la misma forma en que hemos visto en el capítulo 5 que se quema cal para la producción de mortero y hormigón). La cal viva resultante se añade a la solución salina una vez extraída la sosa, y regenera el amoníaco insuflado inicialmente para poder utilizarlo de nuevo. Así, en total, el proceso de Solvay consume solo cloruro de sodio y piedra caliza, y junto con la valiosa sosa produce únicamente cloruro de calcio

---

río más cercano, esquivando hábilmente la ley al convertir la contaminación del aire en contaminación del agua.

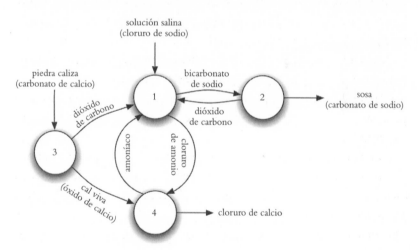

solución salina
(cloruro de sodio)

piedra caliza
(carbonato de calcio)

bicarbonato
de sodio

1

2

sosa
(carbonato de sodio)

dióxido
de carbono

dióxido
de carbono

3

amoníaco

cloruro
de amonio

cal viva
(óxido de calcio)

4

cloruro de calcio

Una planta neoyorquina de producción de sosa comercial (o ceniza de soda) de finales del siglo XIX, propiedad de Solvay Process Co. (*arriba*). Los cuatro pasos del proceso Solvay para sintetizar sosa artificialmente (*abajo*). Puede verse que el reciclaje del amoníaco constituye una parte esencial de este fundamental proceso químico.

como subproducto, que a su vez se utiliza para esparcirlo en invierno en las carreteras como sal anticongelante. Ese elegante y autosuficiente sistema, que recicla ingeniosamente el elemento esencial del amoníaco sobre la marcha y se basa solo en pasos químicos bastante rudimentarios, sigue siendo todavía hoy la principal fuente de producción de sosa en todo el mundo (salvo en Estados Unidos, donde en la década de 1930 se descubrió en Wyoming un gran depósito de trona, un mineral de carbonato de sodio). Y para una civilización en recuperación, el proceso de Solvay representa una maravillosa oportunidad para saltarse otras alternativas menos eficientes y venenosamente contaminantes en la producción de la esencial sosa.

El proceso de Solvay convierte, pues, una fuente abundante del elemento sodio (la sal común) en el crucial compuesto alcalino que es la sosa. Pero antes de que pase mucho tiempo una civilización en progreso empezará a tener problemas de restricción de suministro de otro producto esencial. Uno de los procesos químicos fundamentales para todos los que hoy vivimos tiene que ver con el elemento nitrógeno y con otra milagrosa transformación de una sustancia alcalina común en algo que tiene un valor vital.

En términos del número de personas a las que afecta directamente cada día, el avance tecnológico más profundo del siglo XX no fue la invención del vuelo, los antibióticos, los ordenadores electrónicos o la energía nuclear, sino el medio de sintetizar una sustancia química humilde y de olor nauseabundo: el amoníaco. Como hemos visto a lo largo de este libro, el amoníaco y los compuestos nitrogenados relacionados con él (y, por lo tanto, químicamente intercambiables), el ácido nítrico y los nitratos, constituyen las piedras angulares de la química que sustenta la civilización. Los nitratos son indispensables para la producción tanto de fertilizantes como de explosivos, pero en los últimos años del siglo XIX el mundo industrializado lo estaba agotando. La demanda comenzaba a exceder a la oferta, y Norteamérica y los países europeos empezaron a preocuparse no solo del problema de asegurar municiones a sus ejércitos, sino también, y fundamentalmente, del de proporcionar el suficiente alimento para mantener vivos a sus ciudadanos.

Durante milenios, la respuesta al crecimiento demográfico había sido simplemente roturar más tierras para su cultivo. Sin embargo, una vez que se ha alcanzado el límite de la tierra disponible, el único modo de alimentar a un número de bocas que se multiplican es aumentar el rendimiento de las cosechas de una misma área cultivable, y, tal como hemos visto en el capítulo 3, tanto reintegrar el abono al suelo como plantar legumbres son ambos métodos eficaces. Pero cuando la población alcanza un cierto límite —un lleno absoluto, por así decirlo—, la civilización se topa con un dilema inevitable. No se puede obtener más estiércol del ganado porque para ello habría que alimentar primero a los animales con plantas cultivadas en la tierra, pero al mismo tiempo ya no se pueden sembrar más campos con legumbres, puesto que eso disminuye la tierra disponible para cultivar cereales. Se ha alcanzado la capacidad de carga de la agricultura orgánica.

El único recurso es inyectar nitrógeno externo en el ciclo agrícola. Durante todo el siglo XIX, la agricultura occidental tuvo una fuerte dependencia del guano importado y del salitre extraído del desierto chileno. Pero estas fuentes se agotaron con rapidez, y en Inglaterra, el presidente de la Asociación Británica para el Avance de la Ciencia, sir William Crookes, ya advertía en 1898 de que «estamos gastando el capital de la Tierra, pero nuestros cheques no se van a pagar eternamente» (una advertencia a la que sería prudente prestar atención hoy en día, cuando el voraz apetito de nuestra civilización por el petróleo crudo y otros recursos naturales amenaza con agotarlos).[13] El mundo que dejemos atrás ya se habrá visto despojado de esos depósitos naturales de nitrato, y una civilización postapocalíptica madura no tardará mucho en estamparse contra esa pared.

La atmósfera del planeta es rica en nitrógeno —este representa casi el 80 por ciento de cada una de nuestras inspiraciones—, pero dicho elemento es también recalcitrantemente poco reactivo. Los dos átomos del nitrógeno se mantienen firmemente unidos por un triple enlace; y, de hecho, el nitrógeno gaseoso es la sustancia diatómica menos reactiva conocida.[14] Esto hace que resulte muy difícil transformarlo en formas accesibles, esto es, «fijarlo». A finales del siglo XIX se había hecho evidente que encontrar el modo de fijar el nitrógeno era clave para el progreso de la propia civilización; que la química había de acudir al rescate de la humanidad.

La solución, descubierta en 1909 y todavía utilizada hoy, se conoce como el proceso de Haber-Bosch.[15] A primera vista, dicho proceso parece seductoramente simple. El nitrógeno, el gas más común en la atmósfera terrestre, y el hidrógeno, el elemento más abundante en todo el universo, son sus únicas materias primas, mezcladas en una proporción de uno a tres en un reactor y combinadas para formar NH_3, es decir, amoníaco. El nitrógeno puede aspirarse simplemente del aire, mientras que en la actualidad el hidrógeno se extrae del metano, aunque también puede obtenerse de la electrólisis del agua. Conseguir que el nitrógeno participe en el proceso requiere cortar los robustos enlaces que mantienen unidos sus dos átomos, y ello, a su vez, requiere un catalizador. Una forma porosa de hierro, con el añadido de hidróxido de potasio (la potasa cáustica que hemos visto en el capítulo 5) como potenciador para incrementar su eficacia, funciona bien a la hora de propiciar esta reacción. La reacción nunca llega a completarse, de modo que los gases se enfrían para que el producto deseado se condense como lluvia de amoníaco, que luego puede extraerse y almacenarse, mientras que los gases que aún no han reaccionado se reciclan varias veces a través del reactor hasta que prácticamente se consigue transformar la totalidad. Pero, como ocurre con muchas otras cosas, el truco está en los detalles, y en realidad el proceso de Haber-Bosch resulta bastante difícil de llevar a cabo.

Muchas reacciones químicas son básicamente unidireccionales: una calle de sentido único de reactivos que se recombinan en productos. Así, por ejemplo, en una vela que arde las céreas moléculas hidrocarbonadas se oxidan por el proceso de combustión convirtiéndose en agua y dióxido de carbono, pero la transformación inversa jamás se produciría espontáneamente. Otros procesos químicos, en cambio, son reacciones reversibles, y las dos conversiones opuestas se producen en ambos sentidos simultáneamente. Los «reactivos» se transforman en «productos», pero al mismo tiempo estos se convierten de nuevo en aquellos. La conversión entre una mezcla de nitrógeno-hidrógeno y amoníaco es uno de tales procesos reversibles, y para inclinar la balanza hacia el compuesto deseado tendrá que disponer cuidadosamente las condiciones del interior del reactor. En el caso de la producción de amoníaco, eso significa una alta temperatura (alrededor de 450 °C) y una presión tremendamente elevada (en torno a las 200 atmósferas). Y esas condiciones extremas en el reactor y en los conductos anexos son la razón de que el proceso de Haber-Bosch resulte tan difícil de realizar. Mucho más que los otros procesos cruciales aquí examinados que requieren el calor de un horno —como la fabricación de vidrio o la fundición de metal—, llevar a cabo la fijación del nitrógeno es una hazaña de consumada ingeniería. Si su sociedad postapocalíptica no logra rescatar un recipiente de reactor adecuado, tendrá usted que aprender a construir una olla a presión industrial.

Persuadir al nitrógeno gaseoso de que se combine con hidrógeno para formar amoníaco es solo el primer paso. Una vez fijado el nitrógeno, tendrá que convertirlo en una sustancia química de utilidad más general: ácido nítrico. El amoníaco se oxida en un convertidor de alta temperatura; no un simple horno, sino un recipiente que básicamente quema el propio gas amoníaco como combustible, utilizando un catalizador de platino-rodio. Esta es de hecho la aleación que se encuentra en el catalizador incorporado a los tubos de escape de los automóviles para reducir las emisiones contaminantes, y, por lo tanto, debería ser relativamente fácil de encontrar y recuperar. El dióxido de nitrógeno producido se absorbe luego en el agua, creando ácido nítrico.

Ninguno de estos dos productos —amoníaco y ácido nítrico— se puede esparcir directamente en el campo de un agricultor para ayudar a potenciar el crecimiento del cultivo: el primero es demasiado alcalino y el segundo, demasiado ácido. Pero cuando simplemente se mezclan ambos, se neutralizan y forman la sal nitrato de amonio, que constituye un magnífico fertilizante por cuanto que contiene una doble dosis de nitrógeno accesible. Como hemos visto en el capítulo 7, el nitrato de amonio resulta útil asimismo en medicina, ya que se descompone liberando óxido nitroso, que es un anestésico. También es un potente agente oxidante, y, debido a ello, puede utilizarse para fabricar explosivos.* De modo que, si se encuentra usted en una sociedad postapocalíptica ya madura que pase a convertirse en una civilización industrializada, el proceso de Haber-Bosch le liberará de tener que depender de recoger estiércol animal o guano, remojar cenizas de madera o excavar depósitos minerales de salitre para obtener su vital suministro de nitrato, y, en cambio, le permitirá disponer de las reservas prácticamente ilimitadas de nitrógeno de la atmósfera.

Hoy, el proceso de Haber-Bosch genera cada año alrededor de 100 millones de toneladas de amoníaco sintético, y el fertilizante elaborado a partir de este sustenta a una tercera parte de la población mundial: alrededor de 2.300 millones de bocas hambrientas se alimentan gracias a esta reacción química. Y dado que nuestras células asimilan las materias primas que contiene el alimento que ingerimos, aproximadamente la mitad de la proteína de nuestro cuerpo está hecha de nitrógeno fijado artificialmente mediante la capacidad tecnológica de nuestra especie. En cierto sentido, puede decirse que en parte estamos fabricados industrialmente.

---

* El terrorista Timothy McVeigh metió más de dos toneladas del fertilizante nitrato de amonio en la parte trasera de un camión para llevar a cabo el atentado de Oklahoma City; asimismo, una de las mayores explosiones no nucleares del mundo se produjo en 1947 cuando un incendio hizo estallar un barco que transportaba más de 2.000 toneladas de dicho compuesto en el puerto de Texas City.

12

Tiempo y lugar

Las generaciones van y vienen, pero la tierra permanece.

Eclesiastés 1, 4

Las ideas que las ruinas evocan en mí son grandiosas. Todo se queda en nada, todo perece, todo pasa, solo el mundo permanece, solo el tiempo perdura.

Denis Diderot, *Salón de 1767*[1]

En el capítulo anterior he desarrollado una química industrial bastante compleja, adecuada para satisfacer las necesidades de una sociedad floreciente varias generaciones después de su recuperación. Ahora deseo volver de nuevo a lo básico: averiguar qué podrían hacer los supervivientes para encontrar, partiendo absolutamente de cero, la respuesta a dos preguntas clave, «¿qué hora es?» y «¿dónde estoy?». Este se halla lejos de ser un ejercicio frívolo: la capacidad de situar nuestro paso por el tiempo y el espacio resulta esencial. La primera le permitirá medir el paso del tiempo durante el día, y seguir el ritmo de los días y las estaciones, un requisito previo para tener éxito en la agricultura. Veremos qué observaciones podría hacer para reconstruir un calendario sorprendentemente preciso, y, si así lo deseara, incluso determinar en un ignoto futuro qué año es (la pregunta clásica que sale de labios del héroe en todas las película de viajes en el tiempo). La segunda es importante para permitirle situar su posición en el globo en ausencia de puntos de referencia reconocibles. Es vital para determinar dónde se encuentra en relación con dónde quiere estar, y permite la navegación de cara al comercio o a la exploración.

Empecemos por el tiempo.

Cómo saber la hora

Un elemento fundamental en cualquier civilización es la capacidad de seguir el curso de las estaciones, conocer los mejores momentos para sembrar y luego cosechar, y, de ese modo, prepararse para la llegada del mortífero invierno o de la estación seca. Y cuando una sociedad se vuelve más sofisticada y sus rutinas se estructuran de modo más riguroso, saber la hora durante el día resulta cada vez más importante. Los relojes son indispensables para regular la duración de diferentes actividades y sincronizar la vida cívica. Desde la jornada laboral de los comerciantes hasta el inicio y el final del mercado, y en las sociedades religiosas el momento de congregarse en el lugar de oración, todo se coreografía al compás de la hora.

En principio, puede usted medir el tiempo explotando cualquier proceso que se verifique a un ritmo constante. Históricamente se han utilizado un sinfín de métodos, y en las primeras etapas del reinicio resultarán útiles si no se ha conservado reloj alguno. Entre ellos se incluyen el goteo regular de una clepsidra o reloj de agua, donde se indica la hora mediante una línea graduada en un lado de la parte inferior o bien del depósito inicial, o bien del receptáculo; o el chorrito de arena u otro material granular que cae por un pequeño agujero; o el nivel de aceite que queda en una lámpara; o una escala marcada en un lado de la parte inferior de una vela alta.

El reloj de agua y el de arena funcionan basándose en principios gravitatorios similares, pero a diferencia de la presión que fuerza a salir el líquido de la parte inferior de una clepsidra, la velocidad del flujo del reloj de arena es en gran medida independiente de la altura de la columna de arena restante, de modo que este método superior de medir el tiempo se hizo común a partir del siglo XIV.[2] Pero aunque un reloj de arena puede medir la duración, por sí solo no puede decirnos la hora del día (sin un riguroso sistema para invertir repetidamente los relojes desde el mismo momento del amanecer). Entonces, ¿cómo determinar ya desde un principio qué hora es?

La estructura de nuestras agitadas vidas modernas viene hoy dictada por el reloj de pared y la agenda de trabajo, pero estos no son más que formalizaciones de los ritmos primordiales del planeta en el que vivimos. En la escala de tiempo de nuestra experiencia cotidiana, los ritmos naturales de la Tierra se desarrollan demasiado despacio para que la mayoría de nosotros seamos conscientes de algo más que el compás regular del día y la noche o el ciclo, más gradual, de las estaciones. Imaginemos que pudiéramos girar una manecilla y acelerar el paso del tiempo a nuestro alrededor de modo que esas periodicidades planetarias se hicieran mucho más evidentes (las descripciones que siguen corresponden a la perspectiva del hemisferio norte, pero si está usted en el sur los principios son los mismos).

Con el Sol deslizándose más rápidamente en el cielo, las sombras oscilan en el suelo, girando en torno a la base de los objetos que las proyectan. Cuando el Sol se precipita hacia el oeste y desaparece de la vista tras un ocaso cruelmente abreviado, el cielo merma de color hasta llegar al añil y a continuación desciende la negra oscuridad de la noche. La inmensa cantidad de estrellas que salpican el firmamento no son los puntos estáticos que está acostumbrado a ver, sino delgadas líneas de luz que giran en círculo en la bóveda celeste. Trazan anillos concéntricos unos dentro de otros, pero justo en el centro, en el Polo Norte celeste, no se percibe movimiento alguno. Resulta que en el mismo punto central de este dibujo en forma de diana hay una estrella, la Polaris, o Estrella Polar, en torno a la cual parecen girar todas las demás, antes de que el firmamento se ilumine de nuevo con el alba.

Luego notará que la ardiente línea trazada por la trayectoria del Sol a través del cielo no se mantiene constante a lo largo de las semanas: en lugar de ello, el arco oscila suavemente arriba y abajo. En verano el Sol traza un arco más alto, lo que se traduce en días más largos y calurosos, pero durante el invierno es casi como si el Sol tomara un atajo, arrastrándose apenas por encima del horizonte antes de volver a desaparecer de la vista. Las alturas máxima y mínima de esta oscilación, donde el arco solar parece ralentizarse y detenerse antes de precipitarse de nuevo en dirección opuesta, se denominan solsticios (del latín *solstitium*, «Sol quieto»). El solsticio de invierno (coincidente con el solsticio de verano en el hemisferio sur) es el día más corto del año, y es el momento en que el Sol se eleva desde su punto más meridional en el horizonte. Varios antiguos emplazamientos astronómicos como Stonehenge tienen monumentos alineados con la posición de la salida del Sol en esos días especiales.*

Así pues, ¿cómo podría usted usar esos ritmos y ciclos naturales para determinar la hora?

En el nivel más básico, el viaje del Sol a través del cielo conforme gira el mundo,** y, por extensión, la cambiante posición de las sombras, nos indican la hora del día. Cualquiera que haya probado alguna vez a permanecer bajo la sombra de un árbol o de una sombrilla en la playa será plenamente consciente de cómo esta se desplaza. De modo que, si clava un palo vertical en el suelo, la rotación de su sombra indicará el paso del tiempo. Esta es, obviamente, la esencia del reloj de sol.[4] El momento en que la sombra es más corta es el mediodía. Para obtener los resultados más precisos, el palo debería

---

* Las calles paralelas que forman la estructura reticular de Manhattan están alineadas con una orientación de 30° este con respecto al norte celeste, y dos veces al año (a finales de mayo y mediados de julio) Manhattan actúa como un Stonehenge del tamaño de una ciudad entera, con el Sol saliendo justo por la línea central de sus calles semejantes a cañones.[3]

** Si necesita pruebas convincentes, puede demostrar que la trayectoria del Sol a través del cielo y el giro de la bóveda estelar nocturna están causados por nuestro movimiento, y no el suyo. Cuelgue un objeto pesado de un largo trozo de cuerda, en un interior y lejos de cualquier ráfaga de viento, y hágalo oscilar con cuidado exactamente de delante atrás sin ningún balanceo lateral. La oscilación de este «péndulo de Foucault» parecerá rotar alrededor del suelo en el transcurso de un día. Pero el péndulo está suspendido en el aire, de modo que no puede haber ninguna fuerza que actúe produciendo esa rotación; de hecho, el péndulo siempre oscila en la misma dirección, mientras que es la propia Tierra la que gira debajo.

orientarse directamente hacia el norte celeste, indicado por la Estrella Polar, tal como hemos visto antes.

Para improvisar un reloj de sol, añada un objeto semiesférico o un arco circular en torno a la base del palo, con las líneas horarias simplemente marcadas a intervalos regulares. Esto permite una proyección directa de la esfera celeste en la superficie curva del reloj. Es mucho más fácil construir un reloj circular plano, pero en ese caso marcar las líneas horarias resulta más complicado debido a que la sombra se moverá más despacio hacia el mediodía que por la mañana o por la tarde. Puede dividir el día en tantas horas como quiera. Nuestra convención de dividir un día entero en dos mitades de 12 horas cada una proviene de los babilonios (y posiblemente está vinculada a los 12 signos del zodíaco: la franja de constelaciones entre las que parecen moverse el Sol y los planetas en su trayectoria a través del cielo).

No obstante, la gran revolución de la medición del tiempo en nuestra historia, y una tecnología a la que aspirar durante la recuperación, es la del reloj mecánico «de cuerda».[*] Este es un maravilloso artilugio cuyo tictac recuerda al rítmico latido de un corazón. Esta acción requiere cuatro componentes clave: una fuente de energía, un oscilador, un regulador y el engranaje mecánico.[5]

La parte primordial de cualquier mecanismo es la fuente de energía, y el medio más sencillo de proporcionarla es un peso suspendido de una cuerda arrollada en torno a un eje, de modo que este gire a medida que el peso desciende por la gravedad. El principal problema es cómo regular la liberación de esa energía almacenada para que impulse los lentos movimientos del mecanismo en lugar de limitarse a dejar que el peso caiga directamente al suelo. El dispositi-

---

[*] Los primeros aparecieron en los monasterios de finales del siglo XIII, y sus campanadas llamaban a los monjes a la oración. De hecho, los mecanismos fundamentales preceden a la adopción de las esferas y manecillas de los relojes en más de un siglo (y el minutero no aparecería hasta después de otros trescientos años): los primeros relojes no podían mostrar la hora, pero eran ingeniosos sistemas automatizados para hacer sonar campanas.

Los principales componentes de un reloj mecánico. El descenso del peso (*abajo a la izquierda*) hace moverse la cadena de engranaje, mientras que el mecanismo de escape (*arriba*) libera la rueda dentada, permitiéndole avanzar solo un diente cada vez, al ritmo de su movimiento de vaivén. El mecanismo de escape está sincronizado con la oscilación regular de un péndulo (no mostrado aquí).

vo que realiza esta función se denomina mecanismo de escape, o simplemente escape, y volveremos a él en breve.

El corazón palpitante del reloj mecánico, la parte que proporciona el compás regular de las señales de tiempo, se denomina oscilador. La versión ideal de baja tecnología es un sencillo péndulo: una masa oscilante colgada del extremo de una vara rígida. El principio físico que explotará usted aquí es el de que el período de un péndulo —el tiempo que tarda en oscilar a lo largo de un pequeño ángulo y volver a su posición inicial— está determinado por su longitud. Un péndulo oscilará exactamente con el mismo ritmo por más que la fricción y la resistencia del aire reduzcan gradualmente la amplitud de su oscilación, y es esta regularidad la que lo convierte en un componente tan útil para un reloj. El tercer elemento, el regulador, realiza la vital tarea de integrar la señal de tiempo del oscilador para regular la fuente de energía. El escape del péndulo es una rueda dentada con dientes de sierra que ejerce repetidamente una acción de retención y liberación con una palanca de dos brazos que oscila con el movimiento del péndulo. En el punto máximo de cada oscilación, el escape liberado avanza un paso por la fuerza del peso impulsor, a la vez que sus dientes en ángulo dan un pequeño empujón al péndulo para mantenerlo en funcionamiento. De modo que esta ingeniosa estructura capta el impulso regular del peso oscilante liberando paulatinamente la energía almacenada de tictac en tictac. Las demandas paralelas de un péndulo bastante largo y una buena altura de descenso para el peso impulsor dictaron el diseño de muchos relojes de pared, dándoles un aspecto enorme.

Después de esto, es una cuestión relativamente simple diseñar un sistema de engranajes que básicamente realiza un cálculo matemático para ajustar el giro gradual del mecanismo de escape a una rueda que completa un círculo entero cada 12 horas para la manecilla horaria de la esfera del reloj, y un minutero engranado a ella con una relación de 60:1. Otra herencia de los antiguos babilonios es el hecho de que dividamos las horas en 60 minutos (un término que proviene del latín *pars minuta prima*, que significa «primera parte pequeña») y estos a su vez en 60 segundos (del latín *pars minuta secunda*).[6] Los relojes de péndulo también permiten la medición exacta de procesos y experimentos naturales, un avance que en nuestra historia representó una enorme aportación al instrumental de los investigadores durante la revolución científica.*

La longitud de las horas indicada por la itinerante sombra de un reloj de sol varía a lo largo del año: una hora de invierno es más corta que una hora de verano. Solo dos días al año todas las horas

---

* Todos los relojes son en esencia dispositivos para contar las oscilaciones de algún proceso regular y mostrar la cuenta. Los relojes modernos no son en principio diferentes: simplemente explotan fenómenos físicos distintos con tictacs más rápidos y con una regularidad más precisa; por ejemplo, contando las oscilaciones electrónicas de un cristal de cuarzo en un reloj digital o las oscilaciones de microondas de una nube de cesio en un reloj atómico.

solares son iguales: los equinoccios (cuyo nombre significa literalmente «noche igual» puesto que tanto el día como la noche duran ambos 12 horas).* Estos días especiales se producen en primavera y otoño, y si se halla usted en el ecuador al mediodía el Sol se proyecta perpendicularmente sobre su cabeza y su sombra desaparece bajo sus pies. La mañana de cualquiera de los dos equinoccios resulta fácil de detectar en cualquier parte del mundo, ya que el Sol sale justo por el este (en ángulo recto con el polo celeste que antes observábamos). Es esta hora equinoccial estándar (que puede tomarse de un reloj de sol y reproducirse en un reloj de arena para posteriores comparaciones) la que los relojes mecánicos están diseñados para contar. Los relojes de sol muestran lo que se conoce como hora solar aparente, o verdadera, que puede llegar a desviarse hasta 16 minutos de la hora solar media que mantienen uniformemente los relojes mecánicos a partir de su hora equinoccial fija. Con la proliferación de los relojes mecánicos, no obstante, vino una potencial fuente de confusión: ¿a cuál de los dos sistemas horarios se refería una persona, a la hora uniforme de la maquinaria, o a la hora solar determinada contando el número real de horas transcurridas desde la salida del Sol? Debido a ello, desde el siglo xiv se hizo necesario especificar cuándo las horas eran «de reloj».[7]

De hecho, existe un vínculo histórico aún más profundo entre la esfera del reloj moderno que cuelga de su pared y la antigua tecnología del reloj de sol. Los relojes mecánicos que muestran la hora por medio de una manecilla horaria que gira alrededor de un disco se diseñaron para ser entendidos de manera intuitiva por personas acostumbradas a leer la sombra proyectada por un reloj de sol. Aparecieron inicialmente en las ciudades medievales europeas, y en el hemisferio norte la sombra del gnomon de un reloj de sol siempre gira en el mismo sentido: la dirección que, en consecuencia, adoptamos como sentido de giro «horario» para las manecillas. Si durante la

---

* Aunque en realidad el día es un poco más largo, debido a que la atmósfera de la Tierra desvía la luz del Sol, proporcionando un período de penumbra por la mañana y por la noche.

fase de reinicio una civilización meridional mecánicamente avanzada reinventara el reloj, las manecillas podrían girar, en cambio, en el sentido que nosotros consideramos «antihorario».

Hasta aquí la forma de marcar la hora durante el día. Pero ¿qué podría hacerse, partiendo de lo más básico, para seguir el curso de ciclos de tiempo más largos, percibiendo el ritmo de las estaciones y reconstruyendo un calendario?

Cómo reconstruir el calendario

Volvamos a nuestro palo clavado en el suelo. Ya hemos visto de qué modo puede usted seguir el acortamiento y alargamiento de su sombra a lo largo de una jornada para encontrar la hora del mediodía. Si anota la longitud de la sombra a mediodía durante varios días seguidos, midiendo en la práctica el máximo ángulo de elevación del Sol, observará cierta periodicidad a lo largo de las estaciones conforme la Tierra avanza en su órbita alrededor de este.*

Si se queda despierto un poco más y observa, no el movimiento del Sol, sino el cielo nocturno, tendrá acceso a una selección mucho mayor de puntos de referencia celestes para subdividir el año y seguir el rastro de su progreso a través de los ciclos estacionales. Muchas de las constelaciones visibles desde cualquier posición determinada cambian durante el año. Por ejemplo, la familiar conste-

---

* ¿Cómo podría demostrar que es la Tierra la que se mueve alrededor del Sol, y no al revés (y que, por lo tanto, no nos hallamos en una posición privilegiada en el centro del sistema solar)? Lo único que necesita es un reloj con la precisión adecuada. Durante unos cuantos días observará que cualquier estrella dada sale casi exactamente cuatro minutos más tarde cada noche. Si el único movimiento involucrado fuera el de la Tierra girando sobre su propio eje como una peonza, las estrellas aparecerían ante nuestros ojos en su giro exactamente en el mismo momento cada noche. Pero en realidad la posición de la Tierra cambia ligeramente, y, debido a ello, su rotación tarda un poco más en presentarnos la misma visión que la noche anterior. Cuatro minutos equivalen a 1/365 de 24 horas: la Tierra ha avanzado un día en su recorrido anual alrededor del Sol.

lación de Orión (o el Cazador) se halla en el ecuador celeste, y, en consecuencia, solo puede verse en el hemisferio norte durante los meses de invierno. Más exactamente, cada estrella individual primero resulta visible y luego desaparece de nuevo en fechas concretas (lo que le permitirá contar con precisión los 365 días del año). Estos eventos estelares puede vincularlos a los días especiales del año que ya ha determinado —los solsticios y equinoccios— y, de ese modo, utilizarlos para seguir su propia progresión a lo largo del año y prever los cambios de estación. Los antiguos egipcios, por ejemplo, predecían las crecidas del Nilo y el rejuvenecimiento de su suelo por la primera aparición de Sirio, la estrella más brillante del firmamento, que en nuestro calendario moderno se produce alrededor del 28 de junio.[8]

Así pues, anotando unas cuantas observaciones rudimentarias podrá reconstruir un año de 365 días* y apuntar en el diario los equinoccios y solsticios que actúan como cuatro puntos de referencia uniformemente distribuidos a lo largo del año, monumentos temporales para la transición de las estaciones y la coordinación de su agricultura. Los equinoccios otoñal y vernal —que, como hemos visto, también sirven para definir su hora de reloj— se producen en torno al 22 de septiembre y el 20 de marzo, respectivamente (en el hemisferio norte), y los solsticios en torno al 21 de diciembre y el 21 de

---

* De hecho, usted mismo notará por los registros que lleve durante las primeras décadas del reinicio que con un calendario de 365 días la fecha de los eventos estelares se atrasa cada vez más en el año. Eso le indica que la duración del año no es en realidad de 365 días exactos, sino una fracción más larga (pensándolo bien, no hay razón alguna para esperar que la órbita del planeta alrededor del Sol tenga por qué ser un múltiplo exacto del tiempo que tarda en girar sobre su propio eje). A lo largo de 1.460 años, cualquier punto de referencia irá retrocediendo en el curso del año hasta volver al día original en el que fue inicialmente observado. Así, en relación con el telón de fondo celeste, la Tierra gira 365 días de más cada 1.460 años. Por lo tanto, cada año se produce un cuarto de día adicional que habrá de tener en cuenta, o de lo contrario su calendario perderá sincronización de forma embarazosa con el paso de las estaciones. Esa es la razón de que en el año 46 a.C. Julio César decretara el reajuste de la fecha e introdujera el año bisiesto para asegurar que las estaciones y el calendario se mantuvieran en sintonía.

junio. Así, aun en el caso de que los supervivientes retrocedieran tanto que se interrumpiera el hilo de historia durante un período en el que nadie llevara registros, aún podría usted determinar la fecha fijándose un poquito en el reloj celeste. Si quisiera, podría incluso recuperar el calendario gregoriano, con su estructura cómodamente familiar de 12 meses de enero a diciembre, y referenciarlo de nuevo a los días especiales que ya habrá determinado.[9]

Pero ¿sería posible calcular qué es el año después de trascurridas quizá varias generaciones sin que haya nadie marcando los días? ¿Cuánto tiempo persistirá la edad oscura tras el catastrófico hundimiento de nuestra civilización? Una buena forma de averiguarlo se basa en una asombrosa constatación acerca de las estrellas que salpican nuestros cielos nocturnos.

En el transcurso de una noche, las estrellas giran en el firmamento como una enorme cúpula con agujeritos de luz haciendo piruetas sobre nuestras cabezas, y donde cada punto luminoso mantiene una configuración fija con respecto a los demás, formando el dibujo de las constelaciones. La desconcertante realidad, sin embargo, es que, a escalas de tiempo inmensamente más largas que una vida humana, en realidad todas las estrellas se mueven unas con respecto a otras. Si pudiera acelerar de nuevo el tiempo (esta vez contrarrestando el movimiento de rotación de la Tierra), vería cómo las estrellas se deslizan unas con respecto a otras, formando remolinos en el cielo como salpicaduras de espuma en un oscuro océano. Esto se conoce como movimiento propio, y se debe a que los otros soles giran alrededor del centro galáctico a lo largo de sus propias trayectorias orbitales.

El objetivo más interesante para determinar el año en un momento desconocido de un futuro próximo se conoce como la Estrella de Barnard. Esta es una de las estrellas más cercanas a la Tierra, pero se trata de un sol viejo y diminuto que brilla con un resplandor rojo lastimosamente débil, y debido a ello, y a pesar de su cortés cercanía, no puede verse a simple vista. No obstante, la Estrella de Barnard resulta fácilmente detectable con un modesto telescopio, con una lente o espejo de solo unos centímetros de diámetro. Pese a la

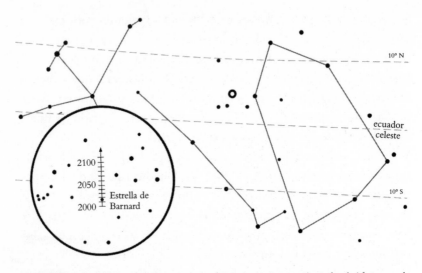

La Estrella de Barnard es la que presenta el movimiento propio más rápido a través del cielo nocturno, y se podrían emplear sus observaciones para restablecer el año en curso tras una interrupción de los registros históricos.

leve dificultad que plantea su observación, puede servir como un marcador natural celeste del tiempo. Debido a su proximidad, la Estrella de Barnard presenta el movimiento propio más rápido de cualquier estrella conocida en el firmamento. Atraviesa el cielo a la velocidad de casi tres milésimas de grado cada año. Puede que eso no parezca mucho, pero en comparación con todas las estrellas circundantes resulta vertiginoso, y en el período de una vida humana recorre casi la mitad del diámetro de una luna llena. De modo que, para determinar la fecha en el futuro, lo único que tendría que hacer una civilización en recuperación es realizar una serie de observaciones —aún más fáciles si se utiliza la fotografía— del trozo de cielo representado en la figura adjunta, anotar la posición de la Estrella de Barnard y leer el año actual en la secuencia temporal.

A una escala de tiempo mucho más larga, puede aprovecharse de la precesión axial de la Tierra. Como haría una peonza, el eje de rotación de nuestro planeta se inclina formando gradualmente un círculo con el paso del tiempo. La Estrella Polar resulta estar alineada

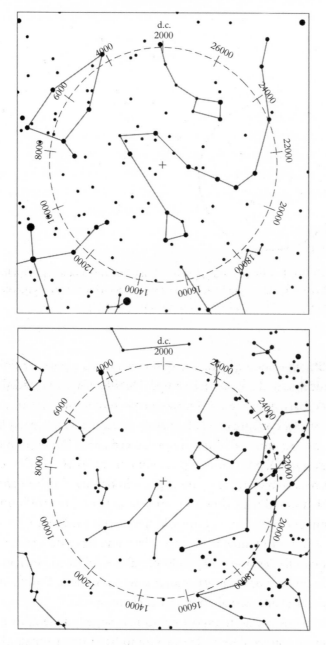

El movimiento circular de los polos Norte (*arriba*) y Sur (*abajo*) celestes debido a la precesión del eje de rotación de la Tierra durante los próximos 26.000 años.

con la orientación actual del eje de rotación de la Tierra, y, en consecuencia, es el único punto que no parece girar en el firmamento. Hoy por hoy, no hay ninguna estrella equivalente en el hemisferio sur, ya que actualmente el eje de la Tierra pasa por una región yerma del cielo meridional. Dentro de un milenio el Polo Norte se habrá desplazado en el cielo y pasará cerca de otras estrellas, mientras que en el año 25700 habrá recorrido un círculo completo, volviendo a la posición que tenía en el nacimiento de Cristo (otra consecuencia de este deambular es que los puntos donde la trayectoria del Sol cruza el ecuador celeste, los equinoccios vernal y otoñal, se desplazan a través del cielo; de ahí que se denomine a este proceso precesión de los equinoccios). Será una tarea relativamente sencilla observar dónde se sitúa el polo celeste contemporáneo, especialmente si se ha vuelto a desarrollar una técnica fotográfica básica y se puede tomar una imagen del rastro que dejan las estrella debido a la rotación de la Tierra (con una exposición de un cuarto de hora o así). Compárelo con la secuencia temporal del mapa estelar que se muestra en la figura adjunta para leer su milenio actual.

Registrar los distintos movimientos de la Tierra le permitirá saber la hora del día y reconstruir un calendario para prever los cambios de estación de cara a la agricultura. Pero ¿cómo pasar a determinar en qué punto de la Tierra se encuentra, y, por extensión, cómo puede aprender a navegar de manera eficaz entre dos posiciones distintas?

¿DÓNDE ESTOY?

Deambular por el territorio entre puntos de referencia familiares, o seguir la línea de la costa en barco, resulta bastante fácil. Pero lejos de esas reconfortantes guías —por ejemplo, cruzando la monótona extensión del océano—, ¿qué se puede hacer para asegurarse de que uno va en la dirección correcta? En el siglo XI los marineros chinos empezaron utilizando el increíble comportamiento «señalador de direcciones» de la magnetita o piedra imán natural, y más tarde magnetizaron agujas de hierro. Esta aguja magnética funciona girando para mantenerse paralela a las líneas del campo magnético terrestre, alineándose perpendicularmente a los polos, lo cual ayuda a determinar el norte, marcado por uno de los extremos de la aguja. La brújula no solo le permitirá mantener un rumbo constante en ausencia de otras referencias externas, sino que, asimismo, si se divisan dos (o más) puntos de referencia prominentes, puede tomar su orientación magnética y de ese modo triangular su posición con exactitud en un mapa o carta náutica. Aunque en un cielo nocturno claro siempre podrá encontrar el norte o el sur, la brújula es un fantástico instrumento de navegación cuando está nublado. Tenga en cuenta, no obstante, que el polo celeste, causado por la rotación de la Tierra, y el polo magnético, causado por el agitado centro de la Tierra, rico en hierro, no se corresponden de manera perfecta. La diferencia es de solo unos grados en el ecuador, pero cuando se viaja hacia uno u otro polo el error de la brújula con respecto al norte verdadero se agrava.

Si se ve obligado a volver a lo absolutamente esencial y no logra encontrar ningún imán, siempre podrá crear un campo magnético temporal utilizando la electricidad. Ya hemos visto en el capítulo 8 cómo se puede construir una rudimentaria batería apilando de manera alterna dos metales distintos, lo que permitirá que circule corriente a lo largo de un trozo de cobre estirado en forma de cable y arrollado en una bobina formando un electroimán. Al activarse, este último puede utilizarse para magnetizar permanentemente cualquier objeto de hierro, como una delgada aguja apropiada para una brújula (si realmente está usted empezando desde cero, consulte primero en el capítulo 6 cómo fundir metales).

La brújula le indicará una dirección, y junto con una cartografía previa y diversos puntos de referencia también puede darle su posición. Pero ¿no hay un sistema más general para determinar esta última en cualquier punto de la superficie terrestre? Resulta que las soluciones a los dos problemas fundamentales abordados en este capítulo —qué hora es y dónde estoy— se hallan más profundamente interrelacionadas de lo que podría parecer a simple vista.

La primera cuestión que resolver a la hora de determinar su posición es idear un sistema de direcciones únicas para todos los puntos del planeta. Está bien ubicar el lago diciendo que se halla a tres kilómetros al sudoeste de la ciudad, pero ¿qué ocurre a la hora de localizar una isla recién descubierta o, de hecho, su posición actual en medio de la uniformidad del océano? El truco es encontrar un sistema de coordenadas naturales para la propia Tierra.

Encontrar el camino en una ciudad como Nueva York, con una estructura reticular homogeneizada, es más o menos fácil. Todas las «avenidas» discurren aproximadamente en dirección nordeste, mientras que las «calles» las atraviesan perpendicularmente, y la mayoría de las vías públicas están numeradas de manera secuencial. Ir a cualquier parte en Manhattan es un asunto baladí: basta con seguir una avenida hasta que se llega a la intersección con la calle que uno quiere, y luego seguir esa calle hasta llegar al destino. Dar la dirección de un lugar en el centro de Manhattan puede ser tan sencillo como mencionar la intersección en la que se encuentra: la calle Veintitrés con la Séptima Avenida. O si, por ejemplo, todo el mundo acordara emplear la convención de mencionar siempre el número de la calle antes que la avenida, lo único que se necesitaría es un par de datos, como «23, 7» o «4, Broadway». Una dirección aquí es mucho más que una etiqueta: es un par de coordenadas que señalan de manera precisa la posición dentro de la ciudad. Y alzando la vista a los rótulos de las calles en una intersección para ver la propia posición actual en la retícula, podrá determinar de manera instantánea la vía directa para dirigirse a su destino, desplazándose a lo largo y ancho de las manzanas de casas.

Hay un sistema similar de coordenadas que abarca todo el planeta. La Tierra es una esfera casi perfecta, cuyo eje de rotación define un polo norte y un polo sur, y el ecuador como la línea circular que discurre en torno a la «panza» del planeta. Gracias a esta geometría esférica tiene sentido dividir su superficie no con líneas espaciadas a distancias regulares, como podría ser el caso de una retícula urbana idealizada, sino espaciadas en ángulos regulares. Imagine que está en el Polo Norte y traza una línea justo en dirección sur a lo largo de todo el planeta hasta llegar al Polo Sur; luego gira 10° y traza otra línea, y así sucesivamente hasta llegar a girar 360°, un círculo completo. De manera similar, puede empezar en el ecuador, ya definido como el círculo que discurre en torno a la parte del planeta situada a mitad de camino entre los polos, e imaginar que va dejando caer anillos de tamaño cada vez menor cada 10° mientras se dirige hacia el norte y hacia el sur, de manera que los polos quedarán situados a 90°.

Los trazos que discurren de norte a sur entre los polos se llaman líneas de longitud, mientras que los anillos que circundan el planeta en dirección este-oeste al norte y el sur del ecuador se denominan líneas de latitud. Las líneas de latitud son paralelas, y las líneas de longitud las cortan perpendicularmente. De modo que en las cercanías de la «pretina» del mundo las coordenadas de longitud-latitud se aproximan al sistema de calle-avenida del plano de Manhattan, con una retícula cuadrada cada vez más distorsionada hacia los polos por la geometría esférica de la Tierra. Como ocurría con las calles de Manhattan, primero tendrá que establecer puntos de partida a los que harán referencia sus coordenadas numeradas. El ecuador es la línea de latitud obvia de cero grados, pero, en cambio, no hay ningún punto cero natural equivalente para la numeración de la longitud: utilizamos la localidad de Greenwich, en Londres, como «primer meridiano» meramente por convención histórica.

Para especificar su posición en cualquier parte del planeta utilizando este sistema universal de direcciones, lo único que tiene que hacer es determinar a cuántos grados se encuentra al norte o al sur del ecuador —su latitud— y a cuántos grados se encuentra al este o al oeste del primer meridiano —su longitud—. En este momento, por ejemplo, mi teléfono inteligente me dice que estoy a 51,56 °N y 0,09 °O (así pues, me encuentro en el norte de Londres, no lejos de Greenwich).

Así pues, el problema original que nos habíamos planteado —cómo navegar por el mundo entre posiciones conocidas— se divide claramente en dos preguntas distintas: ¿cómo encuentro mi latitud?, y ¿cómo encuentro mi longitud?[10]

La latitud es en realidad bastante fácil de establecer: el profusamente decorado cielo nocturno ofrece información más que suficiente. La Estrella Polar, el centro inmóvil de la diana formada por el rastro de las estrellas en su giro, pende directamente sobre el Polo Norte, de modo que resulta evidente que nuestra distancia angular del ecuador es la misma que el ángulo formado entre dicho polo y el horizonte. El problema de determinar la latitud en la Tierra se traduce en medir la elevación de las estrellas.

Dicho más sencillamente, podría usted construir un cuadrante de navegación con piezas sueltas que encuentre por ahí. Marque un cuarto de círculo de cartón o de plancha de madera fina con una escala angular dividida de 0 a 90° a lo largo del arco curvo. Haga dos muescas en los extremos de uno de los bordes rectos a fin de poder alinearlo con un objetivo, y luego fije una plomada en la esquina de modo que cuelgue verticalmente para indicar el ángulo de elevación en la escala. Aunque no resulte especialmente sofisticado, tal dispositivo básico le permitirá visualizar la Estrella Polar y, con ello, descubrir su propia latitud en la Tierra, con una precisión de varios grados, lo que equivale a determinar cuán al norte del ecuador se encuentra dentro de un margen de unos cientos de kilómetros.

En la década de 1750 se desarrolló un instrumento mucho más elegante y preciso, que todavía hoy se utiliza ampliamente como dispositivo de navegación de apoyo en caso de corte de corriente o pérdida del GPS. El sextante, basado en un sector de un sexto de círculo completo —y bautizado en función de ese atributo, siguiendo la pauta marcada por el anterior cuadrante y luego el octante—, puede medir el ángulo existente entre dos objetos cualesquiera. De una forma más útil para la navegación, el sextante puede darnos de manera muy precisa el ángulo de elevación sobre el horizonte del Sol, o de la Estrella Polar, o, de hecho, de cualquier otra estrella. El diseño de un artilugio tan maravillosamente útil resulta fácil de reproducir en retrospectiva, y tan pronto como su civilización en fase de reinicio haya recuperado las capacidades básicas para forjar metal, pulir lentes y azogar espejos, dispondrá ya de las tecnologías previas necesarias para fabricar el sextante.

El sextante, con su mira telescópica (a), su espejo semiazogado (d) y su escala angular (h).

El armazón del sextante es una cuña circular de 60°, algo muy parecido a una porción de pizza que se sostuviera en vertical con la punta mirando hacia el cielo. Un brazo giratorio que pivota en dicha punta pende hacia abajo señalando una escala angular que discurre a lo largo del borde curvo. El componente clave del sextante es un espejo semiazogado montado en el borde delantero, de modo que el operador puede mirar a través de él. Otro espejo montado en ángulo sobre el pivote del brazo refleja la imagen de aquello a lo que apunta hacia el espejo semiazogado de debajo, de modo que el operador ve las dos imágenes superpuestas.

Para utilizar su sextante, observe a través de la pequeña mira telescópica e incline el instrumento para alinearlo con el horizonte a través del semiespejo delantero. Luego gire el brazo hasta que la imagen reflejada del Sol, o de cualquier estrella elegida como referencia, aparezca por arriba y parezca posarse directamente sobre el horizonte (pueden insertarse trozos de vidrio oscurecido entre los espejos para reducir el resplandor del Sol a niveles inocuos). El ángulo de elevación aparece indicado en la escala inferior por el brazo pivotante.

Una vez que haya reaprendido el dibujo del firmamento y haya confeccionado tablas de la posición de las estrellas de referencia más brillantes para distintas fechas y horas, podrá realizar una observación de cualquiera de ellas para determinar su latitud aun en el caso de que la Estrella Polar esté oscurecida. Y una vez que haya tabulado la altura del Sol al mediodía para diferentes fechas y latitudes, podrá utilizar un sextante y el calendario para retroceder y encontrar también su latitud mientras se mueva durante el día. Una vez que se sabe cómo leerlo, el cielo constituye un fantástico instrumento combinado, que hace a la vez de brújula y de reloj para saber la hora local.

La longitud, la segunda mitad de las coordenadas necesarias para establecer de manera precisa dónde se encuentra, lamentablemente no resulta ni de lejos tan sumisa. Es difícil utilizar el firmamento para determinar cuán al este del primer meridiano se encuentra uno, debido a que la rotación de la Tierra le hace rodar constantemente en esa dirección. Por llevar al límite la analogía neoyorquina, digamos que los marineros del siglo XVII podían saber fácilmente en qué calle estaban, pero averiguar la avenida resultaba casi imposible. Su único recurso era navegar a estima —extrapolando su demora y velocidad estimadas, y confiando en que no se verían excesivamente desviados de su rumbo por corrientes desconocidas— en la latitud correcta hasta un punto donde podían confiar en que no habían pasado de largo su objetivo, y luego navegar directamente rumbo este u oeste a lo largo de aquella latitud hasta que, con algo de suerte, se tropezaran con su destino.

La Tierra gira hacia el este, causando el movimiento aparente del Sol a través del cielo y el giro nocturno, también aparente, de las estrellas. Por la posición del Sol definimos la hora del día (volviendo a los fundamentos de los relojes de sol que hemos visto antes), y, en consecuencia, el problema de establecer nuestra longitud —cuán lejos alrededor del mundo nos encontramos de un referente escogido— se reduce a encontrar la diferencia horaria en un mismo instante entre el referente y nuestra posición actual. La Tierra gira 360° en 24 horas, de modo que una diferencia de una hora a mediodía equivale a 15° de longitud. Determinar la longitud es, pues, una medición de tiempo traducida a espacio. De hecho, casi con seguridad habrá percibido usted mismo la solución al problema de la longitud: los modernos medios aéreos de alta velocidad nos teletransportan entre posiciones remotas con horas locales muy distintas sin que nuestros cuerpos tengan tiempo de adaptarse; pues antes del GPS,

¡los navegantes ya explotaban el mismo principio que subyace en el jet lag!

Así pues, para encontrar la segunda coordenada vital para determinar de manera precisa su posición, puede utilizar un sextante a fin de encontrar la hora local de la posición donde se encuentra ahora, y compararla con la hora actual en el primer meridiano. El problema, no obstante, es cómo comunicar esa hora de referencia a las regiones remotas del globo.

El problema de la longitud se resolvió finalmente mediante la invención de relojes adecuados: insensibles al cabeceo y el balanceo de un barco en alta mar y suficientemente precisos durante los meses o años que podía durar un viaje.[11] Es evidente que un sistema basado en un péndulo y un peso impulsor resultaría inútil en un reloj marítimo, y fue el muelle el que pasó a desempeñar ambas funciones. Puede hacerse un oscilador adecuado con un resorte regulador o resorte de hilo: una delgada tira de metal arrollada en espiral en torno al eje de un anillo de masa oscilante.[12] La función es similar a la del péndulo, pero aquí la fuerza de recuperación en los extremos de la oscilación se genera por la contracción de un muelle espiral en lugar de la gravedad. Un muelle espiral, fuertemente arrollado para almacenar energía en su tensión, también puede proporcionar la fuerza motriz para impulsar el mecanismo. Esta constituye una fuente de energía mucho más compacta que un peso que desciende de manera regular, pero emplear un muelle de ese modo plantea un problema nuevo que a su vez debe resolverse por medio de otro invento. El problema es que la fuerza ejercida por un muelle varía a medida que este se desenrolla: es más fuerte al principio, y luego se hace cada vez más débil a medida que se libera su tensión contenida. El mejor método para nivelar esta potencia, y, en consecuencia, regular el ritmo del reloj, es unir el extremo libre del muelle arrollado a una cadena arrollada a su vez en torno a un tambor en forma de cono conocido en relojería como «caracol». Así, a medida que el muelle se desenrolla va incidiendo cada vez más sobre el extremo más grueso del caracol, y, de ese modo, se beneficia de un mayor efecto de palanca que compensa hábilmente la reducción de su fuerza.

Un reloj adecuadamente complejo, que incorpore mecanismos para compensar automáticamente sus oscilaciones en distintas condiciones de humedad y temperatura (que afectan al espesor de los aceites lubricantes y a la rigidez de los muelles) y otras fuentes de variación, es un dispositivo milagroso, casi una jaula mágica que puede encerrar el propio tiempo, perfectamente conservado, como un genio atrapado.* El problema de tratar de saltar directamente a este punto durante la reconstrucción de la civilización es que a veces no basta con conocer la solución a un problema. El truco suele estar en detalles exquisitamente sofisticados, y puede que no siempre haya atajos u oportunidades de tales saltos durante la recuperación de una civilización avanzada. El monomaníaco y obsesivo relojero John Harrison necesitó la mayor parte de su vida para diseñar y construir un reloj marítimo suficientemente exacto, y durante el proceso necesitó la invención de numerosos mecanismos nuevos, incluyendo cojinetes de rodillos cerrados para reducir en gran medida la fricción y la lámina bimetálica para eliminar la expansión debida a la temperatura.

Entonces, ¿hay alguna forma distinta de sortear el problema? Obviamente, en el caso de que se hayan conservado relojes mecánicos o digitales fiables, lo único que tendrá que hacer será ajustar uno de ellos a la hora local cuando salga, llevarlo en el bolsillo durante su odisea, y sacarlo para compararlo con la hora local de donde se encuentre (que todavía tendría que determinar mediante la observación del sextante) para establecer su longitud actual. Pero ¿y si no se ha conservado reloj alguno?

El problema a comienzos del siglo XVIII era que, aunque fuera posible calcular la hora local, no había forma alguna de saber ni remotamente la hora actual en Greenwich. La solución final de Harrison fue llevar consigo una copia de la hora de Greenwich, pero funcio-

---

* Los grandes barcos de investigación suelen llevar varios cronómetros para promediar errores y disponer de múltiple redundancia. El *Beagle* zarpó en 1831 con nada menos que 22 cronómetros a bordo para garantizar una determinación exacta de la posición de las tierras extranjeras (incluyendo las islas Galápagos, donde las observaciones que hizo Darwin de la fauna le encaminaron hacia su revolucionaria teoría).[13]

naría igual de bien si Greenwich pudiera de algún modo comunicar regularmente su hora a los barcos de todo el mundo. Una propuesta disparatada fue la de establecer una red de barcos de señales anclados en mitad del océano para retransmitir el sonido de disparos de cañón indicando el momento del mediodía en Londres. Pero hoy conocemos un medio mucho más práctico de transmitir señales a enormes distancias: la radio.

Una civilización postapocalíptica que se reiniciara a lo largo de una senda distinta en la red de tecnologías y descubrimientos científicos podría llegar a otra solución para la navegación global. Podría encontrar que construir rudimentarios aparatos de radio (véase el capítulo 10) representa una perspectiva más fácil que recrear los tremendamente complejos engranajes y mecanismos compensatorios de un reloj lo bastante exacto (pero esto, obviamente, dependerá del ritmo de su recuperación de diferentes tecnologías: ¿cómo comparar la relativa complejidad de diminutas ruedas dentadas y muelles mecánicos con la de unos componentes electrónicos?). Pueden emitirse señales horarias regulares desde cualquier primer meridiano que se elija como referente para la longitud, y retransmitirse a regiones remotas por medio de estaciones terrestres o de otros barcos. Así, una visión que podría presenciar en las primeras etapas de la recuperación es la de unos veleros de casco de madera surcando los océanos del mundo, con un aspecto muy parecido al que tenían los barcos en la era de la navegación a vela, pero con una sutil diferencia: un cable metálico colgado del mástil principal actuando como antena de transmisión de señales.

La brillante iluminación urbana y la contaminación lumínica de la moderna civilización industrializada nos han privado a muchos de nosotros de nuestra relación íntima con los objetos del firmamento. Pero en el período inmediatamente posterior al apocalipsis tendrá que volver a familiarizarse con la configuración del cielo y recuperar su conexión con el ritmo de las estaciones. Este no es un detalle astronómico arcano e irrelevante, ya que le permitirá planificar el ciclo agrícola para evitar morir de hambre e impedir que se pierda en un territorio inexplorado.

13

El mayor de los inventos

No dejaremos de explorar
y el fin de toda nuestra exploración
será llegar a donde empezamos
y conocer el lugar por primera vez.

T. S. ELIOT, *Cuatro cuartetos*[1]

En las páginas de este libro se han tratado numerosos temas que son cruciales para cualquier civilización, como el uso de una agricultura y unos materiales de construcción sostenibles, además de algunas tecnologías avanzadas que se requerirán en el momento en que una sociedad en recuperación haya progresado a una fase más avanzada, varias generaciones después del apocalipsis. Hemos examinado atajos a través de la red del conocimiento, a qué aspiran las tecnologías puente, y cómo saltarse etapas intermedias para acceder a soluciones superiores, aunque todavía alcanzables.

Sin embargo, pese a todo el conocimiento vital presentado en este manual, no hay certeza alguna de que una nueva sociedad alcance un estadio tecnológico avanzado. A lo largo de la historia han florecido muchas grandes sociedades, cuya riqueza de conocimientos y habilidad tecnológica han sido como una rutilante joya en el mundo de la época, pero la mayoría de ellas se detienen en un determinado punto y se quedan estancadas, en un estado de equilibrio sin ulterior progresión; o se desmoronan por completo. De hecho, el progreso sostenido de nuestra civilización actual constituye en cierto modo una anomalía histórica. La sociedad europea progresó a lo largo del Renacimiento, las revoluciones agrícola y científica, la Ilustración y por último la revolución industrial, hasta crear la sociedad mecanizada, electrificada y globalmente interconectada en la que hoy vivimos. Pero no hay nada inevitable en una trayectoria sostenida de desarrollo científico o innovación tecnológica, y hasta las sociedades más pujantes pueden perder el ímpetu necesario para seguir avanzando.[2]

China proporciona un ejemplo particularmente interesante. Durante muchos siglos la civilización china fue, desde una perspectiva tecnológica, infinitamente superior al resto del mundo. China inventó la moderna collera, la carretilla, el papel, la xilografía, la brújula de navegación y la pólvora, todos ellos inventos que cambiaron el mundo y que se han tratado en este libro. En China los productores textiles hacían hilo utilizando múltiples máquinas de hilar impulsadas por una única fuente de energía central, y manejaban desmotadoras mecánicas y sofisticados telares. Los chinos extraían carbón, habían descubierto cómo convertirlo en coque, utilizaban grandes ruedas hidráulicas verticales y martinetes, y se avanzaron a Europa en un milenio y medio en el uso de altos hornos para producir hierro fundido y luego refinarlo para obtener hierro forjado. A finales del siglo XIV, China había alcanzado una capacidad tecnológica que no se vería en ninguna parte de Europa hasta la década de 1700, y parecía estar a punto de iniciar su propia revolución industrial.

Pero, sorprendentemente, cuando Europa empezó a emerger de su larga Edad Media al iniciarse el Renacimiento, el progreso chino empezó flaquear para finalmente pararse en seco. La economía china siguió creciendo, sobre todo gracias al comercio interior, mientras la población, cada vez más numerosa, disfrutaba de un buen nivel de vida de manera constante. Pero ya no se produjo ningún nuevo avance tecnológico significativo, y, de hecho, posteriormente algunas innovaciones se perdieron de nuevo. Tres siglos y medio más tarde, Europa se había puesto al día y Gran Bretaña se hallaba sumergida en la revolución industrial.

Entonces, ¿qué tenía la Inglaterra del siglo XVIII y no la China del XIV o, de hecho, cualquier otra nación europea de la época, que fomentó ese proceso de transformación?; ¿por qué allí y por qué entonces?

La revolución industrial incluyó mejoras en la eficacia de la producción textil —la mecanización del hilado y el tejido del algodón, y el trasplante de dichas actividades, tradicionalmente de ámbito doméstico y pequeña escala, a grandes fábricas centralizadas—, además de avances en la fabricación de hierro y en la energía térmica. Y una vez que la industrialización se puso en marcha, el propio proceso pasó a retroalimentarse y la transformación se aceleró: el trabajo en las minas de máquinas de vapor alimentadas por carbón permitió a su vez la extracción de mayores cantidades de carbón, que a su vez vinieron a abastecer los altos hornos para producir más hierro y acero, que a su vez se utilizaron para construir más máquinas de vapor y otra maquinaria. Pero las condiciones que de entrada hicieron todo esto posible fueron bastante específicas. Aunque, obviamente, se requirieron ciertos conocimientos de ingeniería y metalurgia para construir la maquinaria que vino a aliviar el arduo trabajo de la humanidad, el principal factor desencadenante de la revolución industrial no fue el conocimiento, sino un entorno socioeconómico concreto.

Tiene que haber alguna ventaja en construir una compleja y, por lo tanto, costosa maquinaria o fábrica para obtener lo que ya se está obteniendo mediante el trabajo de personas empleando métodos tradicionales. Y la Inglaterra del siglo XVIII presentaba una peculiar confluencia de factores que vinieron a proporcionar el ímpetu y la oportunidad necesarios para la industrialización. Por entonces Gran Bretaña poseía no solo una abundante cantidad de energía (carbón), sino también una economía con una costosa mano de obra (salarios elevados) y a la vez un capital barato (capacidad de pedir dinero prestado para emprender grandes proyectos). Tales circunstancias vinieron a alentar la sustitución de mano de obra por capital y energía: los obreros fueron reemplazados por máquinas como las hiladoras y telares automatizados. La situación económica británica tenía el potencial de generar enormes beneficios para los primeros industriales, y fue eso lo que proporcionó el incentivo para que estos desembolsaran grandes cantidades de capital para invertir en maquinaria.[3] Por el contrario, la China de finales del siglo XIV, pese a la extracción de carbón, los altos hornos alimentados por coque y la fabricación textil mecanizada, no contaba con unas condiciones económicas conducentes a impulsar una revolución industrial. Aquí la mano de obra era barata, y los aspirantes a industriales podían esperar pocos beneficios de las innovaciones que mejoraran la eficacia.

Así pues, aunque el conocimiento científico y la capacidad tecnológica son necesarios para el avance de la civilización, no siempre son suficientes. Si una sociedad postapocalíptica se ve forzada a retroceder a una rudimentaria existencia pastoral, no hay ninguna garantía de que a la larga experimente una revolución industrial 2.0, ni siquiera con todo el conocimiento crucial que proporciona este libro; al final, son los factores sociales y económicos los que determinan si florece la investigación científica o se adoptan las innovaciones. A lo largo de todo el libro se ha mantenido el presupuesto subyacente de que los supervivientes de una civilización postapocalíptica querrán seguir nuestra trayectoria de desarrollo para llegar a una vida industrializada. Aunque no deseo entrar en un debate acerca de si la tecnología hace necesariamente más feliz a la gente, me parece fundado considerar que una comunidad que lucha por su subsistencia, con un estilo de vida incómodo y penosamente duro, y un acceso solo a la atención sanitaria más básica, apreciaría sin duda la aplicación de los principios científicos a la mejora de su nivel de vida. Pero ¿en qué punto una civilización que progresa tecnológicamente alcanza un punto máximo más allá del cual seguir avanzando le reportará rendimientos decrecientes? Quizá tal civilización llegue al equilibrio en un cierto nivel tecnológico, no avanzando ni retrocediendo, una vez que haya alcanzado una economía estable, un tamaño de población cómodo, y la capacidad de obtener la sostenibilidad de los recursos naturales.

EL MÉTODO CIENTÍFICO

Este libro no es, obviamente, un compendio completo de toda la información que necesitaría usted para reconstruir su mundo desde cero. Ha habido necesariamente que excluir abundante material. Aquí nos hemos centrado sobre todo en la química inorgánica, útil para elaborar fertilizantes agrícolas o reactivos industriales, dejando de lado la síntesis o las transformaciones de moléculas orgánicas. No obstante, la química orgánica ha adquirido cada vez mayor importancia a lo largo del siglo pasado; por ejemplo, con el procesamiento de las fracciones de petróleo crudo, la purificación y modificación de compuestos farmacéuticos naturales para obtener versiones más potentes, la síntesis de pesticidas y herbicidas para una producción de alimentos más fiable, y la creación de una clase completamente nueva de materiales con propiedades distintas de todo lo que encontramos en la naturaleza: los plásticos.

Se ha hablado de biología al tratar acerca de cómo podría usted criar ciertas especies de animales o de plantas, o controlar microorganismos, a fin de alimentarse y mantenerse sano. Pero no hemos examinado los detalles de cómo funciona realmente la vida a nivel molecular; por ejemplo, por qué nosotros tenemos que inspirar oxígeno y espirar dióxido de carbono, mientras que las plantas realizan el proceso químico opuesto utilizando la energía de la luz del Sol.

Me he saltado numerosos principios de ciencia de materiales y de ingeniería, y solo he pasado rozando los componentes básicos de toda la materia: la estructura del átomo y las cuatro fuerzas fundamentales de la naturaleza. No todos los átomos son estables, y la radiactividad ofrece la posibilidad de tener un arma terriblemente destructiva, además de una fuente de pacífica energía, pero también nos permite determinar la edad de nuestro planeta, ofreciendo un vistazo a través del vertiginoso agujero del tiempo profundo. En las ciencias de la Tierra he omitido, por ejemplo, la teoría de la tectónica de placas: el alucinante concepto de que los enormes continentes se deslizan a través de la superficie del planeta como hojas movidas por el viento en un estanque, chocando de vez en cuando unos con otros y arrugándose para formar cordilleras enteras. Esta profunda conciencia de que el mundo no ha sido siempre como es hoy, y de que además resulta ser asombrosamente viejo, es un requisito necesario para entender la teoría de la evolución a través de pequeños cambios de una generación a otra. Todo esto representa semillas de conocimiento que una sociedad en recuperación tendría que reexplorar y desarrollar por sí misma mediante la investigación, además de llenar las lagunas existentes entre las otras pistas proporcionadas en este libro, antes de llegar con el tiempo a reconstruir la inmensa variedad de conocimiento que hoy poseemos colectivamente.*

Entonces, ¿cómo podría descubrir cosas por sí mismo? ¿Cuáles son los instrumentos que necesitaría para reaprender el mundo? Continuemos con el planteamiento de volver a empezar por lo más básico utilizado en el capítulo anterior, y examinemos la estrategia que con más eficacia le permitirá producir nuevo conocimiento por sí mismo: la ciencia.

La base de toda investigación científica es la percepción de que el universo es esencialmente mecánico, sus componentes interactúan de forma ordenada siguiendo leyes rectoras universales y no a caprichosos dioses. Estas reglas subyacentes pueden revelarse por medio del pensamiento razonado basado en la experiencia y la observación directas. Ante todo la ciencia es empírica, y en principio todo debe comprobarse y verificarse de manera independiente. No puede us-

---

* Estoy seguro de que muchos de los lectores de este libro se habrán sorprendido al ver que se han pasado por alto algunos de los temas que consideran importantes. En la medida de lo posible, he tratado de incluir aquí el que yo creo que sería el conocimiento indispensable para un reinicio. Se podría reconstruir una civilización tecnológica capaz de funcionar sin el conocimiento de la evolución humana o de los planetas del sistema solar, pero no sin saber cómo mantener la fertilidad de los campos de manera eficaz o cómo producir álcalis químicos. Sin embargo, estaré encantado de saber su opinión a través de la página web del libro (www.the-knowledge.org) con respecto a qué conocimiento consideraría usted personalmente vital para acelerar la reconstrucción de la civilización desde cero, y por qué.

ted basar sus conclusiones solo en la lógica; tampoco puede limitarse a aceptar las afirmaciones de autoridades pasadas o presentes (o, de hecho, del libro que ahora tiene en las manos). De modo que, si desea usted manipular el mundo que le rodea en su propio beneficio, crear artefactos o tecnología para explotar determinados efectos concretos, primero ha de desarrollar una sólida comprensión de las leyes naturales. Este conocimiento solo puede provenir de observar el mundo y descubrir pautas en su comportamiento. Y lo que no es menos importante: tiene usted que percibir las discrepancias en la pauta esperada: las anomalías que delatan nuevos fenómenos naturales, como, por ejemplo, la aguja de la brújula que se mueve bruscamente al lado de un cable o el halo libre de bacterias que se forma en torno a una mancha de moho. Ello requiere la capacidad de medir las cosas de manera precisa, de poder asignar números o valores a diferentes aspectos de la naturaleza a fin de compararlos y controlar cómo cambian con el tiempo.

La raíz absoluta de la ciencia es, pues, el meticuloso diseño y construcción de instrumentos para tomar medidas, además de unidades en las que contarlas. Por ejemplo, una vara recta marcada con muescas a intervalos regulares representa la clase más sencilla de instrumento: una regla para medir la longitud. Pero para comunicarle a alguien que el tamaño de un objeto que usted ha medido es de 6 muescas de largo, esa persona tiene que conocer también la unidad que usted está utilizando, esto es, el espaciado exacto entre las muescas. De ahí que la clave para recuperar la ciencia desde cero resida en la creación de un conjunto de unidades de medida. Pero una sociedad poscatastrófica necesitará un sistema de medidas en cualquier caso. Las funciones básicas de la civilización incluyen la marcación de distancias para la construcción o los viajes, la medición de fluidos en un jarro o el pesaje de productos sólidos para el comercio, la administración o la tributación de áreas de tierra agrícola, y la determinación horaria de distintas actividades cívicas durante el día. Nosotros experimentamos directamente esas propiedades fundamentales —longitud, volumen, peso y tiempo— con nuestros sentidos, y, en consecuencia, resultan fáciles de cuantificar. Hay otras propiedades, como el calor o el hormigueo de la corriente eléctrica, que también percibimos con nuestros sentidos, pero cuya medición requiere instrumentos ingeniosamente diseñados.

LOS INSTRUMENTOS DE LA CIENCIA

La mayoría de las sociedades idean su propio sistema de medición de la distancia, el volumen o el peso. La mayoría de las unidades adoptadas corresponden a una escala humana relevante para la vida cotidiana: una libra de peso representa un puñado de carne o de grano, mientras que un segundo es una división de tiempo que se corresponde aproximadamente con un latido cardíaco. De hecho, muchas unidades tradicionales se han basado en las dimensiones del cuerpo humano, como el pie, la pulgada (dedo pulgar), el codo (antebrazo) y la milla (mil pasos en el sistema romano). Sin embargo, el problema de estas unidades es que no solo varían de una persona a otra, sino que a menudo comportan el uso de factores de conversión increíblemente engorrosos: en el sistema anglosajón, por ejemplo, la milla equivale a 1.760 yardas, 5.280 pies o 63.360 pulgadas. Lo ideal, en cambio, es utilizar un conjunto estandarizado de unidades interrelacionadas que incorporen una conveniente jerarquía de escala.

El sistema utilizado actualmente por toda la comunidad científica global, y de forma casi universal en la administración nacional y el comercio, se basa en el sistema métrico ideado originariamente en la década de 1790, en pleno fervor reformista de la Revolución francesa.*

---

* Prácticamente, los únicos países que no han adoptado totalmente este sistema son Estados Unidos y el Reino Unido, donde se mantienen unidades anticuadas, utilizando las millas en las señales de tráfico y los velocímetros de los vehículos, al tiempo que en los restaurantes y pubes las bebidas se sirven por pintas. La razón histórica de ello fue la exclusión por parte de Napoleón del mundo anglohablante cuando este convocó el congreso de 1798 para alentar la adopción internacional del nuevo sistema métrico; los ingleses acababan de hundir a la flota francesa en la batalla de Abukir (o batalla del Nilo), y debido a ello no se les invitó a la fiesta.[4]

El Sistema Internacional de Unidades (SI) define solo siete unidades fundamentales —incluyendo las de longitud, masa, tiempo y temperatura—, mientras que todas las demás pueden derivarse de forma natural de las combinaciones de estas. Los múltiplos más pequeños o más grandes de la unidad principal están restringidos a una convención de base diez, y se indican mediante un prefijo convenido. Por ejemplo, el metro es la unidad estándar de longitud, y luego los objetos más pequeños se describen en partes de un metro —un centímetro es una centésima parte, un milímetro una milésima parte—, y las distancias mayores en forma de múltiplos, como el kilómetro, que equivale a mil metros.

Junto al metro, una segunda unidad básica es la del tiempo: el segundo. Partiendo de solo estas dos propiedades básicas, y utilizando combinaciones o proporciones de ellas, se pueden derivar una gran cantidad de otras unidades. Multiplicando dos distancias (como la longitud y la anchura de un campo rectangular) se obtiene una medida de superficie, y, en consecuencia, la superficie siempre se expresa en unidades de distancia al cuadrado. Multiplicando tres dimensiones se obtiene un volumen, con unidades de longitud al cubo. Dividir una cantidad por un tiempo nos dice con qué rapidez varía esta, proporcionándonos un índice de cambio. Así, dividir una distancia por un tiempo nos proporciona una unidad de velocidad —como, por ejemplo, kilómetros por hora—, mientras que dividir esta de nuevo por un tiempo nos indica con qué rapidez algo aumenta o disminuye de velocidad: aceleración y deceleración. Las unidades pueden combinarse en grados de derivación aún más complejos para describir otras propiedades físicas. El kilogramo es la unidad básica de masa, y la densidad de un cuerpo —que nos dice si flotará o se hundirá— se halla dividiendo su masa por su volumen. Las combinaciones de masa y velocidad producen mediciones del momento y la energía de un objeto en movimiento.

Entonces, ¿cómo se puede reconstruir este sistema de medidas y unidades desde sus comienzos si no se encuentra ninguna jarra graduada, balanza, reloj o termómetro que funcionen?

Partiendo del metro como unidad básica primordial, podrá derivar muchas otras de él. Construya un recipiente en forma de cubo con cada uno de sus lados interiores de exactamente 10 centímetros de largo (una décima parte de su metro). El volumen interior de esta caja es de 1.000 centímetros cúbicos, o un litro. Llene el recipiente de agua destilada helada, y esa agua tendrá una masa de exactamente un kilogramo. Con una balanza bien construida (cuelgue una barra recta y rígida de su punto medio si lo necesita), podrá utilizar ese litro de agua para crear cualquier fracción o múltiplo de dicha unidad acercando o alejando la masa del eje. Para introducir el tiempo en el juego utilice el péndulo que hemos visto en el capítulo anterior. La longitud de un péndulo que realice una oscilación a cada lado (esto es, un semiperíodo) exactamente en un segundo será de 99,4 centímetros, y aunque utilice usted un péndulo de un metro de largo seguirá siendo exacto con un margen de error de solo 3 milisegundos, cien veces menos que el parpadeo de un ojo.* Así, partiendo solo del metro podrá usted reconstruir las unidades métricas de volumen (el litro), masa (el kilogramo) y tiempo (el segundo).

Pero ¿cómo definir la longitud del metro para los supervivientes del apocalipsis a fin de permitirles desarrollar todo lo demás a partir de este? Bueno, la línea que aparece dibujada en esta página tiene exactamente 10 centímetros de largo, y partiendo de ella se pueden reconstruir otras unidades.

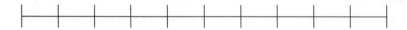

Todas las cantidades de las que se ha hablado hasta ahora pueden medirse con instrumentos muy rudimentarios —una regla graduada

---

* En realidad, históricamente el argumento fue el contrario, puesto que en el siglo XVII se propuso que se definiera el metro como la longitud de un péndulo que tenía un semiperíodo de exactamente un segundo. De ahí que la palabra «metro» comparta significado con el ritmo de la poesía o de la música. Sin embargo, la propuesta se abandonó en favor de una alternativa basada en las dimensiones de la Tierra, debido al efecto que ejercen en el ritmo de un péndulo las variaciones locales de la fuerza gravitatoria a través de la superficie del planeta.

o una balanza—, pero ¿cómo podría diseñar desde cero un calibrador, contador o instrumento preciso para medir atributos menos tangibles físicamente, como la presión o la temperatura? Los principios generales necesarios para diseñar nuevos instrumentos resultan esenciales para el escrutinio científico del funcionamiento interno del mundo, especialmente cuando uno se tropieza con nuevos efectos extraños y desea comprenderlos.

Uno de los primeros instrumentos científicos que tendrá que inventar se halla íntimamente relacionado con la observación del desconcertante hecho de que una bomba de succión nunca puede subir agua de un pozo más allá de unos diez metros, tal como hemos visto en el capítulo 8. Llene un tubo largo de agua, selle sus dos extremos, y luego cuélguelo de una elevada torre. Sumerja el extremo inferior en un recipiente con agua y quite el sello de dicho extremo. El agua saldrá del tubo debido a la gravedad, pero no toda ella, y descubrirá que, independientemente de como monte el experimento, la columna de agua que queda es siempre de unos 10,5 metros de alto (una cifra que, curiosamente, coincide con la altura máxima a la que una bomba de succión puede subir el agua de un pozo). En la parte superior del tubo podrá observar que queda un espacio producido al vaciarse el agua y donde el aire no ha podido volver a entrar: un vacío. El peso de la columna de agua se sostiene gracias a la fuerza ejercida en la parte inferior por el océano de aire dominante: la atmósfera. Los cambios en la presión circundante se revelan en el ascenso o descenso de la altura de la columna: tenemos un manómetro en funcionamiento. Utilizando un líquido más denso se obtiene un barómetro más práctico, ya que la presión atmosférica equivale a solo 76 centímetros de mercurio (en lugar de los más de 10 metros de agua).

Dicho barómetro puede construirse utilizando cualquier tubo de vidrio, y la elegancia de tal sistema consiste en que resulta naturalmente independiente del diámetro del tubo empleado (con tal de que este sea constante a lo largo de toda su longitud). Cuanto más gruesa sea la columna de mercurio mayor será el peso hacia abajo, pero este resulta perfectamente equilibrado por la mayor fuerza de la presión atmosférica que lo empuja hacia arriba: cualquier barómetro de columna de mercurio le dará de inmediato la misma respuesta, independientemente de los detalles de su construcción.

Una vez que se dispone de un nuevo instrumento, este pasa a ofrecer un medio sin precedentes para investigar el mundo, y a menudo conduce a una rápida irrupción de nuevos descubrimientos. Por ejemplo, trate de llevarse su nuevo barómetro a lo alto de una montaña para explorar cómo cambia la presión atmosférica con la altitud, o buscar pautas y correlaciones entre las delicadas fluctuaciones de la presión del aire en su emplazamiento y el clima. Hoy los médicos todavía miden la tensión arterial en el equivalente a unidades de altura de una columna de mercurio: alrededor de 80 mmHg es el valor normal entre latidos cardíacos.

La medición de la temperatura requiere algo más de ingenio. La temperatura de los objetos nos la revelan nuestros sentidos: podemos sentir si algo está caliente o frío. Pero ¿cómo construir un dispositivo capaz de medir con precisión esa experiencia subjetiva, de ponerle una cifra al calor? El truco está en buscar efectos físicos que guarden una correlación con nuestra sensación personal: observará que, cuando las sustancias se calientan, a menudo se expanden. El siguiente paso, pues, es construir un dispositivo diseñado para explotar ese fenómeno físico a fin de dar una expresión objetiva a la temperatura. Puede construirse un sencillo dispositivo sensible al calor con un tubo de vidrio largo y delgado, lleno parcialmente de líquido y luego sellado en ambos extremos; esta disposición maximiza el efecto visible de la expansión. Ate el tubo a una regla, y la altura de la parte superior de la columna de líquido nos dará una representación de la temperatura hallada. Ahora puede medir objetos comparándolos entre sí, independientemente de su percepción subjetiva.

Pero la altura del líquido observada a distintas temperaturas en un determinado instrumento, y, en consecuencia, la medición que obtendrá, dependerán íntegramente de las dimensiones y otras peculiaridades de la construcción del instrumento (a diferencia del simple barómetro que antes examinábamos): por lo tanto, no podrá usted comparar sus resultados con los de nadie más. Lo que necesita es, pues, una escala estandarizada que cualquiera pueda obtener y marcar en su propio instrumento. Y para ello necesita un modo de determinar puntos fijos: eventos o estados de la materia que siempre se producen exactamente a la misma temperatura y, por lo tanto, pueden servir como punto de referencia termométrico. Parece lógico basar una escala de temperaturas en el agua, dado que los cambios de estado de esta sustancia se producen dentro de un rango relevante para la vida diaria, desde una gélida mañana de invierno hasta una olla hirviendo. Una vez que haya determinado exactamente un punto fijo máximo y otro mínimo, es simplemente cuestión de subdividir de manera regular el rango comprendido entre ambos en un conveniente número redondo de graduaciones para obtener una escala de temperaturas significativa. La escala Celsius se basa en la congelación y la ebullición del agua como sus puntos fijos, los cuales se producen a 0 y 100 grados, respectivamente.* Pero en lugar de utilizar el agua como fluido, comprobará que el mercurio se expande de manera mucho más uniforme, lo que permite construir un termómetro exacto. Para disponer de termómetros capaces de funcionar a temperaturas superiores al punto de ebullición del mercurio —para su uso en un horno, por ejemplo—, tendrá que explotar otros fenómenos físicos. Las investigaciones sobre la electricidad, por ejemplo, revelarán que la resistencia de un cable a menudo aumenta con la temperatura.[5]

El método científico (continuación)[6]

Este es, pues, el proceso fundamental para diseñar medios fiables de medir cualquier atributo. Cuando la civilización en recuperación

---

* En realidad, dado que el proceso de ebullición depende de otros factores, como la agitación del recipiente para formar burbujas, se utiliza como patrón más constante y fiable la temperatura de una nube de vapor saturada a presión atmosférica.

descubre nuevos fenómenos extraños en la naturaleza, emergen nuevos campos de investigación científica. Hay que diseñar medios de aislar las propiedades de esos fenómenos y traducirlas en algo que pueda medirse de manera fiable antes de poder entenderlos y explotarlos para obtener aplicaciones tecnológicas. Así, por ejemplo, cuando se tropezó inicialmente con la electricidad, los investigadores se esforzaron en cuantificar las propiedades de aquel nuevo fenómeno, recurriendo al sistema de cuantificar subjetivamente la intensidad de la descarga que recibían. Pero cuando se investigó el fenómeno más a fondo se observaron algunos de sus efectos repetibles, de modo que estos pudieron emplearse para su medición; por ejemplo, utilizando el efecto motor para desviar una aguja en la esfera de un amperímetro. Y esos instrumentos científicos no son meros chismes de laboratorio: son también el termómetro que revela la fiebre de su hijo, el contador que mide el flujo de electricidad en su vivienda, el sismómetro que actúa como centinela detectando las sacudidas previas que anuncian un terremoto mayor, o el espectrómetro que detecta la presencia de determinados marcadores en su análisis de sangre hospitalario.

Estos dispositivos para medir el mundo, y las unidades estandarizadas en las que cuentan, son los instrumentos básicos de la ciencia. El conocimiento del mundo solo puede vislumbrarse inspeccionándolo atentamente, o, aún mejor, estableciendo minuciosamente circunstancias artificiales para investigar en detalle un aspecto concreto. Esa es la esencia del experimento.

Un experimento es un modo de restringir artificialmente una situación, de intentar eliminar factores que la perturban o complican a fin de poder centrarse estrictamente en cómo se comportan solo unos cuantos rasgos. Experimentar es formular una pregunta claramente definida al universo y observar con entusiasmo cómo responde. La experimentación afronta la insatisfacción frente a lo que nos muestra la naturaleza, forzando a esta última a revelar facetas rigurosamente definidas de sí misma cuando se hurga en ella de diferentes formas. Cuando se tienen controlados todos los factores de complicación y estos se reducen solo a uno, se puede pasar al siguiente, y así sucesivamente, interrogando sistemáticamente al sistema hasta llegar a entender cómo encajan todas sus partes.

Además de instrumentos para ampliar los sentidos humanos y medir los resultados de diferentes tipos de pruebas —un termómetro, un microscopio o un magnetómetro—, el escenario meticulosamente restringido que exige un experimento concreto a menudo requiere nuevos dispositivos: equipamiento científico especialmente construido, diseñado para crear condiciones concretas de cara a nuestro estudio. Y lo que no es menos importante: las observaciones y resultados de los experimentos tienen que registrarse numéricamente, adornando las descripciones cualitativas de lo que ha ocurrido con una mensurada precisión cuantitativa. Pero más allá del uso de la enumeración para comparar resultados con exactitud, puede adoptarse el lenguaje matemático como un potente instrumento para describir con precisión el comportamiento y las pautas de la naturaleza, así como las interrelaciones entre sus partes. Una ecuación es un resumen de una realidad compleja: su esencia. La consecuencia de ello es que se puede calcular el resultado esperado en nuevas situaciones, previamente no observadas; en otras palabras, se pueden hacer predicciones certeras.*

Sin embargo, pese a todas sus minuciosas observaciones, sus intrincados experimentos y sus condensadas ecuaciones, la esencia absoluta de la ciencia es que esta ofrece un mecanismo para que uno decida qué explicación es más probable que sea la correcta. Cualquiera con un poco de imaginación puede construir un relato que explique ingeniosamente cómo funciona el mundo: de dónde viene la lluvia, qué ocurre cuando algo se quema o de dónde sacó sus manchas el leopardo. Pero todo eso no será más que un divertido entretenimiento —historias etiológicas como *Los cuentos de así fue* de

---

* Las matemáticas constituyen una materia que aquí no se ha tratado a fondo. Es evidente que los cálculos son importantes para los diseños de ingeniería, y las matemáticas son el lenguaje con el que se expresa la ley física, pero estas no se prestan a explicaciones de principios generales dentro del ámbito de este libro.

Kipling—, a menos que uno tenga una manera fiable de poder seleccionar cuál tiene más probabilidades de ser correcta.

Los científicos construyen su mejor conjetura, denominada hipótesis, basándose en su conocimiento previo y en lo que ya se ha establecido, y diseñan experimentos orientados a poner a prueba las diferentes predicciones de dicha conjetura, pinchando y hurgando sistemáticamente en la hipótesis para comprobar qué tal funciona, o para informar la elección entre propuestas rivales. Y si la hipótesis resiste las pruebas de los experimentos u observaciones muchas veces y no se le detectan carencias, pasa a convertirse en una teoría bien fundada, y podemos confiar en utilizarla para explicar otros aspectos desconocidos. Pero aun entonces ninguna teoría es inviolable para siempre: es posible que más tarde se vea desbancada, socavada quizá por nuevas observaciones que no puede explicar, y reemplazada por una explicación en la que los datos encajan mejor. La esencia de la ciencia reside en admitir repetidamente que uno estaba equivocado y aceptar un modelo nuevo, más global; por lo tanto, y a diferencia de otros sistemas de creencias, la práctica de la ciencia asegura que nuestras historias se vayan haciendo cada vez más exactas con el tiempo.

Así, la ciencia no consiste en enumerar lo que se sabe, sino que trata más bien de cómo se puede llegar a saber. No es un producto, sino un proceso, una conversación interminable que salta de un lado a otro entre la observación y la teoría, la forma más eficaz de decidir qué explicaciones son correctas y cuáles resultan erróneas. Eso es lo que convierte a la ciencia en un sistema tan útil para entender cómo funciona el mundo, una potente máquina generadora de conocimiento. Y de ahí que el propio método científico sea el mayor de todos los inventos.

Pero en las penurias de un mundo postapocalíptico su preocupación más inmediata no será precisamente acumular conocimiento por el propio valor de este, sino que más bien le interesará aplicar dicho conocimiento para ayudar a mejorar su situación.

ABRIR EN CASO DE APOCALIPSIS

Ciencia y tecnología[7]

La aplicación práctica del conocimiento científico es la base de la tecnología. El principio operativo de cualquier tecnología explota un fenómeno natural concreto. Los relojes, por ejemplo, utilizan el descubrimiento de que un péndulo de una cierta longitud siempre oscila al mismo ritmo, y esa regularidad fiable se puede utilizar para medir el tiempo. La bombilla incandescente explota el hecho de que la resistencia eléctrica hace que los cables se calienten, y de que los objetos muy calientes emiten luz. En realidad, cualquier tecnología, salvo las más simples, explota todo un conjunto de fenómenos distintos, controlando y orquestando sus diversos efectos para lograr un propósito definido. Una nueva tecnología se basa invariablemente en otras más antiguas, tomando prestadas soluciones desarrolladas con anterioridad y aplicándolas a nuevas situaciones como componentes prefabricados. A menudo se trata solo de una ingeniosa combinación de partes preestablecidas que resulta novedosa dando lugar a un invento, y aquí hemos examinado con detalle dos ejemplos de ello: la imprenta y el motor de combustión interna. Cada nueva tecnología ofrece una función o ventaja novedosa, la cual, a su vez, puede incorporarse a otra innovación; la tecnología engendra tecnología.

Como hemos visto a lo largo de todo el libro, la historia ha atestiguado la íntima interacción entre ciencia y tecnología. Los investigadores descubren un fenómeno hasta entonces desconocido, principalmente demostrando que una determinada observación no puede explicarse por medio de ningún fenómeno conocido, y luego exploran sus diversos efectos y aprenden a maximizarlos y controlarlos. Explotar esos principios adicionales permite la creación de instrumentos o de otros inventos para aliviar el esfuerzo humano o enriquecer la vida cotidiana: es el proceso de convertir la peculiaridad en normalidad. Explotar los principios novedosos también permite la construcción de nuevos instrumentos y experimentos científicos para escudriñar y mensurar la naturaleza de nuevas formas, propiciando descubrimientos aún más fundamentales y el desentrañamiento de nuevos fenómenos naturales. La ciencia y la tecnología se hallan en una estrecha relación simbiótica: el descubrimiento científico impulsa el avance tecnológico, que a su vez permite una ulterior generación de conocimiento.

Desde luego, no todas las innovaciones se basan directamente en descubrimientos recientes —la rueca es el producto de una solución pragmática a un problema—, y hasta el célebre producto insignia de la revolución industrial, la máquina de vapor, en un primer momento se desarrolló predominantemente a partir de la experiencia empírica y la intuición práctica de los ingenieros antes que de consideraciones teóricas. Y, de hecho, hay ejemplos en nuestra historia en que los inventores no supieron entender correctamente el principio operativo subyacente en su creación, pese a lo cual esta funcionó. La práctica de enlatar comida para conservarla, por ejemplo, se desarrolló mucho antes de que se aceptara la teoría de los gérmenes y se descubriera la descomposición causada por los microorganismos.

Aun con el conocimiento científico correcto de los fenómenos implicados, producir un invento que funcione exige mucho más que un simple salto de imaginación creadora. Cualquier innovación que aspire a verse coronada por el éxito requiere un largo período de gestación en el que se hagan reajustes y se depure el diseño antes de que llegue a funcionar con la suficiente fiabilidad para ser adoptado de manera generalizada: se trata del famoso 99 por ciento de transpiración que el inventor estadounidense Thomas Edison explicaba que seguía al 1 por ciento de inspiración. El mismo proceso de investigación rigurosa y metódica que conduce a la ciencia se aplica aquí también, analizando en este caso no el mundo natural, sino nuestros propios constructos artificiales: experimentando con la tecnología naciente para conocer sus deficiencias y mejorar su eficacia.

Los supervivientes al apocalipsis apreciarán la importancia del conocimiento científico y el análisis crítico, que serán necesarios para mantener la tecnología existente el mayor tiempo posible; pero durante generaciones la sociedad habrá de protegerse frente a la posibilidad de sumirse en un coma irracional de magia y superstición, y deberá alimentar una mentalidad inquisitiva, analítica y basada en la evidencia para poder desarrollar rápidamente su propia capacidad tecnológica. Esa es la llama que los supervivientes deben mantener viva. Pensando de manera racional es como hemos sido capaces de mejorar inmensamente nuestra productividad en el cultivo de alimentos, de dominar materiales más allá de los palos y el sílex, de explotar fuentes de energía más allá de nuestros propios músculos, y de construir medios de transporte capaces de llevarnos mucho más lejos de lo que jamás podrían llevarnos nuestros propios pies. Fue la ciencia la que construyó nuestro mundo moderno, y será la ciencia lo que se necesitará para reconstruirlo de nuevo.

Final

Este libro solo puede ofrecer atisbos de la inmensa arquitectura del conocimiento y la tecnología actuales. Pero las áreas que aquí hemos explorado serán las más esenciales para alimentar a una cultura naciente a través de un reinicio acelerado, y le permitirán reaprender todo lo demás. Mi esperanza es que el mero hecho de examinar cómo la civilización aúna y produce todos sus elementos básicos hará llegar a apreciar al lector, tal como me ha ocurrido a mí durante la investigación realizada para este libro, aquellas cosas que damos por sentado en la vida moderna: alimento copioso y variado, medicinas de espectacular eficacia, viajes cómodos y fáciles, y abundante energía.

Inicialmente, el *Homo sapiens* ejerció un gran impacto en el planeta hace unos 10.000 años, con la repentina desaparición de alrededor de la mitad de las especies de grandes mamíferos del mundo: somos los principales sospechosos de haber propiciado esa extinción gracias a nuestro trabajo en equipo y a la mejorada tecnología de caza de las hachas de piedra y las lanzas con punta de piedra. Durante los 10.000 años siguientes se produjo una constante deforestación en el Mediterráneo y el norte de Europa, en la medida en que la gente fue asentándose en núcleos y roturando las tierras circundantes. Hace 300 años, la población humana empezó a cultivar de manera acelerada, y gradualmente cada trozo de tierra que resultaba adecuado para la agricultura se fue convirtiendo en terreno de cultivo. Hubo asimismo profundos cambios no solo en el paisaje, sino también en la química del planeta entero, en la medida en que el carbono acumulado durante cientos de millones de años se extraía de la tierra y se emitía a la atmósfera con creciente tenacidad. El aumento de los niveles de dióxido de carbono en la atmósfera afectaba al propio clima del planeta, propiciando el calentamiento global, la subida del nivel de los mares y la acidificación de los océanos. Ciudades y pueblos dispersos crecieron y se unieron como colonias de bacterias, al tiempo que el ondulante paisaje se cubría de carreteras que, como cintas decorativas, se arrollaban formando lazos en torno a las grandes áreas urbanas y se enmarañaban formando pasos elevados de tremenda complejidad en los principales nudos de comunicaciones. Un creciente enjambre de vehículos metálicos corrían de acá para allá por la tierra y los mares del mundo, atravesando los cielos, y algunos de ellos hasta escapando de la atmósfera. De noche, toda esa incesante y pertinaz actividad resultaba evidente desde el espacio, con los continentes delimitados por entramados de luces artificiales, redes de nodos y líneas brillantes.

Y entonces se hace el silencio.

La red mundial de tráfico se detiene abruptamente, el entramado de luz se desvanece y se apaga, las ciudades se aherrumbran y desmoronan.

¿Cuánto tiempo requerirá la reconstrucción? ¿Con qué rapidez puede recuperarse una sociedad tecnológica después de un cataclismo global? La clave para reconstruir la civilización bien pudiera hallarse en este libro.

The-Knowledge.org

Consulte más material, vea recomendaciones y vídeos, y prosiga el debate en la página de la comunidad: ¿qué conocimiento preservaría usted?

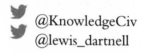 @KnowledgeCiv
@lewis_dartnell

Lecturas recomendadas y notas

Una pequeña selección de libros que tratan del desarrollo histórico de la ciencia y la tecnología se ha revelado absolutamente indispensable a lo largo de muchos de los capítulos de este libro, y personalmente los recomendaría como excelentes lecturas sobre los temas tratados en el presente volumen:

W. Brian Arthur, *The Nature of Technology: What It Is and How It Evolves.*
George Basalla, *La evolución de la tecnología.*
Peter J. Bowler e Iwan Rhys Moru, *Panorama general de la ciencia moderna.*
Thomas Crump, *A Brief History of Science: As seen throughout the development of scientific instruments.*
Patricia Fara, *Breve historia de la ciencia.*
John Gribbin, *Historia de la ciencia, 1543-2001.*
John Henry, *The Scientific Revolution and the Origins of Modern Science.*
Richard Holmes, *La edad de los prodigios: terror y belleza del romanticismo.*
Steven Johnson, *Las buenas ideas: una historia natural de la innovación.*
Joel Mokyr, *La palanca de la riqueza.*
Abbott Payson Usher, *A History of Mechanical Inventions.*

Muchos de los temas de este libro, incluidas las condiciones del mundo postapocalíptico y el proceso de recuperación a partir de medios rudimentarios, también se han abordado en novelas, y he aquí algunas que vale la pena leer. Tanto *Robinson Crusoe*, de Daniel Defoe, como *El Robinson suizo*, de Johann David Wyss, narran historias de ingeniosa supervivencia después de haberse visto el protagonista reducido a lo más básico a raíz de un naufragio. *Un yanqui en la corte del rey Arturo*, de Mark Twain, relata las tribulaciones de un accidental viajero en el tiempo, mientras que *Island in the*

Sea of Time, de S. M. Stirling, describe cómo prospera toda la población de una isla después de haberse visto transportada de regreso a la Edad del Bronce por un misterioso acontecimiento. *La Tierra permanece*, de George R. Stewart, narra la recuperación de una comunidad de un apocalipsis causado por la peste, al tiempo que *La muerte de la hierba*, de John Christopher, relata la catástrofe provocada por una enfermedad que no afecta directamente a la humanidad, pero mata a toda las especies de hierbas. *La carretera*, de Cormac McCarthy, es un relato brutal sobre un padre y un hijo que luchan por sus vidas en la anarquía inmediatamente posterior a un cataclismo inespecífico, mientras que *Some Will Not Die*, de Algis Budrys, y *El cartero*, de David Brin, tratan sobre la lucha por el poder tras el desmoronamiento de la civilización, y *Soy leyenda*, de Richard Matheson, narra la historia del último humano superviviente. *Ay, Babilonia*, de Pat Frank, y *On the Beach*, de Nevil Shute, describen ambos el período inmediatamente posterior a una guerra nuclear, mientras que *Cántico por Leibowitz*, de Walter M. Miller Jr., considera la cuestión de la preservación de siglos de conocimientos antiguos tras un holocausto nuclear. *Dudo errante*, de Russell Hoban, también habla de las generaciones de una sociedad posterior a un apocalipsis, pero de una que ha regresado a una existencia nómada. Dos novelas postapocalípticas de Margaret Atwood, *Oryx y Crake* y *El año del diluvio*, así como *Eternity Road*, de Jack McDevitt, y *La playa salvaje*, de Kim Stanley Robinson, presentan también fascinantes visiones de la vida en un mundo postapocalíptico. También merece la pena leer estas tres antologías de ficción postapocalíptica: *Ruins of Earth* (ed. de Thomas M. Disch), *Paisajes del apocalipsis: antología de relatos sobre el final de los tiempos* (ed. de John Joseph Adams), y *The Mammoth Book of Apocalyptic SF* (ed. de Mike Ashley).

Existe asimismo una vasta bibliografía sobre la atractiva belleza de las ruinas y la descomposición de los espacios urbanos, el tema de nuestro primer capítulo. Tres buenos y recientes ejemplos de ello son las fotografías de Andrew Moore en *Lugares abandonados*, de Sylvain Margaine, y *Beauty in Decay*, de RomanyWG.

También doy a continuación una lista de algunas de las fuentes de información más relevantes sobre el tema general del que trata cada capítulo concreto de este libro, además de referencias sobre aspectos puntuales. Muchos de estos libros pertenecen a la denominada Appropriate Technology Library («Biblioteca de Tecnología Apropiada»), lo que se indica más adelante, en la bibliografía, añadiendo el número de referencia ATL entre paréntesis después del título. La ATL consiste en más de un millar de volúmenes digitalizados que han sido seleccionados por la información práctica que proporcionan sobre autosuficiencia y técnicas rudimentarias, y está disponible en DVD o CD-ROM pidiéndolo a través de la página web de Village Earth, en http://villageearth.org/appropriate-technology/. En la bibliografía se proporcionan las referencias completas, mientras que en la página web del presente volumen, www.the-knowledge.org, pueden verse los enlaces a toda la bibliografía citada, incluidas las descargas gratuitas cuando están disponibles.

Introducción

Nick Bostrom y Milan Cirkovic, eds., *Global Catastrophic Risks.*
Jared Diamond, *Colapso: Por qué unas sociedades perduran y otras desaparecen.*
Paul y Anne Ehrlich, «Can a collapse of global civilisation be avoided?».
John Greer, *The Long Descent.*
Bob Holmes, «Starting over: Rebuilding civilisation from scratch».
Debora MacKenzie, «Why the demise of civilisation may be inevitable».
Jeffrey Nekola *et al.*, «The Malthusian Darwinian dynamic and the trajectory of civilization».
Glenn Schwartz y John Nichols, eds., *After Collapse: The Regeneration of Complex Societies.*
Joseph Tainter, *The Collapse of Complex Societies.*

1. Connolly (2001).
2. Read (1958). Véase también Ashton (2013).
3. Thwaites (2011).
4. Lovelock (1998). Véase también la refutación de la propuesta de Lovelock en Greer (2006), además de otras propuestas más recientes para recopilar y preservar conocimiento crucial en Kelly (2006), Raford (2009), Rose (2010) y Kelly (2011), sin olvidar la divertida y esencial camiseta para los viajeros del tiempo en www.topatoco.com/bestshirtever.
5. Yeo (2001).
6. http://www.nasa.gov/centers/langley/news/factheets/Apollo. html.

7. Shirky (2010).

8. *The Feynman Lectures on Physics* (1964), I, «Atoms in Motion», disponible gratuitamente en http://www.feynmanlectures.caltech.edu.

9. T. S. Eliot, *La tierra baldía*, 1922.

10. Además de las novelas *Robinson Crusoe* o *El Robinson suizo*, ya mencionadas, otros libros de ficción exploran el tema de cómo utilizar un conocimiento crucial para volver a empezar. Entre ellos se incluyen la novela de 1889 de Mark Twain sobre un viajero del tiempo accidental, *Un yanqui en la corte del rey Arturo*; la novela de 1895 de H. G. Wells *La máquina del tiempo*, y la obra de S. M. Stirling *Island in the Sea of Time* (1998), que trata de una comunidad moderna que se ve transportada íntegramente de regreso a la Edad del Bronce.

11. Lewis (1994).

12. Davison *et al.* (2000), *Economist* (2006), *Economist* (2008a, b), McDermott (2010).

13. Mason (1997).

14. Rybczynski (1980), Carr (1985).

15. Edgerton (2007).

1. El fin del mundo tal como lo conocemos

Bruce D. Clayton, *Life After Doomsday: Survivalist Guide to Nuclear War and Other Major Disasters.*

Aton Edwards, *Preparedness Now! (An Emergency Survival Guide).*

Dan Martin, *Apocalypse: How to Survive a Global Crisis.*

James Wesley Rawles, *Cómo sobrevivir al fin del mundo tal como lo conocemos: tácticas, técnicas y recursos tecnológicos para tiempos de incertidumbre.*

Laura Spinney, «Return to paradise: If the people flee, what will happen to the seemingly indestructible?».

Matthew R. Stein, *When Technology Fails: A Manual for Self-Reliance, Sustainability and Surviving the Long Emergency.*

Neil Strauss, *Emergency: One Man's Story of a Dangerous World and How to Stay Alive in it.*

United States Army, *Survival (Field Manual 3-05.70).*

Alan Weisman, *El mundo sin nosotros.*

John «Lofty» Wiseman, *El manual de supervivencia del SAS: guía definitiva para sobrevivir en cualquier lugar.*

Jan Zalasiewicz, *The Earth After Us: What Legacy Will Humans Leave in the Rocks?*
(Debo, no obstante, instar al lector a ser cauto, puesto que no todo lo que recomiendan algunas de las guías de supervivencia postapocalípticas resulta ser siempre un buen consejo, especialmente en los apartados de medicina.)

1. La cita procede de Denis Diderot, *Encyclopédie, ou dictionnaire raisonné des sciences, des arts et des métiers*, en concreto de su definición del propio término «enciclopedia».
2. Sherman (2006), Martin (2007).
3. Richard Matheson: *Soy leyenda* (1954).
4. Murray-McIntosh *et al.* (1998), Hey (2005).
5. Spinney (1996), Weisman (2008), Zalasiewicz (2008).
6. Stern (2006), Vuuren (2008), Solomon (2009), Cowie (2013).

2. EL PERÍODO DE GRACIA

Godfrey Boyle y Peter Harper, *Radical Technology.*
Jim Leckie *et al.*, *More Other Homes and Garbage: Designs for Self-sufficient Living.*
Alexis Madrigal, *Powering the Dream: The History and Promise of Green Technology.*
Nick Rosen, *How to Live Off-grid.*
John Seymour, *Guía práctica de la vida autosuficiente: un clásico para realistas y soñadores.*
Dick y James Strawbridge, *La guía completa para una vida autosuficiente: técnicas tradicionales y últimos avances.*
Jon Vogler, *Work from Waste: Recycling Waste to Create Employment.*

1. La cita procede de la novela de 1719 de Daniel Defoe *Robinson Crusoe.* Texto original inglés disponible gratuitamente en la web del Proyecto Gutenberg, http://www.gutenberg.org/ebooks/521.
2. Clayton (1980), Edwards (2009), Martin (2011), Rawles (2009), Stein (2008), Strauss (2009), United States Army (2002).
3. Huisman (1974), VITA (1977), Conant (2005).
4. DEFRA (2010), DEFRA (2012).

5. Comunicación personal, USCG Navigation Center.
6. Cohen (2000), Pomerantz (2004).
7. Clews (1973), Leckie (1981), Rosen (2007), Madrigal (2011).
8. Sacco (2000).
9. Vogler (1984).

3. AGRICULTURA

Mauro Ambrosoli, *The Wild and the Sown: Botany and Agriculture in Western Europe, 1350-1850.*
Percy Blandford, *Old Farm Tools and Machinery: An Illustrated History.*
Felipe Fernández-Armesto, *Historia de la comida: alimentos, cocina y civilización.*
John Seymour, *Guía práctica de la vida autosuficiente: un clásico para realistas y soñadores.*
Tom Standage, *An Edible History of Humanity.*

1. La cita procede de la novela postapocalíptica de 1951 *El día de los trífidos*, de John Wyndham.
2. Stern (1979), Wood (1981).
3. Blandford (1976), FAO (1976), Hurt (1985).
4. Starkey (1985).
5. Las potenciales consecuencias de ello se abordan de manera brillante en la novela de John Christopher *La muerte de la hierba*, en la que el agente del juicio final no es un virus que infecta a la humanidad, sino un patógeno vegetal que borra del mapa a todas las especies de hierbas.
6. FAO (1977).
7. Gotaas (1976), Dalzell (1981), Shuval (1981), Decker (2010a).
8. House (1978), Goodall (2008), Strawbridge (2010).
9. Pearce (2013).
10. http://austintexas.gov/dillodirt.
11. Weisman (2008).
12. Mokyr (1990).
13. Standage (2010).

4. ALIMENTO Y VESTIDO

Agromisa Foundation, *Preservation of Foods.*
Felipe Fernández-Armesto, *Historia de la comida: alimentos, cocina y civilización.*
Joan Koster, *Handloom Construction: A Practical Guide for the Non-Expert.*
Michael Pollan, *Cocinar: una historia natural de la transformación.*
John Seymour, *Guía práctica de la vida autosuficiente: un clásico para realistas y soñadores.*
Tom Standage, *An Edible History of Humanity.*
Carol Hupping Stoner, *Stocking Up: How to Preserve the Foods you Grow Naturally.*
Abbott Payson Usher, *A History of Mechanical Inventions.*

1. La cita procede de *La ruina*, un fragmentario poema del siglo VIII recopilado en el *Codex Exoniensis* y escrito por un autor anónimo sajón, donde se llora a unas ruinas romanas.
2. Agromisa Foundation (1990), The British Nutrition Foundation (1999), Stoner (1973).
3. Stoner (1973).
4. Fernández-Armesto (2001).
5. UNIFEM (1988).
6. Avery (2001a, b), Lang (2003).
7. Sella (2012).
8. Löfström (2011).
9. Silverman (2001), Jha (2008).
10. Cowan (1985), Bell (2011).
11. Wigginton (1973).
12. Koster (1979).
13. Mokyr (1990), Mortimer (2008).
14. Usher (1982), Mokyr (1990), Allen (2009).

5. SUSTANCIAS

Alan P. Dalton, *Chemicals from Biological Resources.*
William B. Dick, *Dick's Encyclopedia of Practical Receipts and Processes.*

Kevin M. Dunn, *Caveman Chemistry: 28 Projects, from the Creation of Fire to the Production of Plastics.*

1. La cita procede de la novela postapocalíptica de 2003 *Oryx y Crake*, de Margaret Atwood.

2. Decker (2011a).

3. Allen (2009).

4. Stanford (1976).

5. Goodall (2008).

6. Kato (2005).

7. Edgerton (2008).

8. Wingate (1985).

9. Bloomfield (2009).

10. Deighton (1907), Reilly (1951).

11. Dumesny (1908), Dalton (1973), Boyle (1976), McClure (2000).

12. David (2012).

13. McKee (1924), Karpenko (2002).

6. MATERIALES

Kevin M. Dunn, *Caveman Chemistry: 28 Projects, from the Creation of Fire to the Production of Plastics.*
Albert Jackson y David Day, *Herramientas.*
Carl G. Johnson y William R. Weeks, *Metalurgia.*
Richard Shelton Kirby *et al., Engineering in History.*

1. La cita procede de la novela de 1960 *Cántico por Leibowitz*, de Walter M. Miller, ambientada mucho después de un holocausto nuclear.

2. Forest Service Forest Products Laboratory (1974).

3. Leckie (1981), Stern (1983), Lengen (2008).

4. Oleson (2008).

5. Stern (1983).

6. Weygers (1974), Winden (1990).

7. Gentry (1980).

8. Parkin (1969).

9. The Lincoln Electric Company (1973).

332

10. Weygers (1973), Jackson (1978).
11. Aspin (1975).
12. Gingery (2000a, b, c, d y e).
13. Johnson (1977), Allen (2009).
14. Mokyr (1990).
15. Mokyr (1990).
16. Whitby (1983).
17. MacLeod (1987).
18. Macfarlane (2002).

7. Medicina

Murray Dickson, *Where There Is No Dentist.*
Roy Porter, *Medicina, la historia de la curación.*
Anne Rooney, *The Story of Medicine.*
David Werner, *Donde no hay doctor.*

1. La cita procede de John Lloyd Stephens, reproducida en Diamond (2005).
2. Porter (2002), Rooney (2009).
3. Mann (1982), Conant (2005), Solomon (2011).
4. Clark (2010).
5. Conant (2005).
6. Porter (2002).
7. Johnson (2010), http://designthatmatters.org/portfolio/projects/incubator/.
8. Gribbin (2002), Osman (2011), Kean (2010).
9. Mokyr (1990), Pollard (2010).
10. Osman (2011).
11. Cook (1988).
12. Dobson (1988).
13. Gribbin (2002), Holmes (2008).
14. Casselman (2011).
15. Crump (2001), Macfarlane (2002), Gribbin (2002), Sherman (2006).
16. Rooney (2009).

17. Lax (2005), Kelly (2010), Winston (2010), Pollard (2010).
18. Lax (2005).

8. Energía para todos

Godfrey Boyle y Peter Harper, *Radical Technology.*
Alexis Madrigal, *Powering the Dream: The History and Promise of Green Technology.*
Abbott Payson Usher, *A History of Mechanical Inventions.*

1. La cita procede de la novela de 1959 *Ay, Babilonia*, de Pat Frank (cuyo título procede a su vez del Apocalipsis 18,10), y que trata del período inmediatamente posterior a una guerra nuclear.
2. Usher (1982), Oleson (2008).
3. Fara (2009).
4. McGuigan (1978a), Mokyr (1990), Hills (1996), Decker (2009).
5. Hiscox (2007), Brown (2008).
6. Basalla (1988).
7. Usher (1982), Solomon (2011).
8. Fraenkel (1997).
9. Usher (1982), Mokyr (1990), Crump (2001), Allen (2009).
10. Gribbin (2002).
11. Schlesinger (2010), Osman (2011).
12. Crump (2001), Gribbin (2002), Hamilton (2003), Fara (2009), Schlesinger (2010), Ball (2012).
13. Watson (2005).
14. Hills (1996), Winston (2010), Krouse (2011).
15. McGuigan (1978b), Usher (1982), Holland (1986), Mokyr (1990), Eisenring (1991).

9. Transporte

1. La cita procede del libro infantil de 1975 *Danny el campeón del mundo*, de Roald Dahl.
2. Goodall (2008).

3. Solar Energy Research Institute (1980), Goodall (2008).

4. Rosen (2007), Strawbridge (2010).

5. House (1978), Decker (2011b).

6. FAO Forestry Department (1986), LaFontaine (1989), Decker (2010b).

7. Krammer (1978).

8. National Academy of Sciences (1977).

9. Starkey (1985).

10. Mokyr (1990).

11. Edgerton (2008).

12. Farndon (2010).

13. Edgerton (2008).

14. Broers (2005).

15. Mokyr (1990), Arthur (2009), Kelly (2010).

16. Bureau of Naval Personnel (1971), Hillier (1981), Usher, (1982).

17. Crump (2001), Edgerton (2008), Brooks (2009), Decker (2010c), Madrigal (2011).

10. COMUNICACIÓN

J. P. Davidson, *Planet Word.*

1. La cita procede de «Ozymandias», un soneto de Percy Bysshe Shelley publicado en 1818.

2. Mokyr (1990).

3. Dunn (2003).

4. Vigneault (2007), Seymour (2009).

5. HowToons (2007).

6. Finlay (2002), Fruen (2002), Smith (2009).

7. Broers (2005), Farndon (2010).

8. Usher (1982), Mokyr (1990), Finlay (2002), Johnson (2010).

9. Crump (2001), Field (2002), Parker (2006).

10. Wells, Ross (2005), Carusella (2008), y pueden verse en Gillies (2011) otros ingeniosos inventos de los prisioneros de guerra.

11. Química avanzada

Kevin M. Dunn, *Caveman Chemistry: 28 Projects, from the Creation of Fire to the Production of Plastics.*
Sam Kean, *The Disappearing Spoon: and Other True Tales from the Periodic Table.*
Joel Mokyr, *La palanca de la riqueza.*

1. La cita procede de la novela de 1992 *Planeta Champú*, de Douglas Coupland.
2. Abdel-Aal (2010).
3. Johnson (1977), Kean (2010).
4. Gribbin (2002), Holmes (2008).
5. Fara (2009), Kean (2010).
6. Winston (2010).
7. Mokyr (1990).
8. Gribbin (2002), Osman (2011).
9. Sutton (1986), Ware (1997), Crump (2001), Ware (2002), Ware (2004).
10. Mokyr (1990).
11. Deighton (1907), Reilly (1951).
12. Deighton (1907), Reilly (1951), Mokyr (1990).
13. Standage (2010).
14. Schrock (2006).
15. Standage (2010), Kean (2010), Perkins (1977), Edgerton (2008).

12. Tiempo y lugar

Eric Bruton, *The History of Clocks & Watches.*
Adam Frank, *El fin del principio: una nueva historia del tiempo.*
Dava Sobel, *Longitud: la verdadera historia de un genio solitario que resolvió el mayor problema científico de su tiempo.*

1. La cita de Diderot aparece reproducida en Goodman (1995).
2. Bruton (2000).
3. «Astronomy Picture of the Day», 12 de julio de 2006, http://apod.nasa.gov/apod/ap060712.html.

4. Oleson (2008).

5. Usher (1982), Bruton (2000), Gribbin (2002), Frank (2011).

6. Crump (2001), Frank (2011).

7. Mortimer (2008).

8. Schaefer (2000).

9. En Pappas (2011) puede verse una propuesta para reformular el año en una estructura de meses distinta.

10. Usher (1982).

11. Sobel (1996).

12. Usher (1982), Bruton (2000).

13. Sobel (1996).

13. El mayor de los inventos

1. La cita procede de «Little Gidding», el último poema de los *Cuatro cuartetos* de T. S. Eliot, publicado en 1943.

2. Mokyr (1990).

3. Allen (2009).

4. Crump (2001).

5. Crump (2001), Chang (2004).

6. Shapin (1996), Kuhn (1996), Bowler (2005), Henry (2008), Ball (2012).

7. Basalla (1988), Mokyr (1990), Bowler (2005), Arthur (2009), Johnson (2010).

Bibliografía

Abdel-Aal, H. K., K. M. Zohdy y M. Abdel Kareem (2010), «Hydrogen Production Using Sea Water Electrolysis», *The Open Fuel Cells Journal*, 3, pp. 1-7.

Adams, John Joseph, ed. (2008), *Wastelands: Stories of the Apocalypse*, Night Shade Books. [Hay trad. cast.: *Paisajes del apocalipsis: antología de relatos sobre el final de los tiempos*, Madrid, Valdemar, 2012.]

Agromisa Foundation Human Nutrition and Food Processing Group (1990), *Preservation of Foods (ATL 07-289)*, Agromisa Foundation.

Ahuja, Rajeev, Andreas Blomqvist, Peter Lorrson *et al.* (2011), «Relativity and the lead-acid battery», *Physical Review Letters*, 106 (1).

Allen, Robert C. (2009), *The British Industrial Revolution in Global Perspective*, Cambridge University Press.

Ambrosoli, Mauro (2009), *The Wild and the Sown: Botany and Agriculture in Western Europe, 1350-1850*, Cambridge University Press.

Arthur, W. Brian (2009), *The Nature of Technology: What It Is and How It Evolves*, Penguin.

Ashton, Kevin (2013), «What Coke Contains», en https://medium.com/the-ingredients-2/22id449929ef.

Aspin, B. Terry (1975), *Foundrywork for the Amateur (ATL 04-94)*, Model and Allied Publications.

Avery, Mike (2001a), «What is sourdough?», en http://www.sourdoughhome.com/index.php?content=whatissourdough.

— (2001b), «Starting a Starter», en http://www.sourdoughhome.com/index.php?content=startermyway2.

Ball, Philip (2012), *Curiosity: How Science Became Interested in Everything*, The Bodley Head. [Hay trad. cast.: *Curiosidad: por qué todo nos interesa*, Madrid, Turner, 2013.]

Basalla, George (1988), *The Evolution of Technology*, Cambridge University Press. [Hay trad. cast.: *La evolución de la tecnología*, Barcelona, Crítica, 2011.]

Bell, Alice (2011), «How the Refrigerator Got its Hum», en http://alice-rosebell.wordpress.com/2011/09/19/how-the-refrigerator-got-its-hum/.

Blandford, Percy (1976), *Old Farm Tools and Machinery: An Illustrated History*, David & Charles.

Bloomfield, Sally F., y Kumar Jyoti Nath (2009), *Use of Ash and Mud for Handwashing in Low Income Communities*, International Scientific Forum on Home Hygiene.

Bostrom, Nick, y Milan M. Ćirković, eds. (2011), *Global Catastrophic Risks*, Oxford University Press.

Bowler, Peter J., e Iwan Rhys Morus (2005), *Making Modern Science: A Historical Survey*, The University of Chicago Press. [Hay trad. cast.: *Panorama general de la ciencia moderna*, Barcelona, Crítica, 2007.]

Boyle, Godfrey, y Peter Harper (1976), *Radical Technology: Food, Shelter, Tools, Materials, Energy, Communication, Autonomy, Community* (*ATL 01-13*), Undercurrent Books.

British Nutrition Foundation (1999), *Nutrition and Food Processing*.

Broers, Alec (2005), *The Triumph of Technology (The BBC Reith Lectures 2005)*, Cambridge University Press.

Brooks, Michael (2009), «Electric cars: Juiced up and ready to go», *New Scientist*, 2.717, 20 de julio.

Brown, Henry T. (2008), *507 Mechanical Movements: Mechanisms and Devices*, 18.ª ed., BN Publishing (1.ª ed. 1868).

Bruton, Eric (2000), *The History of Clocks & Watches*, Little, Brown.

Bureau of Naval Personnel (1971), *Basic Machines and How They Work* (*ATL 04-81*), Dover Publications.

Carr, Marilyn, ed. (1985), *AT Reader: Theory and Practice in Appropriate Technology* (*ATL 01-20*), ITDG Publishing.

Carusella, Brian (2008), «Foxhole and POW built radios: history and construction», en http://bizarrelabs.com/foxhole.htm.

Casselman, Anne (2011), «Microscope, DIY, 3 Minutes», en http://www.lastwordonnothing.com/2011/09/05/guest-post-microscope-diy/.

Chang, Hasok (2004), *Inventing Temperature: Measurement and Scientific Progress*, Oxford University Press.

Clark, David P. (2010), *Germs, Genes & Civilization*, FT Press.

Clayton, Bruce D. (1980), *Life After Doomsday: Survivalist Guide to Nuclear War and Other Major Disasters*, Paladin Press.

Clews, Henry (1973), *Electric Power from the Wind (ATL 21-466)*, Enertech Corporation.

Cohen, Laurie P. (2000), «Many Medicines Are Potent Years Past Expiration Dates», *Wall Street Journal*, 28 de marzo.

Collins, H. M. (1974), «The TEA Set: Tacit Knowledge and Scientific Networks», *Science Studies*, 4 (2), pp. 165-186.

Conant, Jeff (2005), *Sanitation and Cleanliness for a Healthy Environment*, Hesperian Foundation.

Connolly, Kate (2001), «Human flesh on sale in land the Cold War left behind», *Observer*, 8 de abril.

Cook, John, Balu Sankaran y Ambrose E. O. Wasunna, eds. (1988), *General Surgery at the District Hospital (ATL 27-721)*, World Health Organization.

Coupland, Douglas (1992), *Shampoo Planet*, Simon & Schuster. [Hay trad. cast.: *Planeta Champú*, Barcelona, Ediciones B, 1998.]

— (1998), *Girlfriend in a Coma*, Flamingo.

Cowan, Ruth Schwartz (1985), «How the Refrigerator Got its Hum», en Donald MacKenzie y Judy Wajcman, eds., *The Social Shaping of Technology*, Open University Press.

Cowie, Jonathan (2013), *Climate Change: Biological and Human Aspects*, Cambridge University Press.

Crump, Thomas (2001), *A Brief History of Science: As seen through the development of scientific instruments*, Constable & Robinson.

Dalton, Alan P. (1973), *Chemicals from Biological Resources*, Intermediate Technology Development Group.

Dalzell, Howard W., Kenneth R. Gray y A. J. Biddlestone (1981), *Composting in Tropical Agriculture (ATL 05-165)*, International Institute of Biological Husbandry.

David, Saul (2012), «How Germany lost the WWI arms race», en http://www.bbc.co.uk/news/magazine-17011607.

Davidson, J. P. (2011), *Planet Word*, Penguin.

Davison, Robert, Doug Vogel, Roger Harris y Noel Jones (2000), «Technology Leapfrogging in Developing Countries. An Inevitable Luxury?», *The Electronic Journal of Information Systems in Developing Countries*, 1 (5), pp. 1-10.

Decker, Kris De (2009), «Wind powered factories: history (and future) of industrial windmills», en http://www.lowtechmagazine.com/2009/10/history-of-industrial-windmills.html.

— (2010a), «Recycling animal and human dung is the key to sustainable farming», en http://www.lowtechmagazine.com/2010/09/recycling-animal-and-human-dung-is-the-key-to-sustainable-farming.html.

— (2010b), «Wood gas vehicles: firewood in the fuel tank», en http://www.lowtechmagazine.com/2010/01/wood-gas-cars.html.

— (2010c), «The status quo of electric cars: better batteries, same range», en http://www.lowtechmagazine.com/2010/05/the-status-quo-of-electric-cars-better-batteries-same-range.html.

— (2011a), «Medieval smokestacks: fossil fuels in pre-industrial times», en http://www.lowtechmagazine.com/2011/09/peat-and-coal-fossil-fuels-in-pre-industrial-times.html.

— (2011b), «Gas Bag Vehicles», en http://www.lowtechmagazine.com/2011/11/gas-bag-vehicles.html.

DEFRA (2010), *UK Food Security Assessment: Detailed Analysis*, Department for Environment, Food and Rural Affairs.

— (2012), *Food Statistics Pocketbook*, Department for Environment, Food and Rural Affairs.

Deighton, T. Howard (1907), *The Struggle for Supremacy: Being a Series of Chapters in the History of the Leblanc Alkali Industry in Great Britain*, Gilbert G. Walmsley.

Department for Transport (2013), *Vehicle Licensing Statistics*.

Diamond, Jared (2005), *Collapse: How Societies Chose to Fail or Survive*, Penguin. [Trad. esp: *Colapso: por qué unas sociedades sobreviven y otras desaparecen*, Barcelona, Debate, 2012.]

Dick, William B. (1872), *Dick's Encyclopedia of Practical Receipts and Processes (ATL 02-26)*, Dick & Fitzgerald.

Dickson, Murray (2011), *Where There Is No Dentist*, Hesperian Health Guides.

Dobson, Michael B. (1988), *Anaesthesia at the District Hospital (ATL 27-720)*, World Health Organization.

Dumesny, P., y J. Noyer (1908), *Wood Products: Distillates and Extracts*, Scott Greenwood & Son.

Dunn, Kevin M. (2003), *Caveman Chemistry: 28 Projects, from the Creation of Fire to the Production of Plastics*, Universal Publishers.

Economist (2006), «Behind the bleeding edge: Skipping over old technologies to adopt new ones offers opportunities… and a lesson», *The Economist*, 21 de septiembre.

— (2008), «Of internet cafés and power cuts: Emerging economies are better at adopting new technologies than at putting them into widespread use», *The Economist*, 7 de febrero.

— (2008), «The limits of leapfrogging: The spread of new technologies often depends on the availability of older ones», *The Economist*, 7 de febrero.

— (2012), «Doomsdays: Predicting the End of the World», *The Economist*, 20 de diciembre.

Edgerton, David (2006), *The Shock Of The Old: Technology and Global History since 1900*, Profile Books. [Hay trad. cast.: *Innovación y tradición: historia de la tecnología moderna*, Barcelona, Crítica, 2007.]

— (2007), «Creole technologies and global histories: rethinking how things travel in space and time», *Journal of History of Science and Technology*, 1, pp. 75-112.

Edwards, Aton (2009), *Preparedness Now! (An Emergency Survival Guide)*, Process Media.

Ehrlich, Paul R., y Anne H. Ehrlich (2013), «Can a collapse of global civilisation be avoided?», *Proceedings of the Royal Society: B*, 280, pp. 1-9.

Eisenring, Markus (1991), *Micro Pelton Turbines (ATL 22-543)*, SKAT, Swiss Center for Appropriate Technology.

FAO (1976), *Farming with Animal Power (ATL 05-150)*, Better Farming Series 14, FAO.

— (1977), *Cereals (ATL 05-151)*, Better Farming Series 15, FAO.

— (1986), Forestry Department: *Wood Gas as Engine Fuel*, FAO.

Fara, Patricia (2009), *Science: A Four Thousand Year History*, Oxford University Press. [Hay trad. cast.: *Breve historia de la ciencia*, Barcelona, Ariel, 2009.]

Farndon, John (2010), *The World's Greatest Idea: The Fifty Greatest Ideas That Have Changed Humanity*, Icon Books.

Ferguson, Niall (2011), *Civilization: The West and the Rest*, Penguin. [Hay trad. cast.: *Civilización*, Barcelona, Debate, 2012.]

Fernández-Armesto, Felipe (2001), *Food: A History*, Macmillan. [Hay trad. cast.: *Historia de la comida: alimentos, cocina y civilización*, Barcelona, Tusquets, 2004.]

Field, Simon Quellen (2002), «Building a crystal radio out of household items», *Gonzo Gizmos: Projects and Devices to Channel Your Inner Geek*, Chicago Review Press.

Finlay, Victoria (2002), *Colour: Travels Through the Paintbox*, Hodder and Stoughton. [Hay trad. cast.: *Colores*, Barcelona, Océano, 2005.]

Forest Service Forest Products Laboratory (1974), *Wood Handbook: Wood as an Engineering Material (ATL 25-662)*, US Department of Agriculture.

Fraenkel, Peter (1997), *Water-Pumping Devices: A Handbook for Users and Choosers (ATL 14-370)*, Intermediate Technology Publications.

Frank, Adam (2011), *About Time: Cosmology and Culture at the Twilight of the Big Bang*, One World. [Hay trad. cast.: *El fin del principio: una nueva historia del tiempo*, Barcelona, Ariel, 2012.]

Fruen, Lois (2002), «The Real World of Chemistry: Iron Gall Ink», en http://www.realscience.breckschool.org/upper/fruen/files/Enrichmentarticles/iles/IronGallInk/IronGallInk.html.

Gentry, George, y Edgar T. Westbury (1980), *Hardening and Tempering Engineers' Tools (ATL 04-98)*, Model and Allied Publications.

Gillies, Midge (2011), *The Barbed-wire University: The Real Lives of Prisoners of War in the Second World War*, Aurum.

Gingery, David J. (2000a), *The Charcoal Foundry*, David J. Gingery Publishing LLC.

— (2000b), *The Drill Press*, David J. Gingery Publishing LLC.

— (2000c), *The Metal Lathe*, David J. Gingery Publishing LLC.

— (2000d), *The Metal Shaper*, David J. Gingery Publishing LLC.

— (2000e), *The Milling Machine*, David J. Gingery Publishing LLC.

Goodall, Chris (2009), *Ten Technologies To Fix Energy and Climate*, Profile Books.

Goodman, John, ed. (1995), *Diderot on Art*, Yale University Press.

Gotaas, Harold B. (1976), *Composting: Sanitary Disposal and Reclamation of Organic Wastes (ATL 05-166)*, World Health Organization (1.ª ed. 1956).

Greer, John Michael (2006), «How Not To Save Science», en http://thearchdruidreport.blogspot.co.uk/2006/07/how-not-to-save-science.html.

— (2008), *The Long Descent: A User's Guide to the End of the Industrial Age*, New Society Publishers.

Gribbin, John (2002), *Science: A History 1543-2001*, Penguin. [Hay trad. cast.: *Historia de la ciencia, 1543-2001*, Barcelona, Crítica, 2005.]

Hamilton, James (2003), *Faraday: The Life*, HarperCollins.

Henry, John (2008), *The Scientific Revolution and the Origins of Modern Science*, 3.ª ed., Palgrave Macmillan.

Hey, Jody (2005), «On the Number of New World Founders: A Population Genetic Portrait of the Peopling of the Americas», *PLoS Biology*, 3 (6), e193.

Hillier, V. A. W., y F. Pittuck (1981), *Fundamentals of Motor Vehicle Technology*, 3.ª ed., Hutchinson.

Hills, Richard L. (1996), *Power from Wind: A History of Windmill Technology*, Cambridge University Press.

Hiscox, Gardner Dexter (2007), *1800 Mechanical Movements, Devices and Appliances*, Dover Publications.

Holland, Ray (1986), *Micro Hydro Electric Power (ATL 22-531)*, Intermediate Technology Publications.

Holmes, Bob (2011), «Starting over: Rebuilding Civilisation from Scratch», *New Scientist*, 2.805, 28 de marzo.

Holmes, Richard (2008), *The Age of Wonder: How the Romantic Generation Discovered the Beauty and Terror of Science*, Harper Press. [Hay trad. cast.: *La edad de los prodigios: terror y belleza del romanticismo*, Madrid, Turner, 2012.]

House, David (2006), *The Biogas Handbook (ATL 24-568)*, Peace Press, 1978; ed. revisada, House Press.

HowToons (2007), «Pen Pal», *Craft*, 5 de noviembre, http://www.arvmdguptatoys.com/arvindgupta/penpal.pdf.

Huisman, L., y W. E. Wood (1974), *Slow Sand Filtration (ATL 16-376)*, World Health Organization.

Hurt, R. Douglas (1982), *American Farm Tools: From Hand-Power to Steam-Power (ATL 06-262)*, Sunflower University Press.

Jackson, Albert, y David Day (1978), *Tools and How to Use Them: An Illustrated Encyclopedia (ATL 04-122)*, Alfred A. Knopf. [Hay trad. cast.: *Herramientas*, CEAC, 1999.]

Jha, Alok (2008), «Einstein fridge design can help global cooling», *Observer*, 21 de septiembre.

Johnson, Carl G., y William R. Weeks (1977), *Metallurgy (ATL 04-106)*, 5.ª ed., American Technical Publishers. [Hay trad. cast.: *Metalurgia*, Barcelona, Reverté, 1968.]

Johnson, Steven (2010), *Where Good Ideas Come From: The Natural History of Innovation*, Allen Lane. [Hay trad. cast.: *Las buenas ideas: una historia natural de la innovación*, Madrid, Turner, 2011.]

Karpenko, Vladimir, y John A. Norris (2002), «Vitriol in the History of Chemistry», *Chemické Listy*, 96, pp. 997-1.005.

Kato, M., D. M. DeMarini, A. B. Carvalho *et al.* (2005), «World at work: Charcoal Producing Industries in Northeastern Brazil», *Occupational and Environmental Medicine*, 62 (2), pp. 128-132.

Kean, Sam (2010), *The Disappearing Spoon: and other true tales from the Periodic Table*, Black Swan.

Kelly, Kevin (2006), «The Forever Book», en http://www.kk.org/thetechnium/archives/2006/02/the_forever_book.php.

— (2010), *What Technology Wants*, Viking.

— (2011), «The Library of Utility», en http://blog.longnow.org/02011/04/25/the-library-of-utility/.

Kirby, Richard Shelton, Sidney Withington, Arthur Burr Darling y Frederick Gridley Kilgour (1990), *Engineering in History*, Dover Publications.

Koster, Joan (1979), *Handloom Construction: A Practical Guide for the Non-Expert* (*ATL 33-778*), Volunteers in Technical Assistance.

Krammer, Arnold (1978), «Fueling the Third Reich», *Technology and Culture*, 19 (3), pp. 394-422.

Krouse, Peter (2011), «Charles Brush used wind power in house 120 years ago: Cleveland Innovations», en http://blog.cleveland.com/metro/2011/08/charles_brush_used_wind_power.html.

Kuhn, Thomas S. (1996), *The Structure of Scientific Revolutions*, 3.ª ed., University of Chicago Press. [Hay trad. cast.: *La estructura de las revoluciones científicas*, Madrid, Fondo de Cultura Económica, 2005.]

LaFontaine, H., y F. P. Zimmerman (1989), *Construction of a Simplified Wood Gas Generator for Fueling Internal Combustion Engines in a Petroleum Emergency*, Federal Emergency Management Agency.

Lang, Jack (2003), «Sourdough Bread», en http://forums.egullet.org/topic/27634-sourdough-bread/.

Lax, Eric (2005), *The Mould In Dr Florey's Coat: The Remarkable True Story of the Penicillin Miracle*, Abacus.

Leckie, Jim, Gil Masters, Harry Whitehouse y Lily Young (1981), *More Other Homes and Garbage: Designs for Self-sufficient Living* (*ATL 02-47*), Sierra Club Books.

Lengen, Johan van (2008), *The Barefoot Architect: A Handbook for Green Building*, Shelter.

Lewis, M. J. T. (1994), «The Origins of the Wheelbarrow», *Technology and Culture*, 35 (3), pp. 453-475, julio.

Lincoln Electric Company (1973), *The Procedure Handbook of Arc Welding* (*ATL 04-115*), Lincoln Electric Company.

Lisboa, Maria Manuel (2011), *The End of the World: Apocalypse and its Aftermath in Western Culture*, OpenBook Publishers.

Löfström, Johan (2011), «Zeer pot refrigerator», en http://www.appropedia.org/Zeer_pot_refrigerator.

Lovelock, James (1998), «A Book for All Seasons», *Science*, 280 (5.365), pp. 832-833.

Macfarlane, Alan, y Gerry Martin (2002), *The Glass Bathyscaphe: How Glass Changed the World*, Profile Books.

MacGregor, Neil (2011), *A History of the World in 100 Objects*, Penguin. [Hay trad. cast.: *La historia del mundo en 100 objetos*, Barcelona, Debate, 2012.]

MacKenzie, Debora (2008), «Why the demise of civilisation may be inevitable», *New Scientist*, 2650, 2 de abril.

MacLeod, Christine (1987), «Accident or Design? George Ravenscroft's Patent and the Invention of Lead-Crystal Glass», *Technology and Culture*, 28 (4), pp. 776-803.

Madrigal, Alexis (2011), *Powering the Dream: The History and Promise of Green Technology*, Da Capo Press.

Mann, Henry Thomas, y David Williamson (1982), *Water Treatment and Sanitation: Simple Methods for Rural Areas* (*ATL 16-381*) (ed. rev.), Intermediate Technology Publications.

Margaine, Sylvain (2009), *Forbidden Places: Exploring our abandoned heritage*, Jonglez. [Hay trad. cast.: *Lugares abandonados: descubrimientos insólitos de un patrimonio olvidado*, Jonglez, 2011.]

Martin, Dan (2011), *Apocalypse: How to Survive a Global Crisis*, Ecko House Publishing.

Martin, Felix (2013), *Money: The Unauthorised Biography*, The Bodley Head.

Martin, Sean (2007), *The Black Death*, Chartwell Books.

Mason, Richard, y John Caiger (1997), *A History of Japan* (ed. rev.), Tuttle Publishing.

McClure, David Courtney (2000), «Kilkerran Pyroligneous Acid Works

1845 to 1945», en http://www.ayrshirehistory.org.uk/AcidWorks/
acidworks.htm.

McDermott, Matthew (2010), «Techo-Leapfrogging At Its Best: 2,000 In-
dian Villages Skip Fossil Fuels, Get First Electricity From Solar», en
http://www.treehugger.com/natural-sciences/techo-leapfrogging-at-
its-best-2000-indian-villages-skip-fossil-fuels-get-first-electricity-
from-solar.html.

McGuigan, Dermot (1978a), *Small Scale Wind Power*, Prism Press.

— (1978b), *Harnessing Water Power for Home Energy (ATL 22-507)*, Garden
Way Publishing Co.

McKee, Ralph H., y Carroll M. Salk (1924), «Sulfuryl Chloride: Principles
of Manufacture from Sulfur Burner Gas», *Industrial and Engineering
Chemistry*, 16 (4), pp. 351-353.

Miller, Walter M., Jr. (2007), *A Canticle for Leibowitz*, Bantam Books (1.ª ed.
1959). [Hay trad. cast.: *Cántico por Leibowitz*, Barcelona, Ediciones B,
2008.]

Mokyr, Joel (1990), *The Lever of Riches: Technological Creativity and Economic
Progress*, Oxford University Press. [Hay trad. cast.: *La palanca de la riqueza*, Madrid, Alianza, 1993.]

Moore, Andrew (2010), *Detroit Disassembled*, Damiani.

Mortimer, Ian (2008), *The Time Traveller's Guide to Medieval England*, The
Bodley Head.

Murray-McIntosh, Rosalind P., Brian J. Scrimshaw, Peter J. Hatfield y David Penny (1998), «Testing migration patterns and estimating founding
population size in Polynesia by using human mtDNA sequences», *Proceedings of the National Academy of Sciences*, 95 (15), pp. 9.047-9.052.

National Academy of Sciences (1977), *Guayule: An Alternative Source of
Natural Rubber (ATL 05-183)*.

Nekola, Jeffrey C., Craig D. Allen, James H. Brown *et al.* (2013), «The
Malthusian Darwinian dynamic and the trajectory of civilization»,
Trends in Ecology & Evolution, 28 (3), pp. 127-130.

Office of Global Analysis (2008), *Cuba's Food & Agriculture Situation Report*,
Foreign Agricultural Service, United States Department of Agriculture.

Oleson, John Peter, ed. (2008), *The Oxford Handbook of Engineering and
Technology in the Classical World*, Oxford University Press.

Osman, Jheni (2011), *100 Ideas That Changed the World*, BBC Books.

Pappas, Stephanie (2011), «Is It Time to Overhaul the Calendar?», *Scientific American*, 29 de diciembre.

Parker, Bev (2006), «Early Transmitters and Receivers», en http://www. historywebsite.co.uk/Museum/Engineering/Electronics/history/ earlytxrx.htm.

Parkin, N., y C. R. Flood (1969), *Welding Craft Practices: Part 1, Volume 1, Oxy-acetylene Gas Welding and Related Studies (ATL 04-126)*, Pergamon Press.

Pearce, Fred (2013), «Flushed with success: Human manure's fertile future», *New Scientist*, 2.904, 21 de febrero.

Perkins, Dwight (1977), *Rural Small-Scale Industry in the People's Republic of China (ATL 03-75)*, University of California Press.

Pollan, Michael (2013), *Cooked: A Natural History of Transformation*, Penguin. [Hay trad. cast.: *Cocinar: una historia natural de la transformación*, Barcelona, Debate, 2014.]

Pollard, Justin (2010), *Boffinology: The Real Stories Behind Our Greatest Scientific Discoveries*, John Murray.

Pomerantz, Jay M. (2004), «Recycling Expensive Medication: Why Not?», *MedGenMed*, 6 (2), p. 4.

Porter, Roy (2002), *Blood and Guts: A Short History of Medicine*, Penguin. [Hay trad. cast.: *Medicina, la historia de la curación*, Madrid, Lisma, 2002.]

Raford, Noah, y Jason Bradford (2009), «Reality Report: Interview with Noah Raford», 17 de julio, en http://www.resilience.org/stories/ 2009-07-17/reality-report-interview-noah-raford.

Rawles, James Wesley (2009), *How To Survive The End Of The World As We Know It: Tactics, Techniques And Technologies For Uncertain Times*, Penguin. [Hay trad. cast.: *Cómo sobrevivir al fin del mundo tal como lo conocemos: tácticas, técnicas y recursos tecnológicos para tiempos de incertidumbre*, Barcelona, Paidotribo, 2012.]

Read, Leonard E. (1958), *I, Pencil: My Family Tree as told to Leonard E. Read*, The Foundation for Economic Education (reimp. 1999).

Reilly, Desmond (1951), «Salts, Acids & Alkalis in the 19th Century: A Comparison between Advances in France, England & Germany», *Isis*, 42 (4), pp. 287-296.

Romany WG (2010), *Beauty in Decay: Urbex: The Art of Urban Exploration*, CarpetBombingCulture.

Rooney, Anne (2009), *The Story of Medicine: From Early Healing to the Miracles of Modern Medicine*, Arcturus.

Rose, Alexander (2010), «Manual for Civilization», en http://blog.longnow.org/02010/04/06/manual-for-civilization/.

Rosen, Nick (2007), *How to Live Off-grid: Journeys Outside the System*, Bantam Books.

Ross, Bill (2005), «Building a Radio in a P.O.W. Camp», en http://www.bbc.co.uk/history/ww2peopleswar/stories/70/a4127870.shtml.

Rybczynski, Witold (1980), *Paper Heroes: A Review of Appropriate Technology (ATL 01-11)*, Anchor Press.

Sacco, Joe (2000), *Safe Area Goražde: The War in Eastern Bosnia 1992-1995*, Fantagraphics. [Hay trad. cast.: *Gorazde zona protegida: la guerra en Bosnia oriental 1992-1995*, Barcelona, Planeta, 2005.]

Schaefer, Bradley E. (2000), «The heliacal rise of Sirius and ancient Egyptian chronology», *Journal for the History of Astronomy*, 31 (2), pp. 149-155.

Schlesinger, Henry (2010), *The Battery: How portable power sparked a technological revolution*, Smithsonian Books.

Schrock, Richard (2006), «MIT Technology Review: Nitrogen Fix», en http://www.technologyreview.com/notebook/405750/nitrogen-fix/.

Schwartz, Glenn M., y John J. Nichols, eds. (2010), *After Collapse: The Regeneration of Complex Societies*, The University of Arizona Press.

Sella, Andrea (2012), «Classic Kit. Kenneth Charles Devereux Hickman's Molecular Alembic», en http://solarsaddle.wordpress.com/2012/01/06/classic-kit-kenneth-charles-devereux-hickmans-molecular-alembic/.

Seymour, John (2009), *The New Complete Book of Self-sufficiency*, Dorling Kindersley. [Hay trad. cast.: *Guía práctica de la vida autosuficiente: un clásico para realistas y soñadores*, Barcelona, Naturart, 2010.]

Shapin, Steven (1996), *The Scientific Revolution*, The University of Chicago Press. [Hay trad. cast.: *La revolución científica: una interpretación alternativa*, Barcelona, Paidós, 2000.]

Sherman, Irwin W. (2006), *The Power of Plagues*, ASM Press.

Shirky, Clay (2010), *Cognitive Surplus: Creativity and Generosity in a Connected Age*, Penguin.

Shuval, Hillel I., Charles G. Gunnerson y DeAnne S. Julius (1981), *Appropriate Technology for Water Supply and Sanitation: Nightsoil Composting (ATL 17-389)*, The World Bank.

Silverman, Steve (2001), *Einstein's Refrigerator: And Other Stories from the Flip Side of History*, Andrews McMeel Publishing.

Smith, Gerald (2009), «The Chemistry of Historically Important Black Inks, Paints and Dyes», *Chemistry Education in New Zealand*.

Sobel, Dava (1996), *Longitude: The True Story of a Lone Genius Who Solved the Greatest Scientific Problem of His Time*, Fourth Estate. [Hay trad. cast.: *Longitud: la verdadera historia de un genio solitario que resolvió el mayor problema científico de su tiempo*, Barcelona, Debate, 1998.]

Solar Energy Research Institute (1980), *Fuel from Farms: A Guide to Small-scale Ethanol Production (ATL 19-417)*, United States Department of Energy.

Solomon, Steven (2011), *Water: The Epic Struggle for Wealth, Power and Civilization*, Harper Perennial.

Solomon, Susan, Gian-Kasper Plattner *et al.* (2009), «Irreversible climate change due to carbon dioxide emissions», *Proceedings of the National Academy of Sciences*, 106 (6), pp. 1.704-1.709.

Spinney, Laura (1996), «Return to paradise. If the people flee, what will happen to the seemingly indestructible?», *New Scientist*, 2.039, 20 de julio.

Standage, Tom (2010), *An Edible History of Humanity*, Atlantic Books (1.ª ed. 2009).

Stanford, Geoffrey (1976), *Short Rotation Forestry: As a Solar Energy Transducer and Storage System (ATL 08-301)*, Greenhills Foundation.

Starkey, Paul (1985), *Harnessing and Implements for Animal Traction: An Animal Traction Resource Book for Africa (ATL 06-294)*, German Appropriate Technology Exchange (GATE) y Friedrich Vieweg & Sohn.

Stassen, Hubert E. (1995), *Small-Scale Biomass Gasifiers for Heat and Power: A Global Review*, Energy Series, World Bank Technical Paper Number 296.

Stein, Matthew R. (2008), *When Technology Fails: A Manual for Self-Reliance, Sustainability and Surviving the Long Emergency*, Chelsea Green Publishing.

Stern, Nicholas (2006), *The Stern Review on the Economics of Climate Change*, HM Treasury. [Hay trad. cast.: *El informe Stern: la verdad sobre el cambio climático*, Barcelona, Paidós, 2007.]

Stern, Peter (1979), *Small Scale Irrigation (ATL 05-217)*, Intermediate Technology Publications.

—, ed. (1983), *Field Engineering (ATL 02-71)*, Practical Action.

Stoner, Carol Hupping (1973), *Stocking Up: How to Preserve the Foods you Grow, Naturally (ATL 07-292)*, Rodale Press.

Strauss, Neil (2009), *Emergency: One Man's Story of a Dangerous World and How to Stay Alive in it*, Canongate Books.

Strawbridge, Dick, y James Strawbridge (2010), *Practical Self Sufficiency: The Complete Guide to Sustainable Living*, Dorling Kindersley. [Hay trad. cast.: *La guía completa para una vida autosuficiente: técnicas tradicionales y últimos avances*, Barcelona, Naturart, 2011.]

Sutton, Christine (1986), «The impossibility of photography», *New Scientist*, 25 de diciembre.

Tainter, Joseph A. (1988), *The Collapse of Complex Societies*, Cambridge University Press.

Thwaites, Thomas (2011), *The Toaster Project: Or a Heroic Attempt to Build a Simple Electric Appliance from Scratch*, Princeton Architectural Press.

UNIFEM (1988), *Cereal Processing (ATL 06-299)*, United Nations Development Fund for Women.

United States Army (2002), *Survival (Field Manual 3-05.70)*, US Army Publishing Directorate.

Usher, Abbott Payson (1982), *A History of Mechanical Inventions* (ed. rev.), Dover Publications (1.ª ed. 1929).

Vigneault, François (2007), «Papermaking 101», *Craft*, 5, noviembre.

VITA (1977), *Using Water Resources (ATL 12-327)*, Volunteers in Technical Assistance.

Vogler, Jon (1981), *Work from Waste: Recycling Wastes to Create Employment (ATL 33-804)*, ITDG Publishing.

— (1984), *Small-Scale Recycling of Plastics (ATL 33-799)*, Intermediate Technology Publications.

Vuuren, D. P. van, M. Meinshausen *et al.* (2008), «Temperature increase of 21st century mitigation scenarios», *Proceedings of the National Academy of Sciences*, 105 (40), pp. 15.258-15.262.

Ware, Mike (1997), «On Proto-photography and the Shroud of Turin», *History of Photography*, 21 (4), pp. 261-269.

— (2002), «Luminescence and the Invention of Photography», *History of Photography: «A Vibration in The Phosphorous»*, 26 (1), pp. 4-15.

— (2004), «Alternative Photography», en http://www.mikeware.co.uk.

Watson, Simon, y Murray Thomson (2005), *Feasibility Study: Generating Electricity from Traditional Windmills*, Loughborough University.

Weisman, Alan (2008), *The World Without Us*, Virgin Books. [Hay trad. cast.: *El mundo sin nosotros*, Barcelona, Debate, 2007.]

Wells, R. G., «Construction of Radio Equipment in a Japanese POW Camp», en http://www.zerobeat.net/qrp/powradio.html.

Werner, David (2011), *Where There Is No Doctor: A Village Healthcare Handbook*, Hesperian Health Guides. [Hay trad. cast.: *Donde no hay doctor: una guía para los campesinos que viven lejos de los centros médicos*, México, Pax México, 1978.]

Westh, H., J. O. Jarløv et al. (1992), «The Disappearance of Multiresistant Staphylococcus aureus in Denmark: Changes in Strains of the 83A Complex between 1969 and 1989», *Clinical Infectious Diseases*, 14 (6), pp. 1.186-1.194.

Weygers, Alexander G. (1973), *The Making of Tools (ATL 04-103)*, Van Nostrand Reinhold Company.

— (1974), *The Modern Blacksmith (ATL 04-108)*, Van Nostrand Reinhold Company.

Whitby, Garry (1983), *Glassware Manufacture for Developing Countries (ATL 33-792)*, Intermediate Technology Publications.

Wigginton, Eliot, ed. (1973), *Foxfire 2: Ghost Stories, Spring Wild Plant Foods, Spinning and Weaving, Midwifing, Burial Customs, Corn Shuckin's, Wagon Making and More Affairs of Plain Living (ATL 02-33)*, Anchor.

Winden, John van (1990), *General Metal Work, Sheet Metal Work and Hand Pump Maintenance (ATL 04-134)*, TOOL Foundation.

Wingate, Michael (1985), *Small-scale Lime-burning: A practical introduction (ATL 25-675)*, Practical Action.

Winston, Robert (2010), *Bad Ideas? An arresting history of our inventions*, Bantam Books.

Wiseman, John «Lofty» (2009), *SAS Survival Handbook: The Ultimate Guide to Surviving Anywhere* (ed. rev.), Collins. [Hay trad. cast.: *El manual de supervivencia del SAS: guía definitiva para sobrevivir en cualquier lugar*, Barcelona, Paidotribo, 2010.]

Wood, T. S. (1981), *Simple Assessment Techniques for Soil and Water (ATL 05-213)*, CODEL, Environment and Development Program.

Yeo, Richard (2001), *Encyclopaedic Visions: Scientific Dictionaries and Enlightenment Culture*, Cambridge University Press.

Zalasiewicz, Jan (2008), *The Earth After Us: What Legacy Will Humans Leave in the Rocks?*, Oxford University Press.

Agradecimientos

Ni que decir tiene que, aunque sea mi nombre el que aparece en la portada, este libro nunca habría existido sin el duro trabajo y los conocimientos de un gran número de personas que me han ayudado en el camino. Es el caso, empezando por el principio, de mi formidable agente literario Will Francis. Gracias, Will, por volver a ponerte en contacto conmigo en 2008 tras la lectura de *Vida en el universo* y por toda tu orientación y estímulo durante años desde entonces, y también —seamos honestos— por darme la lata para que no me limitara simplemente a darle vueltas a ese concepto en el fondo de mi mente y me dedicara, en cambio, a investigarlo y a escribir un libro sobre él... Gracias también a Kirsty Gordon, Rebecca Folland y Jessie Botterill, de la sede de la agencia Janklow & Nesbit en Londres, por su ayuda, así como a P. J. Mark y Michael Steger, en la de Nueva York.

Gracias a Stuart Williams, de The Bodley Head, y Colin Dickerman, de Penguin Estados Unidos, por mostrar tanto entusiasmo por la idea y por vuestra fe en que realmente llevaría a cabo este ambicioso proyecto. He contraído una enorme deuda con Colin y, en especial, con Jörg Hensgen (The Bodley Head) por vuestra hábil y perspicaz corrección de mi original; cualquier finura que pueda tener el libro ya completado se debe a vuestra exquisita maestría, que ha sabido revelar y pulir una escultura que estaba oculta en el bloque de piedra burdamente tallado que envié como primer borrador. Muchas gracias también a Akif Saifi y Mally Anderson por vuestra ayuda, y a Scott Moyers (Penguin), que tomó el relevo de Colin Dickerman. Y una profunda reverencia como muestra de aprecio a Katherine Ailes (The Bodley Head), en concreto por tus esfuerzos para conseguir el imponente conjunto de ilustraciones que adornan estas páginas y dan vida a las palabras. Gracias asimismo a Maria Garbutt-Lucero y a

Will Smith (The Bodley Head), y Samantha Choy Park, Sarah Hutson y Tracy Locke (Penguin) por vuestra ayuda con la publicidad y la comercialización del libro.

La materia que constituye el objeto de este libro es muy ecléctica, y me ha llevado mucho más allá de los horizontes de mi propio ámbito de conocimiento académico. La realización de las investigaciones pertinentes me ha puesto en contacto con un abanico enormemente diverso de personas, y a menudo me he sentido confortado al ver hasta qué punto la gente está dispuesta a ofrecer su tiempo y su esfuerzo para ayudar a un extraño. Estas aportaciones han resultado inestimables, e incluyen: responder a un correo electrónico enviado sin previo aviso proporcionando información útil y sugerencias acerca de qué más investigar; dejarse agobiar con una sarta de preguntas, similares a las de los niños, acerca de los qué, cómo y porqué de las cosas; echar una mano con ilustraciones o leyendo capítulos en borrador para detectar errores garrafales, y dedicar con generosidad varias horas a sentarse conmigo a explicarme despacio (¡y repetidamente!) los detalles y la historia de su propia especialidad académica. De modo que quiero mostrar mi profundo y sincero agradecimiento a: Paul Abel, Jon Agar, Richard Alston, Stephen Baxter, Alice Bell, John Bingham, John Blair, Keith Branigan, Alan Brown, Mike Bullivant, Donal Casey, Andrew Chapple, Jonathan Cowie, Thomas Crump, Sam Davey, John Davis, Oliver De Peyer, Klaus Dodds, Julian Evans, Ben Fields, Steve Finch, Craig Gershater, Vince Gingery, Vinay Gupta, Rick Hamilton, Vincent Hamlyn, Colin Harding, Andy Hart, Rebekah Higgitt, Tim Hunkin, Alex Karalis Isaac, Richard Jones, Jason Kim, James Kneale, Roger Kneebone, Monika Koperska, Nancy Korman, Paul Lambert, Simon Lang, Marco Langbroek, Pete Lawrence, Andrew Mason, Gordon Masterton, Rich Maynard, Steve Miller, Mark Miodownik, John Mitchell, Ginny Moore, Terry Moore, Francisco Morcillo, James Mursell, Jheni Osman, Sam Pinney, David Pryor, Antony Quarrell, Noah Raford, Peter Ransom, Carole Reeves, Alby Reid, Alexander Rose, Steven Rose, Andrew Russell, Tim Sammons, Andrea Sella, Anita Seyani, James Sherwin-Smith, Tony Sizer, William Slaton, Simon Smallwood, Frank Swain, Stefan Szczelkun, Ian Thornton, Thomas Thwaites, Phiroze Vasunia, Alex Wakeford, Mike Ware, Simon Watson, Andrew Wear, Kathy Whalen Moss, Sophie Willett, Emma Williams, Andrew Wilson, Peter Wilson, Lofty Wiseman y Marek Ziebart.

Si alguna vez la civilización se va al traste, ¡sería para mí un privilegio

teneros a cualquiera de vosotros en mi equipo de supervivencia postapocalíptica!

Gracias a Max Richter, Arvö Part, Godspeed You Black Emperor,
M83, Tom Waits, Kate Rusby y Jon Boden (sus *Songs from the Floodplain*
constituyen muy posiblemente el mejor álbum de folk postapocalíptico de
su género…) por proporcionar la banda sonora de mi cubículo de trabajo,
y a las cafeterías Nor y Fat Cat por soportar mis largas horas de chutes de
moca y de morderme los labios mientras escribía. Vuestros sándwiches
de panceta de cerdo representan la cúspide de la sociedad civilizada.

Gracias también a mi familia y amigos, que han aguantado con una
sonrisa mi repetitiva cháchara en la mesa o en el pub sobre temas postapocalípticos, o me han seguido la corriente en mis aventuras de investigación.
El último agradecimiento, y también el más importante, va dirigido, por
supuesto, a mi maravillosa esposa. Vicky me ha apoyado estoicamente durante este largo proceso, tolerando en silencio los numerosos fines de semana perdidos con un marido enfurruñado encorvado sobre el ordenador
portátil y levantándome el ánimo sin esfuerzo tras toda una tarde solo en
casa «haciendo investigación de fondo» entre desoladoras películas y novelas postapocalípticas.

Relación de ilustraciones

Índice alfabético

y elaboración del pan, 104-107
César, Julio, 288 n.
cesárea, 170
chalote, 82
chapata, 105
Chicago: gran incendio (1871), 42
China, 303, 305
  alcantarillado, 91
  altos hornos, 156-157, 303
  aparejo de collera, 220-221
  conservación de alimentos con hielo, 111
  escritura, 235, 241 n.
  explosivos, 262-263
  fitoterapia, 177
  imprenta, 241 n., 303
  navegación, 292-293
  papel, 235, 303, 241 n.
  reservas de carbón, 125
  tinta china, 245
  ventanas, 162
chucrut, 101
ciencia ficción steampunk, 28
ciprofloxacina, 59
cirugía, 180-182
ciudades, decadencia y destrucción postapocalípticas, 43-45
  incendios, 42-43
  razones para abandonarlas, 60-61
  recolonización de la naturaleza, 40-42, 44-45
  riesgos sanitarios, 60
civilización maya, 166
Clarke, Arthur C., 16
clima postapocalíptico, 46-47
cloro/agentes clorantes, 52, 141-142, 258, 260
cloruro de sodio, 133, 271
  véase también sal

cloruro de sulfurilo, 142
cobijo, 49, 50
cobre, 186, 199, 242, 253
coches, *véase* automóviles
  como carretones de tracción animal, 220-221, *221*
cocina, 96-98
codeína, 178
código Morse, 246, 249
colágeno, 136
cólera, 169
coliflor, 82
colinabo, 82, 88, 89
colirrábano, 89
colza, 76, 128, 215
combustibles, 17, 56-58
  biodiésel, 29, 54, 139, 214-215, 231
  diésel/gasóleo, 29, 56-57, 212-213
  gasolina, 56-57, 212-213
  véase también energía/combustible fósil
comida enlatada, 55-56, 98, 110-111
compostaje, 91-93
compuestos de plata (para fotografía), 30, 142, 266-267
compuestos químicos, 122-123
comunicación, 234, 246-247
  véase también radios; telegrafía
conchas marinas, 129, 161
condensador, 250-251, 253, *254*
congelación de alimentos, 111-112
coníferas: brea, 140
convertidor Bessemer, 158
coque, 124, 126-127
coral, 129, 161
cordita, 139
corriente alterna, 208, 209
corriente continua, 208, 209